钢渣粉改良膨胀土力学特性及微观结构分析

吴燕开　李辉　著

华中科技大学出版社
中国·武汉

内 容 简 介

钢渣作为炼钢的一种副产品,虽然与水泥有着相似的化学成分,但是由于其形成的条件与水泥不一样,因此其活性很低,难进行水化反应。本书基于钢渣的这一特性,对钢渣粉(钢渣碾磨成粉)在不同活性激发剂作用下的激发效果进行了深入分析与研究,确定了适用于钢渣粉的活性激发剂;将钢渣粉+活性激发剂+水泥用于改良膨胀土,研究钢渣粉、水泥对膨胀土的改良效果,同时对用钢渣粉、水泥改良后的膨胀土在干湿循环、冻融循环作用下的工程特性进行了深入的研究。

图书在版编目(CIP)数据

钢渣粉改良膨胀土力学特性及微观结构分析/吴燕开,李辉著.— 武汉:华中科技大学出版社,2023.1
  ISBN 978-7-5680-8900-5

Ⅰ.①钢… Ⅱ.①吴… ②李… Ⅲ.①钢渣-应用-膨胀土-土壤改良 ②膨胀土-土力学-应力分析 ③膨胀土-土力学-结构分析 Ⅳ.①TF703.6 ②TU475

中国版本图书馆 CIP 数据核字(2022)第 249013 号

钢渣粉改良膨胀土力学特性及微观结构分析   吴燕开 李 辉 著
Gangzhafen Gailiang Pengzhangtu
Lixue Texing ji Weiguan Jiegou Fenxi

策划编辑:王 勇
责任编辑:杨赛君
封面设计:廖亚萍
责任监印:周治超
出版发行:华中科技大学出版社(中国·武汉)   电话:(027)81321913
        武汉市东湖新技术开发区华工科技园   邮编:430223
录   排:武汉市洪山区佳年华文印部
印   刷:武汉市洪林印务有限公司
开   本:710mm×1000mm 1/16
印   张:17
字   数:268 千字
版   次:2023 年 1 月第 1 版第 1 次印刷
定   价:69.80 元

前言 PREFACE

膨胀土遇水膨胀、失水收缩，这一工程特性给工程建设带来了不少挑战性问题。如何改善膨胀土这一工程特性，避免其对工程建设造成损害，一直以来都是工程界研究的重点和热点问题。

对于这一问题，目前工程建设中主要采用物理、化学和生物方法对膨胀土进行改良，以减弱甚至消除其膨胀性，确保在膨胀土地基上修建的建（构）筑物能正常使用。在这三种改良方法中，化学方法是用得最多的一种改良处理方法，即掺入适当的固化剂与膨胀土发生化学反应，生成新的物质从而减弱膨胀土的膨胀性，如掺加石灰、粉煤灰、水泥等。这种改良方法在实际工程中取得了良好的效果。

钢渣是炼钢过程中产生的一种副产品。它主要由生铁中的硅、锰、磷等杂质在熔炼过程中氧化而成的各种氧化物以及这些氧化物与溶剂反应生成的盐类所组成。我国是产钢大国，每年均产生超过 1 亿吨的钢渣。如何高效再次利用这些钢渣，使其变废为宝，实现资源的循环利用，是工程界研究的热点问题。钢渣目前常用于制作钢渣水泥、钢渣粉掺合料、钢渣砖以及用于路基回填等方面，目前我国钢渣的利用率与发达国家相比还相当低，因此需要不断拓宽其使用范围，提高钢渣的利用率。

钢渣的化学成分主要为氧化钙、氧化镁、三氧化二铁、三氧化二铝以及二氧化硅等，与水泥的化学成分极其相似，但由于其形成条件与水泥不同，因此其在水化反应中不如水泥的活性高，表现出较强的惰性。

本书基于钢渣粉相关认识，提出将钢渣粉与普通硅酸盐水泥混合，并掺入适当的活性激发剂，用于改良膨胀土。通过室内试验，首先分析了钢渣粉的活性，通过掺入不同的活性激发剂，研究不同活性激发剂对其活性的激发效果；利用钢渣粉、水泥作为固化剂，改良膨胀土，研究分析在钢渣粉与水泥联合作用下，膨胀土的物理力学特性及其在干湿循环、冻融循环作用下的物理力学特性的变化规律,并从微观角度分析其变化机理。

　　本书研究从 2016 年开始,针对钢渣粉联合水泥改良膨胀土展开了长达 6 年的试验研究。在研究过程中,李岩宾、胡锐、胡晓士、于佳丽、韩天等人在试验以及试验数据整理方面给予了大力的帮助与支持,在此对他们的付出表示感谢。本书的出版获得了山东省自然科学基金项目(ZR2022MD061)的资助。感谢马艳慧、郭肖阳两人在专著撰写过程中给予的帮助,感谢山东科技大学土木工程与建筑学院在课题研究的整个过程中给予的支持与帮助。正是有了大家的帮助,相关的研究内容才能较为顺利完成。

　　限于作者水平,书中难免存在疏漏和不妥之处,恳请读者批评、指正。

吴燕开　李　辉

2022 年 8 月

目 录

第1章
钢渣粉特性及应用

　　钢渣是冶金工业中产生的废渣,是炼钢过程中产生的一种副产品,其产生率为钢铁产量的 8%～15%,2012 年全世界排钢渣量约 1.8 亿吨。在中国,钢渣产量随着钢铁工业的快速发展也迅速增加。因此,钢铁企业钢渣的处理和资源化利用问题越来越受到各界的重视和关注。国家在"十一五"发展规划中指出,钢渣的综合利用率应达到 86% 以上,基本实现"零排放"。然而,目前我国综合利用钢渣的现状与该规划相差甚远,尤其是素有"劣质水泥熟料"之称的转炉钢渣,其利用率仅为 10%～20%。国内钢铁企业产生的钢渣不能及时处理,导致大量钢渣堆积成山,占用土地,污染环境[1]。因为钢渣中含有氧化镁、氧化铁以及氧化钙等可利用成分,具有一定的利用价值。所以,为了能重新利用废弃钢渣,给钢铁企业创造新的经济和环境效益,选择合适的处理工艺和利用途径来开发钢渣的再利用价值显得十分必要和迫切。

1.1　钢渣的组成及物理性质

1. 钢渣的化学组成

　　钢渣是炼钢过程中产生的副产物,其分类方法多种多样。不同的炼钢工艺产生的钢渣类型不同。根据炼钢炉的不同,钢渣可以分为转炉钢渣、平炉钢渣和电炉钢渣。目前我国 70% 以上的钢渣都是转炉钢渣。钢渣根据碱度可分为低碱度钢渣、中碱度钢渣和高碱度钢渣。

　　钢渣的主要化学成分基本相同,包括氧化钙、二氧化硅、三氧化二铝、氧化亚铁和氧化铁等,但不同类型钢渣的化学成分含量存在一定的差异性。表 1.1 给出了钢渣的主要化学成分及其含量。

表 1.1　钢渣的主要化学成分

CaO	SiO$_2$	Al$_2$O$_3$	FeO	Fe$_2$O$_3$	P$_2$O$_5$	MnO
45%~60%	10%~15%	1%~5%	7%~20%	3%~9%	1%~4%	3%~13%

2. 钢渣的矿物组成

钢渣含有的氧化物主要是 CaO、MgO、FeO 和 MnO。在钢渣的形成过程中，FeO、MgO、MnO 发生连续固溶形成一种新相，称为 RO 相；CaO 与其他三者只能有限固溶，形成另一种相，称为石灰相。一般在低碱度钢渣中，石灰相和 RO 相主要以橄榄石和蔷薇辉石的形式稳定存在；在中碱度钢渣中，石灰相大部分以硅酸二钙(2CaO·SiO$_2$，简式 C$_2$S)和硅酸三钙(3CaO·SiO$_2$，简式 C$_3$S)的化合物形式存在；在高碱度钢渣中，石灰相主要以硅酸三钙的形式存在。硅酸二钙在缓慢冷却结晶过程中，当温度降到 500 ℃以下时由介稳态的 β-C$_2$S 转变为稳态的 γ-C$_2$S，C$_3$S 在慢冷过程中也会转变成稳态。由于钢渣的冷却速度很慢，故硅酸二钙和硅酸三钙都是以稳态存在的，这和生产水泥时快速冷却不同，因此相比水泥的胶凝活性，钢渣的活性很低。有研究表明，钢渣在 48 h 的水化反应中放热量仅为水泥的 10.5%，但是钢渣的这种水硬性可以经过一定的处理方式得到激发和提高[2]。

3. 钢渣的物理化学性质

钢渣可以分为平炉钢渣、电炉钢渣、转炉钢渣，其中转炉钢渣占的比重较大，占钢渣总量的 70%[3]，因此本书的研究重点为转炉钢渣。

钢渣的主要矿物成分包括硅酸二钙(包含两种形态，即 β 型、γ 型)[4-6]、硅酸三钙、RO 相(MgO、FeO 和 MnO 的固溶体)及铁铝酸四钙(4CaO·Al$_2$O$_3$·Fe$_2$O$_3$，简式 C$_4$AF)、少量游离的氧化钙(CaO)，与水泥矿物成分基本类似。因此钢渣粉的水化反应式[7]如下：

$$3CaO·SiO_2(硅酸三钙)+H_2O \longrightarrow 3CaO·2SiO_2·3H_2O(水化硅酸钙)$$
$$+Ca(OH)_2$$

$$2CaO·SiO_2(硅酸二钙)+H_2O \longrightarrow 3CaO·2SiO_2·3H_2O(水化硅酸钙)$$
$$+Ca(OH)_2$$

$$4CaO \cdot Al_2O_3 \cdot Fe_2O_3(铁铝酸四钙)+H_2O \longrightarrow 3CaO \cdot Al_2O_3 \cdot 6H_2O$$

（水化铝酸三钙）$+CaO \cdot Fe_2O_3 \cdot H_2O$（水化铁酸一钙）

钢渣的化学成分与水泥类似，以 CaO、SiO_2、Al_2O_3、MgO、FeO 等为主[8,9]。但是由于受冶炼工艺、原材料等方面影响，不同钢铁厂之间、同一钢铁厂不同生产批次之间，钢渣的化学成分会有变化，但主要的化学成分基本固定不变。

CaO 是钢渣的主要活性成分，质量分数在 $45\% \sim 60\%$，由于 CaO 是组成硅酸钙的主要组分，因而 CaO 含量与钢渣活性之间存在着密切的关系。值得注意的是，游离氧化钙对钢渣活性的贡献几乎是零，并且会影响钢渣的安定性。

SiO_2 和 CaO 的比例将决定钢渣中 C_2S 和 C_3S 的含量。当 CaO 一定时，若 SiO_2 含量较高则 C_3S 的含量较大，反之 C_2S 的含量较大。

Al_2O_3 是钢渣中铝酸钙和硅铝酸钙活性矿物的重要成分，对钢渣活性也具有一定的影响。由于铝酸盐的活性较高，因而 Al_2O_3 的含量与钢渣的早期活性有一定的关系。

MgO 在钢渣中主要以化合态、游离态和固溶态三种形式出现。化合态氧化镁以钙镁橄榄石和镁蔷薇辉石存在于电炉氧化渣中；游离态氧化镁（方镁石晶体）存在于电炉还原渣中；固溶态氧化镁在除电炉还原渣之外的各种钢渣中均可见。

P_2O_5 的存在会对高温下 C_3S 的形成起到一定的阻碍作用，但在钢渣冷却过程中能够延缓、阻碍 β-C_2S 向 γ-C_2S 转变，对提高钢渣的活性具有积极作用。

另外，钢渣粉中的 CaO、SiO_2 含量明显少于水泥，而具有水化性能的 $3CaO \cdot SiO_2$（硅酸三钙）、$2CaO \cdot SiO_2$（硅酸二钙）主要的组成成分就是 CaO 和 SiO_2，说明水泥中的水化矿物要明显多于钢渣粉。同时硅酸二钙在冷却结晶的过程中，当温度下降至 $500 ℃$ 以下，β 型硅酸二钙（β-C_2S）就转变为 γ 型硅酸二钙（γ-C_2S）。水泥的生产一般采用的是骤冷方法，使得晶格的重排来不及完成，因此硅酸二钙一般以 β 型存在。钢渣的生产以自然冷却为主，这就使得硅酸二钙的晶格有充足的时间重排，生成较多的 γ-C_2S。硅酸三钙只有在 $1250 ℃$ 以上才是稳定的，如果在此温度以下缓慢冷却则会分解，在急冷条件下，其分解的速率小到可以忽略不计，因此钢渣中硅酸三钙的含量远低于水泥。除此之外，钢渣过高的生成温度造成钢渣中 C_3S、C_2S 结构致密，矿物发展完整，结晶状况好，水化速度低。研究表明钢渣 48 h 的水化放热总量仅为水泥的 1/10,因此可以认为钢渣是一种活性很低的硅酸盐水泥熟料。

为了方便建立化学成分与矿物成分的直接联系,唐明述等[10]根据碱度值,提出判别矿物成分的方法,如表 1.2 所示。

表 1.2 钢渣的水化活性、碱度与矿物组成的关系

水 化 活 性	钢渣类型	碱 度	主要矿物相
低	橄榄石	0.9~1.4	橄榄石、RO 相、镁硅钙石
	镁硅钙石	1.4~1.6	镁硅钙石、C_2S、RO 相
中等	硅酸二钙	1.6~2.4	C_2S、RO 相
高	硅酸三钙	≥2.4	C_2S、C_3S、C_4AF、C_2F 和 RO 相

注:碱度 $= \dfrac{w(CaO)}{w(SiO_2)+w(P_2O_5)}$,其中 w 代表某物质的质量分数。

1.2 钢渣的主要应用

国内外研究表明,目前钢渣的应用主要集中在土木工程领域。钢渣虽然含有 C_2S、C_3S 等活性体,具有一定的胶凝活性,但相比水泥,其活性很低,往往需要对其活性进行激发后才能更好利用。钢渣的活性激发方法主要有物理或机械激发、化学激发和热力学激发三种。

钢渣的活性被激发后,得到了更加广泛的应用。在土木工程中钢渣主要用来生产钢渣水泥、钢渣砖和钢渣砌块等,或用钢渣微粉作掺合料,钢渣还可以用作筑路材料和回填材料。

1. 钢渣水泥

钢渣具有与水泥熟料相似的化学组成,含有硅酸二钙和硅酸三钙,因此它是一种具有潜在胶凝活性的材料。采用一定的处理工艺可以提高钢渣的活性,用于生产钢渣水泥,目前常用的方式是提高钢渣细度,增大钢渣的比表面积。钢渣水泥是以钢渣为主要成分,加入一定量的掺合料和石膏,经磨细而制成的水硬性胶凝材料。生产钢渣水泥的掺合料有矿渣、沸石和粉煤灰,有时为了提高强度还会加入一定量的硅酸盐水泥。用钢渣水泥制成的混凝土具有后期强度高、耐磨、耐蚀、抗冻、大气稳定性强和水化热低等优点,适合用作大坝水泥。

陈益民等[11]研究发现用磨细的钢渣粉可以制作 525 普通硅酸盐水泥、525 复合硅酸盐水泥、425 复合硅酸盐水泥和钢渣矿渣水泥,并且水泥的安定性、凝结时间、标准稠度用水量均符合国家标准。

2. 钢渣微粉作掺合料

由于钢渣具有一定的胶凝活性,将其磨成微粉可以代替一部分水泥,因此钢渣微粉是一种很好的掺合料。基于微珠效应,把钢渣加入混凝土后可以减少其需水量,增强混凝土的流动性,改善其和易性,钢渣掺量越大,微珠效应越明显;并且由于钢渣硬度大和耐磨,掺入钢渣微粉后混凝土的耐磨、抗压能力提高。除此之外,钢渣还可以发生"火山灰效应",在混凝土中加入钢渣微粉可以吸收水泥水化产生的 $Ca(OH)_2$,发生二次水化,生成物填充孔隙,同时减缓水泥水化反应速度,减少水泥水化热量的产生,提高混凝土的强度。而水泥水化反应减缓,产生的水化热量减少,由水泥水化热引起的温差应力相应减小,这对大体积混凝土抵抗由温差应力引起的开裂非常有利。值得注意的是,钢渣含有 f-CaO,如果不经过处理直接使用,其安定性较差,f-CaO 在水中水化会导致混凝土体积膨胀开裂。有文献表明,将钢渣磨细成比表面积为 $400\sim550$ m^2/kg 的微粉之后,f-CaO 在水中水化时的体积膨胀和安定性问题得到了很好的改善,再不会因为体积膨胀而引起混凝土的开裂,可以作为一种良好的添加剂。由于钢渣微粉存在微珠效应,用钢渣等量代替 $10\%\sim30\%$ 的水泥可以显著改善混凝土的工作性能,降低混凝土的干缩性,提高混凝土的强度、抗氯离子渗透性和抗冻融性。

将钢渣-粉煤灰或矿粉进行复掺,可以产生超叠加效应,各微粉之间相互激发,促进火山灰效应的发生。李云峰、王玲和林晖[12]将钢渣-矿渣-粉煤灰复合微粉加入水泥中制备混凝土,研究其对混凝土性能的影响,结果表明复合微粉等量取代水泥后,混凝土 7 d 强度低于普通混凝土,但后期强度发展高于普通混凝土;当复合微粉掺量不大于 45% 时,其 28 d 强度高于普通混凝土,而当龄期达到 90 d 时,即使掺量达到 60%,掺复合微粉的混凝土的强度也可达到或超过同龄期基准混凝土;掺加复合微粉后,混凝土的抗氯离子渗透性能显著提高,并且其干燥收缩现象也得到了缓解,有效改善了混凝土的工作性能。

3. 钢渣砖和钢渣砌块

未激发的钢渣质地坚硬,呈块状,经过一段时间陈化后可以像石子一样作为混凝土骨料。因此,钢渣可用于生产钢渣砖、地面砖、路缘石、护坡砖、砌块等产品。磨细钢渣和向钢渣中加入添加剂这两种方法都可以降低 f-CaO 的不安定性,提高钢渣的胶凝活性,使得钢渣更适合用作建筑材料。国内已有不少钢厂成功地将钢渣用于生产钢渣砖和钢渣砌块,如包头钢铁(集团)有限责任公司每年消耗 10 万 t 钢渣用于生产路面砖、砌块等建材制品;河南济源钢铁(集团)有限公司建成了利用钢渣和矿渣生产免蒸免烧多孔空心砖的生产线,年产量达 2000 万块;武汉钢铁(集团)公司利用由水淬钢渣工艺制作的钢渣砖所建成的三层楼房已使用 25 年之久。

4. 钢渣骨料

钢渣中 f-CaO 的含量较高,遇水易引起安定性问题,因此含 f-CaO 较多的钢渣不太适合作为混凝土骨料。目前关于钢渣用作混凝土骨料的研究相对较少。国外有文献报道,可以将 f-CaO 含量低、无胶凝活性的钢渣取代砂子作为骨料配制混凝土,当钢渣掺量为 15%～30%时,配制的混凝土的 28 d 抗压强度可提高 1.1～1.3 倍;当掺量为 30%～50%时,混凝土抗拉伸强度提高 1.4～2.4倍。但是钢渣用作骨料时掺量不宜太大,当其掺量高于 50%时就会产生不利影响。用钢渣作沥青混凝土的粗骨料还可以显著提高混凝土的电导率,电导率高的混凝土可用于停车场、高速公路、桥梁、飞机场等地方,能实现通电加热除雪功能。

5. 钢渣筑路材料

钢渣经过分选后,一定粒度的尾料可用于公路、铁路的路基材料。可以用作筑路材料的钢渣一般情况下粒度均匀,并且 C_2S 及 f-CaO、MgO 含量比较低。中冶建筑研究总院有限公司把转炉钢渣作为试验材料铺路,研究转炉钢渣的筑路效果。结果表明,钢渣蒸压法分化率小于 5%时,筑路效果良好,路面不会开裂。

有研究表明,先将钢渣用热洒工艺处理后再将其陈化 3 年,最后将其作为多孔结构骨料制备沥青混凝土。这种混凝土的 7 d 膨胀率低于 1%,并且能更好地抵抗高温变形和低温开裂,可以作为一种很好的筑路材料。高志远[13]将石灰、粉煤灰、钢渣粉和黄土配制成二灰钢渣土,通过室内试验研究其抗压强度、干缩性能、渗透性能和冻融性能等工程特性。试验结果表明,在适当的范围内,掺入钢渣粉的比例越大,二灰钢渣土的抗压强度、干缩性能、防渗透性和抗冻融性越高。近几年,联合国组织对我国以及美、日、俄、法等 20 多个国家的钢渣利用情况进行了调查研究。调查结果表明:这 20 多个国家的钢渣高达 50% 左右用于道路工程建设。美国国内 8 条主要铁路均采用钢渣作为路基道砟。德国用高炉钢渣作为铺路材料修筑公路,所建道路具有承载力大、坚固性好、耐冰冻、体积稳定性强、耐磨性能好、耐浪花拍打和潮水冲击能力强等优良的工程性能。在我国,很多工程项目也大量使用了钢渣,包括交通道路、海港码头、工厂住宅区等。张炳华和戴仁杰[14]介绍了钢渣桩加固软土地基机理,并通过多年积累的实践经验提出钢渣桩的设计原理,可供编订相关技术规范参考,以便推广使用钢渣桩。

6. 钢渣回填材料和软土地基填料

钢渣还可以作为回填材料以及软土地基填料。经陈化处理后的钢渣,进行适当的级配后用作回填材料,可以成倍地提高软土地基的承载能力。乐金朝和乐旭东[15]通过正交试验分析了钢渣掺量、陈化龄期及细度对钢渣稳定土强度的影响规律,并将钢渣稳定土与常用路床材料进行了路用性能比较,证明钢渣稳定土能够满足高速公路路床填料的要求。日本等国家利用钢渣填海,实现了人造陆地。武汉钢铁(集团)公司利用钢渣对软土进行了复合地基处理,效果显著,不仅提高了复合地基承载力,还大大降低了工程造价。首先将水泥、粉煤灰和钢渣加水拌和成混合料,再采用锤击法将拌和成的混合料通过钢套管夯击入土成桩,对软土地基进行挤密处理。处理后的软土地基压缩模量增大,在荷载作用下的变形减小,工程特性得到了改善[16]。

综上所述,钢渣具有一定的工程应用价值,其活性被激发后在建筑领域有多方面的应用。已有研究成果表明,钢渣粉可以作为掺合料掺入混凝土中以提高混凝土的性能,但是钢渣粉在改良土体工程性质方面的研究较少,是一个值得探讨和研究的新课题。

第2章
膨胀土改良方法

　　膨胀土是指黏粒成分主要由亲水性黏土矿物(如蒙脱石、高岭石等)组成的黏性土。它是一种吸水膨胀、失水收缩以及具有较大的膨胀变形性能和变形往复的高塑性黏土。利用膨胀土作为建筑地基时,如果不进行地基处理,常会对建筑物造成危害[17]。

　　我国膨胀土的分布范围很广,广西、云南、河南、湖北、四川、陕西、河北、安徽和江苏等地均有不同范围的分布,其性质极不稳定,常使建筑物产生不均匀的竖向或水平向的胀缩变形,造成位移、开裂、倾斜等缺陷甚至破坏,危害性很大。随着我国经济的迅速发展,基础建设设施扩建速度日益加快,在膨胀土地区使用膨胀土作为路基、地基显露出众多问题,国内外众多学者对膨胀土的改良方法进行了大量研究。

2.1　膨胀土的物理改良方法

1. 加筋法

　　传统的加筋法主要是在膨胀土中植入面状的土工合成材料如土工布、土工格栅、土工织物等。由于上述材料的抗拉强度、抗撕裂强度、耐冲压强度及极限伸长率都较大,埋在土壤中的耐腐蚀性和抗微生物侵蚀性也良好,故其可有效地控制膨胀土土体的侧向膨胀变形。这种加固技术在边坡、港口、水利水电工程等领域已得到了广泛的应用。

　　随着科学技术的发展,一些技术人员对传统加筋材料进行了深入的改良,制作了更为先进的纤维加筋材料。与传统的土工合成材料不同,加筋纤维是具有较高抗拉强度的聚丙烯纤维,它在土中的分布是随机的,各个方向均有,利用它与土体的摩阻力和咬合力可以有效地限制膨胀土土体在各个方向的变形。陈雷、张福海和李治朋[18]将聚丙烯纤维按不同掺量加入石灰砂化的膨胀土中，制备了不同纤维掺量的石灰土土样，分别进行了有荷载膨胀率试验和无侧限抗压强度试验。试验结果表明，加筋纤维不仅可以减弱石灰土的膨胀性，还可以提高石灰土的无侧限抗压强度。

2. 换土法

换土法，顾名思义，就是将地基中可能产生危害的膨胀土全部或者部分挖掉，并换以非膨胀性黏土、砂土等具有良好工程特性的土填埋，其优点是可以从根本上解决膨胀土地基的隐患，且施工工艺较为简单、方便，只需要确定满足工程技术的土，并采用排水、击实等简单的辅助措施即可，具体换土厚度及规模可以通过胀缩变形计算确定。但其只适于换土规模小或者膨胀土层较薄的情况，对于较大范围的膨胀土分布地区，该方法不经济。

3. 其他物理方法

膨胀土地基处理还可采用保湿法、压实法等。保湿法即将需要处理的土层进行抽湿或加水，将其转变为膨胀性较低的状态，之后可将该区域土层予以隔离处理，避免其水分发生变化而产生膨胀。保湿法施工工艺较为复杂，且对施工地区的降水规律要求较高。压实法主要采用机械手段将膨胀土压到所需状态，利用其强度与干密度、含水量之间的变化规律使膨胀土的强度指标达到最优，其缺点是只适用于弱膨胀土，施工工艺较为烦琐，压实度不好掌握，因此其应用也有一定的局限性[19]。

2.2　膨胀土的化学改良方法

化学改良法是将一些添加剂掺入膨胀土中，使其产生一系列化学反应，以降低膨胀土的膨胀性，增加膨胀土的强度及水稳定性的方法。常见的化学改良法有石灰法、水泥法、二灰法、电石渣法及阳离子添加剂法等。

1. 石灰法

石灰是一种以氧化钙为主要成分的气硬性无机胶凝材料。很多学者在用石灰改良膨胀土方面进行了研究。张颂南[20]以生石灰作为改良剂对膨胀土进行性质改良,研究天然膨胀土和石灰改良膨胀土的最优含水率、最大干密度变化规律、无侧限抗压强度的变化规律、无荷载膨胀率和膨胀力的变化规律。汪明武、秦帅、李健和徐鹏[21]通过 GDS 非饱和三轴试验系统和 SEM 试验及数字图像处理技术,对合肥新桥国际机场工程场地掺石灰 7% 改良膨胀土的微结构、土水特征曲线和抗剪强度进行了试验研究,发现石灰改良膨胀土的微观结构以粒状颗粒为主。

石灰改良膨胀土的机理如下:

(1) 阳离子交换作用　由于石灰中富含大量的 Ca^{2+} 和 Mg^{2+},当其掺入膨胀土中时会将土颗粒表面的 Na^+、K^+ 等低价离子替换出来,从而降低土颗粒的扩散双电层厚度,使其亲水性降低,土颗粒间的连接加强,土体整体稳定性提高。

(2) 碳酸化反应　膨胀土体中所掺的石灰易和空气中的 CO_2 发生反应,生成强度和水稳定性较高的 $CaCO_3$ 和 $MgCO_3$,它们与土体发生胶结作用,使其产生较强的稳定性,长期的碳酸化反应也逐渐形成了膨胀土的后期强度。

(3) 胶凝作用　在长期的离子反应后期,膨胀土中的硅胶、铝胶会进一步和石灰反应生成 $CaSiO_3$ 和 $CaO \cdot Al_2O_3$。这两种胶凝材料会在水中发生硬化,在土颗粒表面形成一层网状结构的保护膜,而这层膜能有效地阻挡水分的进入,保证膨胀土的整体稳定性。

(4) 结晶作用　除了上述反应之外,石灰中一部分 CaO 变为 $Ca(OH)_2$,并以结晶形式析出,进一步提高膨胀土的稳定性及强度。

研究表明,石灰的掺量不是越多越好,其最优掺入量需要结合具体工程确定,如今石灰法已广泛应用于工程实际[22]。

2. 二灰法

二灰法指的是利用石灰和粉煤灰共同处理膨胀土。粉煤灰是燃煤电厂排出的主要固体废物,其主要成分有 SiO_2、Al_2O_3、FeO、Fe_2O_3、CaO、TiO_2 等,它是我国当前排量较大的工业废渣之一,因此将其与石灰共同用于膨胀土的改良可以实现废物利用。其主要作用机理是利用粉煤灰含有大量的活性成分 SiO_2 和 Al_2O_3,在石灰环境下水化生成胶凝材料并胶结土颗粒,从而使膨胀土的早期强度提高。二灰法的优势是其可以让石灰和粉煤灰在膨胀土的改良处理过程中发挥各自的特点,使膨胀土的早期强度和后期强度均有所提高。惠会清、胡同康和王新东[23]在分析石灰、粉煤灰混合料改良膨胀土化学机理的基础上,通过室内试验研究发现改良的膨胀土自由膨胀率降低,抗剪强度指标提高。

3. 阳离子添加剂法

早在20世纪70年代,美国科罗拉多州丹佛市土工技术公司就采用70和706专利溶液处理丹佛黏土重塑土,结果其膨胀潜势极大地降低。1994年,罗逸研制的一种膨胀稳定剂H24和1996年水利部长江水利委员会引入的电化学土壤处理剂CONDORSS都达到了降低土体膨胀性的效果[19]。

根据双电层理论,膨胀土土颗粒表面带负电,这些负电荷会吸引极性水分子,水分子在电场力作用下按一定的方向排列,在膨胀土颗粒的周围形成一层结合水膜,该结合水膜增厚会撬开其他土颗粒,从而使颗粒间距离增大,土体发生膨胀,但当介质条件发生改变时或者结合水膜厚度变薄时,颗粒间距离会缩小,土体体积收缩。利用这一原理,在膨胀土体中加入有机阳离子添加剂,它们能够有效减少土颗粒表面的负电荷,从而减小吸附水膜的厚度,电势下降,土颗粒之间距离减小,土体的吸水性和膨胀性减弱。刘清秉、项伟、崔德山和曹李靖[24]以河南安阳膨胀土为研究对象,分别对素土及离子土固化剂改良土进行了一系列物理试验研究,试验结果表明,膨胀土经离子固化剂处理后,吸湿持水能力下降,膨胀能力变弱,土样矿物成分未发生明显变化,但黏土矿物的晶层间距减小。

2.3　膨胀土的生物改良方法

膨胀土的生物改良方法是利用微生物自身及其新陈代谢的产物来改良膨胀土。生物法改良膨胀土主要利用两种作用,一是利用生物表面活性剂的疏水作用来改变黏土矿物颗粒的双电层结构,使双电层变薄,从而减小膨胀率;二是利用微生物来促进矿物沉积在黏土矿物的晶格构造、颗粒孔隙及土体裂隙中,使土颗粒胶结,其间隙被填充,从而减小水对土的影响,减弱土体的胀缩性。在这两种作用下,膨胀土的膨胀性和强度得到改善和提高。生物改良法具有改良效果持续时间长的优点,但其成本较高,且对微生物的生存环境要求较高,不便于推广使用[19]。

2.4 本章小结

　　膨胀土具有明显的区域特性,不同地区膨胀土的改良方法不同。膨胀土的三种主要改良方法中,物理改良方法与化学改良方法在实际工程中应用较为广泛。在实际工程中,选择何种改良方法,需根据现场具体的工程地质条件、工程建设工期、工程建设拟投入费用等因素综合考虑,从而对比分析选择适合的改良方法。

第3章
钢渣粉活性激发剂试验研究

钢渣粉虽然有着与水泥相似的化学成分,但由于其形成过程与水泥不同,因此它在水化过程中表现出很明显的惰性。目前工程中常采用物理或机械激发、化学激发和热力学激发三种方法来提高钢渣粉的水化能力。

(1)物理或机械激发:以机械粉磨方式来增加钢渣的细度,提高其比表面积,破坏钢渣中的玻璃体,将包裹在里面的硅酸盐等活性矿物暴露出来,增加其与水的接触面积。钢渣的细度越大,活性越大。当钢渣比表面积达到$400\sim500$ m^2/kg 时,钢渣的活性被充分激发出来;当比表面积大于 $400\sim500$ m^2/kg 之后,钢渣粉末之间存在破碎-团聚平衡,粉磨难度增大,其活性增加也不再明显,并且还会造成加工成本的增加。

(2)化学激发:常用的激发剂有石膏、石灰、碱金属硅酸盐、硫酸盐、碳酸盐、氢氧化物和水玻璃等,主要是通过碱激发和硫酸盐激发来发挥钢渣的潜在活性,即碱性液体破坏玻璃体中的 Si—O 和 Al—O 键,形成钙矾石,可提高C_2S 和C_3S 的水化速度,从而提高钢渣的活性。

(3)热力学激发:在蒸压条件下,热应力使 Si—O 和 Al—O 键断裂,破坏玻璃体的网络结构,释放出活性体,提高钢渣的活性。有研究显示,可以通过提高水化环境的温度来达到提高钢渣活性的目的。温度应力导致开裂是大体积混凝土面临的重要问题,钢渣的活性远低于水泥,因此可以掺入钢渣来降低大体积混凝土的温升,同时大体积混凝土的温升又可以激发钢渣的活性,从而使混凝土获得较高的强度[3]。

物理或机械激发主要改变钢渣粉的粒径,使其单位表面积增大,与水能充分接触,从而提高其活性。热力学激发则是在蒸压条件下破坏玻璃体的网络结构从而提高钢渣的活性。这两种方法需利用机械或改变外部环境来提高钢渣粉活性。而化学激发方法,相对于前两种方法而言,则较为简便,即掺入活性激发剂,搅拌均匀后则可提高钢渣粉的活性。

本章重点分析不同活性激发剂对钢渣粉活性的激发效果,从而为实际工程应用提供理论依据。

3.1 试验材料

本试验研究不同激发剂对钢渣粉水泥固化土的激发效果,尝试寻找针对钢渣粉活性激发的高效激发剂。本试验采用一般黏性土作为原料土,水泥、钢渣粉作为固化剂,NaOH、硅粉、$CaCl_2$、Na_2SO_4 等化学试剂作为激发剂。

在试验前将取来的土样先置于阳光下晾晒,之后用橡胶榔头击碎放入烘干箱中,温度控制在 105 ℃左右,烘干时间不短于 10 h,将烘干后的土样过粒径为 2 mm 筛以除去杂质,将筛余的干土置于塑料桶中备用。

试验所用固化剂是水泥、钢渣粉,其中水泥为山东山水水泥集团有限公司生产的"山水"牌袋装 32.5 型普通硅酸盐水泥。钢渣粉是日照钢铁控股集团有限公司炼钢后所弃钢渣,经 SH-500 型试验磨粉机加工而成,呈深灰色粉末状,其主要规格型号如表 3.1 所示。

表 3.1   钢渣粉的规格型号

渣粉种类	渣粉级别	煮沸法安定性	密度/(g/cm^3)	比表面积/(m^2/kg)	7 d 活性指数/(%)	流动度比/(%)	含水率/(%)
钢渣粉	二级	合格	3.6	403	62	0	0

水泥、钢渣粉、水泥-钢渣粉的详细化学组成见表 3.2,这是通过采用电子探针分析仪和能谱仪测得的试样中各元素所占总元素的原子百分比及质量百分比推算得到的。从表 3.2 中可以看出,水泥中 $CaO + SiO_2$ 占比最高,为 87.31%,钢渣粉-水泥中次之,为 73.23%,钢渣粉中含量最小,为 60.16%,但是钢渣粉含有较多的 Fe_2O_3;另外,水泥有 Na_2O 和 SO_3,钢渣粉有 P_2O_5、MnO。

我国采用 Mason 提出的钢渣碱度[$R = CaO$ 的质量分数/(SiO_2 的质量分数 + P_2O_5 的质量分数)]的方法来评价钢渣的活性,碱度小于 1.8 的为低碱度渣,碱度为 1.8~2.5 的为中碱度渣,碱度大于 2.5 的为高碱度渣。钢渣的活性取决于其在高温熔融条件下生成的水硬活性矿物如硅酸三钙、硅酸二钙和铁酸二钙等的数量,钢渣的碱度越高,同等条件下生成的硅酸三钙越多,钢渣的活性也就越大。不同碱度的钢渣矿物组成见表3.3。

表 3.2　水泥、钢渣粉、钢渣粉-水泥的化学成分及其含量(质量比)　(单位:%)

化学成分	P_2O_5	MnO	CaO	MgO	Fe_2O_3	Al_2O_3	SiO_2	Na_2O	SO_3
水泥	—	—	65.14	4.30	0.51	5.03	22.17	0.15	2.70
钢渣粉	2.6	4.36	45.99	6.38	24.05	2.45	14.17	—	
钢渣粉-水泥	1.3	2.18	55.06	5.34	12.78	3.74	18.17	0.08	1.35

表 3.3　不同碱度的钢渣矿物组成[25]

钢渣碱度	钢渣种类	主要矿物
0.9~1.5	橄榄石渣、镁蔷薇辉石渣	橄榄石、镁蔷薇辉石、RO 相
1.5~2.7	硅酸二钙渣	硅酸二钙、铁酸二钙、RO 相
2.7 以上	硅酸三钙渣	硅酸三钙、硅酸二钙、铁酸二钙、RO 相

按表 3.2 中钢渣粉的化学成分含量进行计算,可得钢渣粉的碱度为 2.74,查阅表 3.3 可知,该钢渣粉为硅酸三钙渣,主要矿物为 C_3S、C_2S、C_2F 和 RO 相。

采用 XRD 衍射仪测试了水泥、钢渣粉、钢渣粉-水泥水化前矿物成分,如图 3.1、图 3.2、图 3.3 所示。

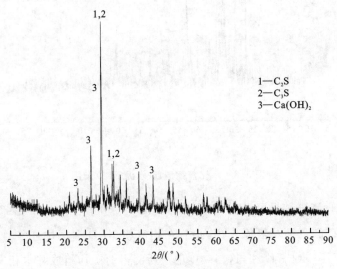

1—C_2S
2—C_3S
3—$Ca(OH)_2$

图 3.1　水化前水泥 XRD 谱图

(注:2θ 为 XRD 扫描范围,在 5°~90°之间,下同。)

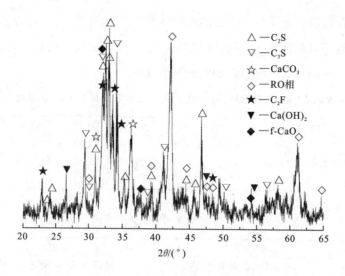

图 3.2 水化前钢渣粉 XRD 谱图

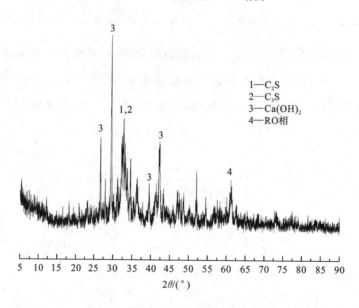

图 3.3 水化前钢渣粉-水泥 XRD 谱图

由 XRD 测试结果可看出,各胶凝材料的矿物峰相主要集中在 $20°\sim65°$,以硅酸二钙、硅酸三钙及氢氧化钙为主,在钢渣粉 XRD 谱图中还发现了 $CaCO_3$、RO 相、C_2F、f-CaO 等峰相,这与碱度值法所测得的矿物组成基本相同。硅酸二钙、硅酸三钙是钢渣胶凝材料具有胶凝性的主要原因,由其化学分子式可知,这两种矿物的主要化学成分是 CaO、SiO₂，通过对比发现，钢渣粉中 CaO、SiO₂ 的含量明显低于水泥，因此钢渣粉中 C_2S、C_3S 的含量也低于水泥。水泥的生成温度为 1450 ℃，其 C_3S 含量为 50％左右，C_3S 水化较快，28 d 时水化速度可达到 70％，水泥生成后一般采用急冷方式处理，使得 C_2S 晶格未完成重排，仍以介稳态的 β-C_2S 形式存在，β-C_2S 早期水化活性低，凝结硬化缓慢，但 28 d 以后强度能较快增长，在一年后超过硅酸三钙 C_3S；而钢渣的生成温度为 1600 ℃，这就造成钢渣粉中的 C_3S、C_2S 等矿物结晶致密，晶体粗大完整，水化速度缓慢，钢渣生成后一般采用自然冷却方式处理，使多数 β-C_2S 转变为 γ-C_2S，C_2S 的晶格完成重排后较为稳定，活性降低。从图 3.1、图 3.2、图 3.3 中还可看出，钢渣粉的峰相较凌乱，水泥的峰相较为规整，钢渣粉-水泥的峰相则介于两者之间，这可能就是因为钢渣的生成是高温缓冷。

图 3.4、图 3.5、图 3.6 为各胶凝材料（水泥、钢渣粉、钢渣粉-水泥）养护 7 d、28 d、90 d 后的 XRD 谱图，可以看出各胶凝材料的矿物成分均主要为硅酸二钙、硅酸三钙、氢氧化钙，所不同的是钢渣粉及钢渣粉-水泥中出现 RO 峰相，且其峰值强度并不随时间而变化，说明 RO 相矿物并没有参与水化反应。

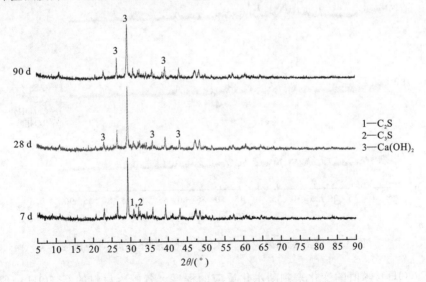

图 3.4 养护龄期为 7 d、28 d、90 d 时水泥 XRD 谱图

胶凝材料中，C_2S 和 C_3S 水化后生成 Ca(OH)₂ 及水化硅酸钙凝胶（C-S-H），因为 C-S-H 为非晶型，在 X 射线衍射图中无法观测其特征峰，但是可以通

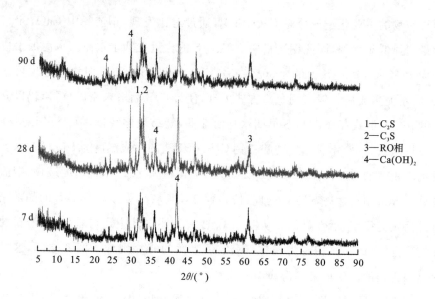

图 3.5　养护龄期为 7 d、28 d、90 d 时钢渣粉 XRD 谱图

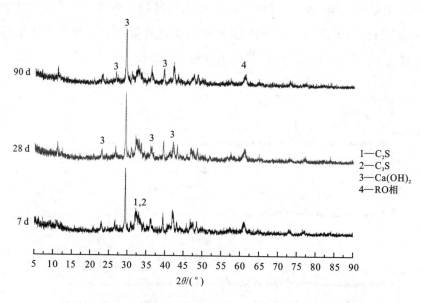

图 3.6　养护龄期为 7 d、28 d、90 d 时钢渣粉-水泥 XRD 谱图

过 $Ca(OH)_2$ 峰值的变化来判断水化反应的程度。各胶凝材料的 $Ca(OH)_2$ 峰相在 7～28 d 时均有所上升,这说明发生了水化反应,在 28～90 d 这一区间段各胶凝材料的 $Ca(OH)_2$ 峰相强度均有所回落,这可能是因为浆体在养护时渗入

了 CO_2，CO_2 与 $Ca(OH)_2$ 发生碳化反应生成碳酸钙和水，使 $Ca(OH)_2$ 含量降低。

比较各胶凝材料在相同龄期中 $Ca(OH)_2$ 的峰值强度，可以推测各胶凝材料在同一龄期下水化反应的程度。选择 $29.34°$ 下 $Ca(OH)_2$ 的主峰峰值强度来比较，如表 3.4 所示。

表 3.4　$Ca(OH)_2$ 的峰值强度(相对含量，无单位)

养护龄期	水泥	钢渣粉	钢渣粉-水泥
7 d	321	51	166
28 d	328	88	167
90 d	283	62	145

由表 3.4 可以看出，在任意龄期下，$Ca(OH)_2$ 峰值强度排序为水泥＞钢渣粉-水泥＞钢渣粉，说明各胶凝材料的水化程度为水泥＞钢渣粉-水泥＞钢渣粉。

本试验采用的激发剂分别为 NaOH、硫酸钠、氯化钙以及硅粉，具体情况如下：

(1) NaOH 是由天津市北联精细化学品开发有限公司生产的颗粒状化学试剂，其 NaOH 含量不小于 96％。

(2) 硫酸钠是由天津市致远化学试剂有限公司生产的颗粒状化学试剂，其硫酸钠含量不小于 96％。

(3) 氯化钙是由天津市津东天正精细化学试剂厂生产的颗粒状试剂，其氯化钙含量不小于 96％。

(4) 硅粉是由贵州某合金磨料厂生产的，比表面积为 22205 m^2/kg，SiO_2 含量不小于 93％。

3.2　试样的制备及养护方法

3.2.1　试样制备

制样过程如下：

(1) 用电子天平分别称取预先计算好的干土、水泥、钢渣粉、激发剂和水；

19

（2）先用搅拌机将水泥、钢渣粉及激发剂组分搅拌均匀,再倒入干土搅拌均匀,最后倒入水,搅拌均匀;

（3）将水泥土拌合物分三层装入尺寸为 70.7 mm×70.7 mm×70.7 mm 的三联塑料试模中,分层振捣排出试样中的气泡,然后将表面刮平,盖上塑料薄膜,减少水分蒸发;

（4）48 h 后脱模,准备放入养护箱中进行养护。

3.2.2　固化土试样养护方法

试样制作完成后,在自然条件下养护 48 h,拆模后采用天平称得试样的质量,将超过极差的试样舍弃,重新制作试样,用塑料保鲜袋将试样密封并编号记录后置于标准养护箱中进行养护。养护箱的温度为 20.5 ℃,相对湿度为 95%,养护龄期分别为 7 d、28 d 和 90 d,每一个龄期、每一个配比制备 3 个平行样。试样的养护如图 3.7 所示。

图 3.7　在养护箱中养护的试样

3.2.3　固化剂净浆制备工作及养护方法

采用净浆试验研究固化剂的水化机理,固化剂加水搅拌均匀后,为防止碳化,将其密封于一次性塑料离心管中,并置于标准养护箱中进行养护。养护箱的环境同上,养护龄期分别为 7 d、28 d 和 90 d,每一个龄期、每一个配比制备 3 个平行样。到达养护龄期后,将硬化浆体取出,并置于无水乙醇中浸泡,使其停止水化,当要测试时,将其从乙醇中取出,并在 60 ℃下烘干、粉磨后过 80 μm 标准筛。制备好的钢渣粉-水泥净浆如图 3.8 所示。

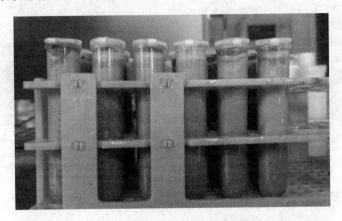

图 3.8 制备好的钢渣粉-水泥净浆

3.3 试验内容

1. 钢渣粉微观形貌观察试验

采用扫描电子显微镜观察钢渣粉的微观形貌。将钢渣粉抽真空并喷金后置于扫描电镜中进行测量。Nova Nano SEM 450 型超高分辨率场发射扫描电子显微镜,可对样品进行低真空超高分辨率研究,放大倍数为 10~250000 倍,分辨率可达 4.5 nm,加速电压为 0~30 kV,且自带 OXFORD SWIFT 能谱仪,如图 3.9(a)所示。

2. 钢渣粉与水泥化学成分分析试验

采用电子探针来研究钢渣粉及水泥的化学成分,以分析两种材料的异同。选用日本电子株式会社 JXA-8230 型电子探针(electron probe x-ray microanalyzer, EPMA),如图 3.9(b)所示。该设备配备 XM-86010 波谱仪(wavelength dispersive spectrometry, WDS)和 OXFORD INCA x-act energy 350 能谱仪(energy dispersive spectrometry, EDS),次电子分辨率为 6 nm,波谱通道数为 3CH,分析元素范围为 B~U,加速电压范围为 0~30 kV,探针电流范围为 10^{-12}~10^{-5} A,束流稳定性为 $\pm 0.5 \times 10^{-3}$/h。

（a）超高分辨率场发射扫描电子显微镜　　　　　　（b）电子探针

图 3.9　扫描电镜和电子探针

3. 胶凝材料水化后矿物成分分析试验

为鉴定钢渣粉及复合胶凝材料水化后的矿物成分,采用 D/Max2500PC 型 X 射线衍射仪(日本理学株式会社)对纯水泥、纯钢渣水化 7 d 的试样,以及各 50% 掺量的钢渣粉-水泥水化 7 d、28 d、90 d 的试样进行 XRD 分析。工作条件如下:CuKα 靶,滤波片,电压 50 kV,电流 200 mA,扫描速度 10°/min,扫描角度 5°~90°。X 射线衍射仪如图 3.10(a)所示。

4. 无侧限抗压强度试验

采用无侧限抗压强度作为各激发剂对钢渣粉-水泥土固化效果的评判指标。将试样放在万能试验机的下加压板上,启动电机,使上加压板和试样刚好接触,将位移传感器和轴向力传感器的读数归零,设置上加压板下降速度为 1 mm/min,采用无侧限抗压强度仪自带系统收集应力与应变数据。待应力达到峰值,继续进行 4% 的轴向变形后,停止试验。试验所用的万能试验机如图 3.10(b)所示。

钢渣粉-水泥土是水泥、钢渣粉及各种激发剂等混合并相互反应后生成的具有一定强度的固结体。这种固结体内存在大量随机分布的微裂缝、微孔隙,在荷载作用下存在明显的弹性阶段,后期塑性变形也较大。因此钢渣粉-水泥土的力学特性既不同于一般天然土,也不同于岩石,还不同于一般淤泥土,是一种介于岩石和土之间的新型材料。

根据试验结果,钢渣粉-水泥土的受压应力-应变曲线一般包括以下三个阶段。

（a）X射线衍射仪　　　　　　　　（b）万能试验机

图 3.10　X射线衍射仪与万能试验机

第一阶段，应力-应变曲线的初始直线段，亦称弹性阶段。在该阶段，应力与应变一般呈直线关系。钢渣粉-水泥土中的颗粒虽被压缩，但并未发生破损，颗粒的变形均在弹性范围内。直线段末端点所对应的应力、应变分别是弹性极限应力 σ_e、弹性极限应变 ε_e。

第二阶段，应力-应变曲线的非线性上升段，也称为塑性屈服阶段。在该阶段，自达到弹性极限应力 σ_e 后，钢渣粉-水泥土内部结构逐渐发生损伤，待其强度达到峰值后，结构便完全损伤。随着应力变大，当应力超过钢渣粉-水泥土的弹性极限应力后，钢渣粉-水泥土的应力-应变曲线斜率逐渐减小，试样发生破损，土颗粒间的孔隙不断被压密，此时土体压密作用对试样强度的促进作用要大于结构破损对强度的削弱作用，此时钢渣粉-水泥土的变形不可恢复，称为塑性变形。应力-应变曲线非线性上升阶段的强度达到峰值时所对应的应力和应变分别是破坏应力 σ_f、破坏应变 ε_f。

第三阶段，应力-应变曲线的非线性下降段，也称为软化阶段。在这一阶段，曲线由陡变缓逐渐达到残余强度值点。

正因为钢渣粉-水泥土是复合建筑材料，并非弹性材料，所以实际工程中一

般用平均变形模量 E_{50} 来评价钢渣粉-水泥土的变形模量。

$$E_{50}=\frac{\Delta\sigma}{\Delta\varepsilon}=\frac{q_u}{2\varepsilon_{0.5}}$$

其中，$\varepsilon_{0.5}$ 为应力等于 $0.5q_u$ 时所对应的应变值[26]。

一般钢渣粉-水泥土在无侧限受压状态下的应力-应变关系可以较为全面地反映各阶段的变形特点，包括重要的力学性能指标(如弹性极限应力、弹性极限强度、弹性模量、峰值强度、峰值应变等)。

3.4 活性激发剂(单掺)对钢渣粉活性激发效果分析

试验以水泥、钢渣粉作为固化剂，选择了几种添加剂($NaOH$、硅粉、$CaCl_2$)，通过单掺试验初步分析各添加剂对淤泥质土的影响规律，确定其各自最优掺量；并辅以 XRD 试验分析，得出固化剂的作用机理。

将水泥、钢渣粉及各种激发剂均作为胶体材料，水泥掺量为 10%，钢渣粉掺量则随着激发剂的变化而改变，胶体材料的总掺量不变，固定为 20%。三种活性激发剂的掺入量均相同，具体配比如表 3.5 所示。

表 3.5 活性激发剂试验配比方案

土样含水率/(%)	钢渣粉-水泥浆体		激发剂			胶体材料总量/(%)
	水泥/(%)	钢渣粉/(%)	NaOH/(%)	硅粉/(%)	氯化钙/(%)	
31	10	10	0	0	0	20
		9.7	0.3	0.3	0.3	20
		9.4	0.6	0.6	0.6	20
		9.1	0.9	0.9	0.9	20
		8.8	1.2	1.2	1.2	20
		8.5	1.5	1.5	1.5	20

注：$\times\times$掺量$=\frac{\times\times质量}{淤泥质土质量}\times100\%$。

3.4.1 氢氧化钠活性激发剂对钢渣粉活性影响分析

1. 氢氧化钠掺量对钢渣粉-水泥土强度的影响

为了研究氢氧化钠掺量对钢渣粉-水泥土无侧限抗压强度的影响，把氢氧

化钠按 0、0.3%、0.6%、0.9%、1.2%、1.5%六个掺量分别掺入钢渣粉-水泥土
中制备试块,并对其进行无侧限抗压强度试验,通过试验得到试块的应力-应变
曲线。该曲线首先上升,达到峰值后下降,取曲线的峰值点作为试块的无侧限
抗压强度。试块无侧限抗压强度与氢氧化钠掺量的关系曲线如图 3.11 所示。

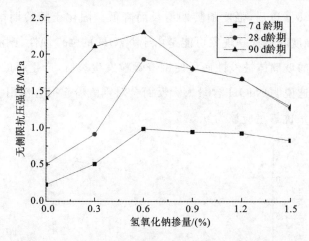

图 3.11 试块无侧限抗压强度与氢氧化钠掺量的关系曲线

从图 3.11 中可看出,随着氢氧化钠掺量的增加,试块的无侧限抗压强度在
任意养护龄期下均表现为先增加后降低,在氢氧化钠掺量为 0.6%时存在最大
值。工程上一般以 90 d 固化土强度作为设计值,因此以养护龄期为 90 d 的试
块为例,氢氧化钠掺量从 0 变化到 1.5%时,钢渣粉-水泥土试块强度分别为
1.403 MPa、2.105 MPa、2.297 MPa、1.804 MPa、1.661 MPa、1.29 MPa。可以
发现氢氧化钠掺量为 0.6%时激发效果最优,掺量为 0.3%次之,且两者强度分
别增加了 63.72%、50.04%,掺量为 0.9%、1.2%时均有一定激发效果,掺量为
1.5%时试块的强度低于不掺加活性剂的钢渣粉-水泥土试块。

2. 养护龄期对氢氧化钠激发钢渣粉-水泥土强度的影响

为研究养护龄期对不同氢氧化钠掺量的钢渣粉-水泥土强度的影响,绘制
了试块无侧限抗压强度与龄期的关系曲线,如图 3.12 所示。龄期从 7~90 d,
未掺 NaOH 的钢渣粉-水泥土、0.3%NaOH 掺量的固化土的无侧限抗压强度随
着养护龄期的增加几乎呈线性增长,90 d 时强度分别是 1.403 MPa 和 2.105
MPa;0.6%NaOH 和 0.9%NaOH 掺量的固化土的强度同样随龄期的增长而

增大,但是增幅随龄期的提高而变小,如当龄期为 7 d、28 d 和 90 d 时,这两种固化土的强度分别是 0.986 MPa、1.932 MPa、2.297 MPa 和 0.945 MPa、1.798 MPa、1.807 MPa,环比增长率分别是 95.94%、18.89% 和 90.26%、0.50%;1.2%NaOH 和 1.5%NaOH 掺量的固化土在养护 7～28 d 时,强度随着龄期的增长而增加,28 d 以后,强度随龄期增长而降低。固化土随龄期增长而强度增幅变小甚至强度降低这一现象可能是由于 NaOH 的强侵蚀性,钢渣受强碱作用时,颗粒表面的玻璃体被侵蚀而促使钢渣颗粒发生裂解,产生新的孔隙,使得固化效果降低,这说明 NaOH 含量太大反而会对钢渣粉起损害作用。基于以上考虑,NaOH 的最优掺量应该为 0.3%。

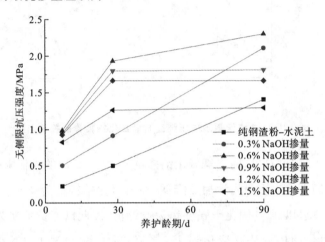

图 3.12 试块无侧限抗压强度与龄期的关系曲线图

3. 氢氧化钠激发钢渣粉-水泥土活性的机理分析

为了分析 NaOH 激发效果的化学机理,将水泥、钢渣粉、NaOH(含量为 0.3%)、水等按照在固化土中各材料的比例关系配置净浆,并通过 X 射线衍射仪分析其矿物的分布情况。图 3.13 为 NaOH 激发钢渣粉-水泥试样的 XRD 谱图,从下到上依次为 7 d 龄期纯钢渣粉-水泥试样和 7 d、28 d、90 d 龄期 NaOH 激发钢渣粉-水泥试样。

为比较氢氧化钠激发钢渣粉-水泥和纯钢渣粉-水泥、水泥在不同龄期下的水化程度[27],绘制了氢氧化钙生成量(又称峰值强度)随龄期变化的规律表,如表 3.6 所示。

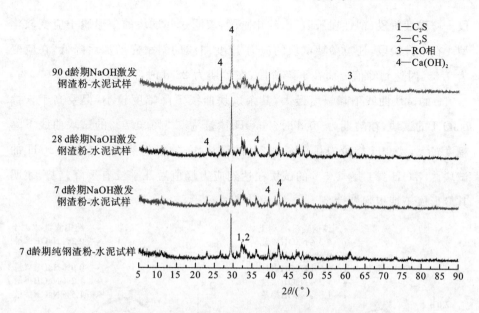

图 3.13 NaOH 激发钢渣粉-水泥试样的 XRD 谱图

表 3.6 氢氧化钙生成量随龄期变化的规律表

养护龄期	水泥	钢渣粉	纯钢渣粉-水泥	NaOH 激发钢渣粉-水泥
7 d	321	51	166	159
28 d	328	88	167	217
90 d	283	62	145	196

从表 3.6 中发现,NaOH 激发钢渣粉-水泥同样受碳化作用的影响,使得氢氧化钙生成量在 7～28 d 龄期时稳步增长,而在 28～90 d 龄期时略有下降。另外,除在 7 d 龄期时 NaOH 激发钢渣粉-水泥的氢氧化钙生成量略低于纯钢渣粉-水泥,在 28 d 和 90 d 龄期时均远高于后者,其增长率分别为 29.94% 和 35.17%。因此可以说,氢氧化钠对钢渣粉-水泥的激发效果明显,这与前人试验结果相近[28,29]。

4. 氢氧化钠激发钢渣粉-水泥土的应力-应变关系

图 3.14 为无侧限抗压强度试验所得到的 NaOH 激发钢渣粉-水泥土在龄期为 28 d、90 d 时的应力-应变曲线,可看出除龄期为 90 d、1.5%NaOH 掺量的试块,其余任意龄期、任意 NaOH 掺量的钢渣粉-水泥土都经历三个变形阶

段——弹性阶段、塑性屈服阶段、软化阶段,表明这些试块的变形属于应变软化型。在上升阶段,任意龄期试块的应力-应变曲线的斜率先增加后降低,在应变为 0.6% 时达到峰值。而在下降阶段,在龄期为 28 d 时,NaOH 掺量为 0.6%、0.9% 的试块曲线下降幅度最大,其余试块曲线下降幅度较小,但要高于未掺NaOH 的试块;在龄期为 90 d 时,NaOH 掺量为 0.3%、0.6% 的试块曲线下降幅度较大,NaOH 掺量为 0.9%、1.2% 的试块次之,但仍然高于未掺 NaOH 的试块。NaOH 掺量为 1.5% 的试块在达到应力峰值后几乎没有下降趋势,表明其变形属于理想弹塑性型。

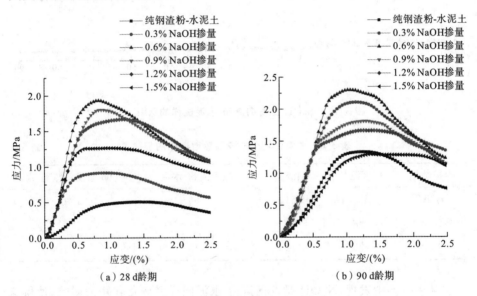

图 3.14 NaOH 激发钢渣粉-水泥土的应力-应变曲线

本次试验着重研究试块在应力-应变过程中弹性阶段的 σ_e、ε_e 和塑性屈服阶段的 σ_f、ε_f,以及平均变形模量 E_{50} 等的变化规律,如表 3.7、表 3.8 所示。

由表 3.7 可以看出,在龄期为 28 d 时,NaOH 掺量为 0、0.3%、0.6%、0.9%、1.2% 和 1.5% 时,试块的弹性极限应力 σ_e 分别为 0.384 MPa、0.591 MPa、1.510 MPa、1.401 MPa、1.296 MPa 及 1.040 MPa,弹性极限应变 ε_e 分别为 0.628%、0.275%、0.431%、0.510%、0.471%、0.393%,弹性模量 E_e 分别为 61.14 MPa、214.9 MPa、350.3 MPa、274.7 MPa、275.2 MPa、264.6 MPa;在龄期为 90 d 时,NaOH 掺量为 0、0.3%、0.6%、0.9%、1.2% 和 1.5% 时,试块的弹

性极限应力 σ_e 分别为 1.212 MPa、1.617 MPa、2.054 MPa、0.707 MPa、0.858 MPa 及 1.064 MPa，弹性极限应变 ε_e 分别为 0.864%、0.625%、0.671%、0.353%、0.353%、0.864%，弹性模量分别是 140.27 MPa、258.72 MPa、306.11 MPa、200 MPa、243 MPa、123.14 MPa。这说明随着氢氧化钠掺量及养护龄期的增加，弹性极限应力 σ_e 以及弹性模量 E_e 开始均随之增大，且氢氧化钠掺量在 0.3%～0.6%、养护龄期在 90 d 时尤为明显，但氢氧化钠掺量在 0.6%～1.5% 时弹性极限应力、弹性模量呈下降趋势。

表 3.7　NaOH 激发钢渣粉-水泥土在弹性阶段的 σ_e、ε_e 和 E_e

NaOH 掺量/(%)		0	0.3	0.6	0.9	1.2	1.5
28 d	σ_e/MPa	0.384	0.591	1.510	1.401	1.296	1.040
	ε_e/(%)	0.628	0.275	0.431	0.510	0.471	0.393
	E_e/MPa	61.14	214.9	350.3	274.7	275.2	264.6
90 d	σ_e/MPa	1.212	1.617	2.054	0.707	0.858	1.064
	ε_e/(%)	0.864	0.625	0.671	0.353	0.353	0.864
	E_e/MPa	140.27	258.72	306.11	200	243	123.14

表 3.8　NaOH 激发钢渣粉-水泥土的破坏应变与破坏应力

NaOH 掺量/(%)		0	0.3	0.6	0.9	1.2	1.5
28 d	σ_f/MPa	0.503	0.914	1.932	1.798	1.664	1.262
	ε_f/(%)	1.453	0.903	0.824	0.864	1.217	0.942
90 d	σ_f/MPa	1.328	2.105	2.297	1.807	1.661	1.290
	ε_f/(%)	1.257	1.139	1.060	1.257	1.257	1.374

在实际工程中破坏应变 ε_f 是衡量水泥土变形特征的重要参考指标，破坏应变 ε_f 大则其塑性特征明显，破坏应变 ε_f 小则其脆性特征明显[30]。由表 3.8 可以看出，在龄期为 28 d 时，NaOH 掺量为 0、0.3%、0.6%、0.9%、1.2% 和 1.5% 时，破坏应变 ε_f 依次为 1.453%、0.903%、0.824%、0.864%、1.217%、0.942%，破坏应力 σ_f 依次为 0.503 MPa、0.914 MPa、1.932 MPa、1.798 MPa、1.664 MPa、1.262 MPa；在龄期为 90 d 时，NaOH 掺量为 0、0.3%、0.6%、0.9%、1.2% 和 1.5% 时，破坏应变 ε_f 依次为 1.257%、1.139%、1.060%、1.257%、

1.257%、1.374%,破坏应力 σ_f 依次为 1.328 MPa、2.105 MPa、2.297 MPa、1.807 MPa、1.661 MPa、1.290 MPa。这说明在任意龄期下,随 NaOH 掺量的增加,试块的破坏应力先增加后减小,破坏应变 ε_f 则先减小后增加(除 1.5% NaOH 掺量、28 d 龄期下的 ε_f),在 NaOH 掺量为 0.6% 时破坏应力达到最大值,破坏应变达到最小值,说明掺入一定量的 NaOH,有助于试块从塑性破坏向脆性破坏转变,但是过量的 NaOH 又会起到反作用,使其从脆性破坏向塑性破坏转变。

表 3.9 为不同掺量 NaOH 作为激发剂的钢渣粉-水泥土在各龄期下的平均变形模量 E_{50}。从表 3.9 中可以看出,在相同龄期下,随 NaOH 掺量的增加,试块的平均变形模量呈先增加后降低的趋势,在 NaOH 掺量为 0.6% 时达到峰值。将相同掺量下不同龄期的试块进行对比发现,除掺量为 0、0.3% 时平均变形模量 E_{50} 随龄期的增长有所提升外,其余掺量试块的平均变形模量均随龄期的增长而有所下降。当 NaOH 掺量为 0.6% 时,在 28 d 及 90 d 龄期下其平均变形模量 E_{50} 均为最大值,分别为 317.8 MPa 和 249.1 MPa,而未掺 NaOH 的试块在相应龄期,其平均变形模量 E_{50} 仅为 58.2 MPa、127.5 MPa,这说明适量的 NaOH 的掺入可以极大降低钢渣粉-水泥土后期沉降量。

表 3.9　NaOH 激发钢渣粉-水泥土的平均变形模量(E_{50})　　(单位:MPa)

NaOH 掺量	0	0.3%	0.6%	0.9%	1.2%	1.5%
28 d	58.2	212.6	317.8	262.9	262.5	252.4
90 d	127.5	245.3	249.1	222.5	240.7	109.5

3.4.2　硅粉活性激发剂对钢渣粉活性影响分析

1. 硅粉掺量对钢渣粉-水泥土强度的影响

硅粉也是一种常用的活性剂,在钢渣粉中掺入硅粉对激发钢渣粉的活性有着积极的作用。因此在试验中,将硅粉按 0、0.3%、0.6%、0.9%、1.2%、1.5% 六个掺量分别掺入钢渣粉-水泥土中制备试块,并对其进行无侧限抗压强度试验,通过试验得到试块无侧限抗压强度随硅粉掺量变化而变化的曲线,如图 3.15 所示。

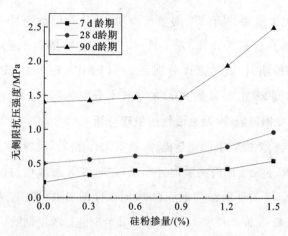

图 3.15　试块无侧限抗压强度与硅粉掺量的关系曲线

硅粉掺量与试块强度呈正相关关系。工程上一般以 90 d 固化土强度作为设计值,因此以养护龄期为 90 d 的试块为例,硅粉掺量为 0、0.3%、0.6%、0.9%、1.2%、1.5%时,钢渣粉-水泥土试块强度分别为 1.403 MPa、1.428 MPa、1.474 MPa、1.464 MPa、1.935 MPa、2.491 MPa。由实测数据表明,硅粉掺量为 1.5%时激发效果最优,掺量为 1.2%次之,且两者强度与纯钢渣粉-水泥土相比分别增长了 77.55%、37.92%。

2. 养护龄期对硅粉激发钢渣粉-水泥土强度的影响

为研究养护龄期对不同硅粉掺量的钢渣粉-水泥土强度的影响,绘制了试块无侧限抗压强度与养护龄期的关系曲线,如图 3.16 所示。无论掺加硅粉与

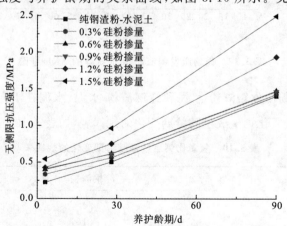

图 3.16　试块无侧限抗压强度与龄期的关系曲线

否,钢渣粉-水泥土强度都随龄期的增长而增加,且养护龄期从28 d到90 d时强度的增速要远高于从7 d到28 d时的。以硅粉掺量为1.5％为例,在7 d、28 d、90 d养护龄期时,试块强度分别是0.543 MPa、0.962 MPa、2.491 MPa,其在龄期从7 d到28 d、28 d到90 d的增长率分别是77.16％、158.94％。

3. 硅粉激发钢渣粉-水泥土活性的机理分析

为了分析硅粉激发效果的化学机理,将水泥、钢渣粉、硅粉、水等按照1.5％硅粉掺量的钢渣粉-水泥土比例关系配置净浆,并通过X射线衍射仪分析其矿物的分布情况。图3.17为硅粉激发钢渣粉-水泥试样的XRD谱图,从下到上依次为7 d龄期纯钢渣粉-水泥试样和7 d、28 d、90 d龄期硅粉激发钢渣粉-水泥试样。

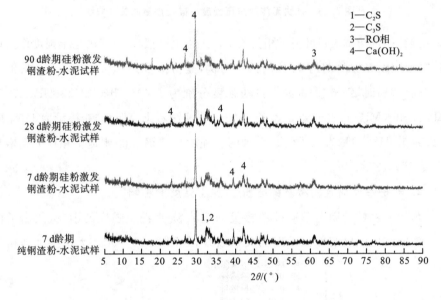

图 3.17　硅粉激发钢渣粉-水泥试样的 XRD 谱图

为比较硅粉激发钢渣粉-水泥和纯钢渣粉-水泥、水泥在不同龄期下的水化程度,绘制了氢氧化钙生成量随龄期变化的规律表,如表3.10所示。

表 3.10　氢氧化钙生成量随龄期变化的规律表

养护龄期	水泥	纯钢渣粉-水泥	硅粉激发钢渣粉-水泥
7 d	321	166	182
28 d	328	167	172
90 d	283	145	166

从表 3.10 中可发现,在任意龄期硅粉激发钢渣粉-水泥的氢氧化钙生成量要比纯钢渣粉-水泥的高,但是远低于水泥,说明硅粉促进了钢渣粉-水泥的水化,但水化程度仍然小于水泥。

另外,通过比较各龄期氢氧化钙生成量可发现,随着龄期的增长,氢氧化钙的生成量反而降低,这说明硅粉和生成的氢氧化钙发生了火山灰反应。

首先,水泥及钢渣粉中硅酸二钙和硅酸三钙遇水发生水化反应:

$$3CaO \cdot SiO_2 + H_2O \longrightarrow 3CaO \cdot 2SiO_2 \cdot 3H_2O + Ca(OH)_2 \quad (3.1)$$
$$（水化硅酸钙）$$

$$2CaO \cdot SiO_2 + H_2O \longrightarrow 3CaO \cdot 2SiO_2 \cdot 3H_2O + Ca(OH)_2 \quad (3.2)$$
$$（水化硅酸钙）$$

上述反应生成的氢氧化钙为溶液提供了碱性条件,在此条件下,硅粉与水接触后,其 Si—O 四面体中的 O^{-2} 会转变成 OH^- 离子,导致 Si—O 四面体的结合越来越弱,最终会脱离之前的位置并以 H_3SiO^- 的形式溶解在溶液中,遇到 Ca^{2+} 后会生成新的水化硅酸钙凝胶(C-S-H)。而水泥土主要是由 C-S-H 形成的骨架结构。因此随着硅粉掺入量的增加,钢渣粉-水泥土的强度也随之增加。其硅粉的火山灰反应化学式如下:

$$SiO_{2-x} + Ca(OH)_2 + H_2O \longrightarrow yCaO \cdot zSiO_2 \cdot wH_2O \quad (3.3)$$

另外,硅粉与淤泥土之间的作用也可起到提高钢渣粉-水泥加固土强度的积极作用,黏土颗粒表面的钾、钠离子,会与水泥及钢渣粉水化生成的钙离子发生交换吸附作用。随着这些高价离子的加入,黏土的双电子层会变薄,而双电子层越薄,黏土颗粒就靠得越紧,相互间的结合力就越强,钢渣粉-水泥加固土强度也会随之提高。

硅粉的加入会使上述吸附作用更加明显,可以从两方面解释。一方面,吸附在土颗粒表面的硅粉会与溶液中的钙离子结合生成水化硅酸钙凝胶,该凝胶更加接近土颗粒,从而增强了与土颗粒的结合作用。另一方面,吸附在土颗粒表面的硅粉能够成为水泥正常水化的水化硅酸钙核心,使得生成的水化硅酸钙更加规律且紧密地结合在一起,这样使得结构更加致密。

综上所述,硅粉具有加固钢渣粉-水泥土的特性,掺量为 1.2%～1.5% 时可明显提高钢渣粉-水泥土的强度,但是在掺量比较小时,效果却并不明显。这是因为当硅粉掺量较小时,其虽然具有极强的火山灰特性,但是由于与氢氧化钙接触较少,参与火山灰反应的概率也随之减小,因此增强效果并不明显。

4. 硅粉激发钢渣粉-水泥土的应力-应变关系

图 3.18 为无侧限抗压强度试验所得的硅粉激发钢渣粉-水泥土在龄期为 28 d、90 d 时的应力-应变曲线,由图可知不管是哪种类型的土都经历了三个变形阶段:弹性阶段、塑性屈服阶段、软化阶段。随着龄期的增长,钢渣粉-水泥土的弹性阶段显著延长,塑性屈服阶段则相应变短;试样达到 σ_f 后,养护龄期越长,硅粉掺量越多,则应力下降曲线越陡,下降幅度越大,说明钢渣粉-水泥土的脆性破坏特征越明显。

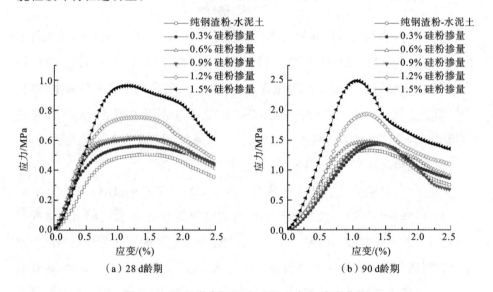

（a）28 d龄期 （b）90 d龄期

图 3.18 硅粉激发钢渣粉-水泥土应力-应变曲线

本次试验着重研究试块在应力-应变过程中弹性阶段的 σ_e、ε_e 和塑性屈服阶段的 σ_f、ε_f,以及平均变形模量 E_{50} 等的变化规律,如表 3.11、表 3.12 所示。

表 3.11 硅粉激发钢渣粉-水泥土在弹性阶段的 σ_e、ε_e 和 E_e

硅粉掺量/(%)		0	0.3	0.6	0.9	1.2	1.5
28 d	σ_e/MPa	0.384	0.344	0.436	0.407	0.525	0.759
	ε_e/(%)	0.628	0.375	0.375	0.393	0.510	0.667
	E_e/MPa	61.14	91.7	116.23	103.56	102.94	113.79

硅粉掺量/(%)		0	0.3	0.6	0.9	1.2	1.5
90 d	σ_e/MPa	1.212	1.025	1.169	1.211	1.511	2.000
	ε_e/(%)	0.864	0.825	0.707	0.906	0.781	0.750
	E_e/MPa	140.27	124.24	165.34	133.66	193.47	266.67

表 3.12 硅粉激发钢渣粉-水泥土的破坏应变与破坏应力

硅粉掺量/(%)		0	0.3	0.6	0.9	1.2	1.5
28 d	σ_f/MPa	0.503	0.562	0.616	0.612	0.752	0.962
	ε_f/(%)	1.453	1.354	1.275	1.453	1.257	1.139
90 d	σ_f/MPa	1.328	1.427	1.474	1.464	1.935	2.491
	ε_f/(%)	1.257	1.375	1.257	1.296	1.217	1.060

由表 3.11 可以看出,在龄期为 28 d 时,硅粉掺量为 0、0.3%、0.6%、0.9%、1.2%、1.5%时,试块的弹性极限应力 σ_e 分别为 0.384 MPa、0.344 MPa、0.436 MPa、0.407 MPa、0.525 MPa 及 0.759 MPa,弹性极限应变 ε_e 分别为 0.628%、0.375%、0.375%、0.393%、0.510%、0.667%,弹性模量 E_e 分别为 61.14 MPa、91.7 MPa、116.23 MPa、103.56 MPa、102.94 MPa、113.79 MPa;在龄期为 90 d 时,硅粉掺量为 0、0.3%、0.6%、0.9%、1.2%、1.5%时,试块的弹性极限应力 σ_e 分别为 1.212 MPa、1.025 MPa、1.169 MPa、1.211 MPa、1.511 MPa 及 2.000 MPa,弹性极限应变 ε_e 分别为 0.864%、0.825%、0.707%、0.906%、0.781%、0.750%,弹性模量分别是 140.27 MPa、124.24 MPa、165.34 MPa、133.66 MPa、193.47 MPa、266.67 MPa。这说明随着硅粉掺量及养护龄期的增加,硅粉激发钢渣粉-水泥土弹性极限应力 σ_e、弹性极限应变 ε_e 以及弹性模量均随之增大(除掺量为 0.9%时略有降低外),且硅粉掺量在 1.2%~1.5%、养护龄期在 90 d 时尤为明显。

在实际工程中破坏应变 ε_f 是衡量水泥土变形特征的重要参考指标,破坏应变 ε_f 大则其塑性特征明显,破坏应变 ε_f 小则其脆性特征明显。由表 3.12 可以看出,在龄期为 28 d 时,硅粉掺量为 0、0.3%、0.6%、0.9%、1.2%、1.5%时,破

坏应变 ε_f 依次为 1.453%、1.354%、1.275%、1.453%、1.257%、1.139%,破坏应力 σ_f 依次为 0.503 MPa、0.562 MPa、0.616 MPa、0.612 MPa、0.752 MPa、0.963 MPa;在龄期为 90 d 时,硅粉掺量为 0、0.3%、0.6%、0.9%、1.2%、1.5%时,破坏应变 ε_f 依次为 1.257%、1.375%、1.257%、1.296%、1.217%、1.060%,破坏应力 σ_f 依次为 1.328 MPa、1.427 MPa、1.474 MPa、1.464 MPa、1.935 MPa、2.491 MPa。这说明随着龄期及硅粉掺量(除掺量为 0.9%的情况)的增加,试块的破坏应力逐渐增加,破坏应变逐渐降低,说明试样逐渐从塑性破坏转变为脆性破坏,且在龄期为 90 d,掺量为 1.5%时,脆性破坏尤其明显。

由于塑性屈服阶段是发生在弹性阶段与软化阶段之间,因此其长度可用应变量 $(\varepsilon_f - \varepsilon_e)$ 来表示,结合以上两表可以发现,随硅粉掺量及龄期的增加,塑性屈服阶段明显变短。

表 3.13 为不同掺量的硅粉作为激发剂的钢渣粉-水泥土在各龄期下的平均变形模量 E_{50}。从表 3.13 可以看出,随龄期及硅粉掺量的增加,试块的平均变形模量相比未掺硅粉的试块增加得比较明显。如硅粉掺量为 0 时,试块的平均变形模量 E_{50} 在 28 d 及 90 d 时分别为 58.2 MPa、127.5 MPa,当硅粉掺量为 1.5%时,试块相应龄期的 E_{50} 分别为 105.9 MPa、243.7 MPa。这说明硅粉的掺入可以极大降低钢渣粉-水泥土后期沉降量。

表 3.13　硅粉激发钢渣粉-水泥土的平均变形模量　　　　　(单位:MPa)

硅粉掺量/(%)	0	0.3	0.6	0.9	1.2	1.5
28 d	58.2	94	112.8	103.4	98.4	105.9
90 d	127.5	116.2	152.3	121.2	165.7	243.7

3.4.3　氯化钙活性激发剂对钢渣粉活性影响分析

1. 单掺氯化钙试验结果

为了研究氯化钙掺量对钢渣粉-水泥土无侧限抗压强度的影响,把氯化钙按 0、0.3%、0.6%、0.9%、1.2%、1.5%六个掺量分别掺入钢渣粉-水泥土中制备试块,并对其进行无侧限抗压强度试验,通过试验得到试块的应力-应变曲线。该曲线首先上升,达到峰值后下降,取曲线的峰值点为试块的无侧限抗压强度。试块无侧限抗压强度与氯化钙掺量的关系曲线如图 3.19 所示。

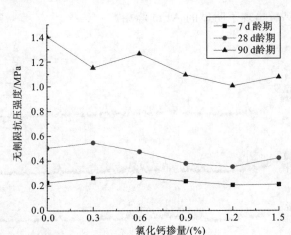

图 3.19　氯化钙掺量对钢渣粉-水泥土无侧限抗压强度的影响

从图 3.19 中可看出,随着氯化钙掺量的增加,试块的无侧限抗压强度在任意养护龄期下,变化规律并不一致,如 7 d 龄期时,纯钢渣粉-水泥土强度为 0.226 MPa,试块强度随氯化钙掺量的增加先增大后降低,在氯化钙掺量为 0.6％ 时达到峰值,为 0.267 MPa;28 d 龄期时,纯钢渣粉-水泥土强度为 0.503 MPa,其后随氯化钙掺量增加,试块强度呈先增加、后降低、再增加的趋势,其最高强度为 0.547 MPa;龄期为 90 d 时,纯钢渣粉-水泥土强度为 1.403 MPa,其后随着氯化钙掺量的增加,试块强度呈降低—增加—降低—增加的波动趋势,其中在氯化钙掺量为 0.6％时达到强度峰值,为 1.265 MPa,仍小于纯钢渣粉-水泥土强度。

通过以上分析可知,虽然养护龄期为 7 d、28 d 时,试块强度有些许增加,但是在养护龄期为 90 d 时,掺氯化钙的钢渣粉-水泥土的强度始终小于纯钢渣粉-水泥土强度,这说明氯化钙不能作为钢渣粉激发剂用于淤泥质水泥土中。

2. 氯化钙激发钢渣粉-水泥土活性的机理分析

将水泥、钢渣粉、氯化钙、水等按照氯化钙掺量为 1.5％ 的试块比例关系配置净浆,并通过 X 射线衍射仪分析矿物的分布情况。图 3.20 为氯化钙激发钢渣粉-水泥试样的 XRD 谱图,从下到上依次为 7 d 龄期纯钢渣粉-水泥试样和 7 d、28 d、90 d 龄期氯化钙激发钢渣粉-水泥试样。从图 3.20 中可以看出,无论掺加氯化钙与否,试样的矿物成分均包含硅酸二钙、硅酸三钙、氢氧化钙及 RO 相,但掺入氯化钙后出现了明显的 AFm 峰相。

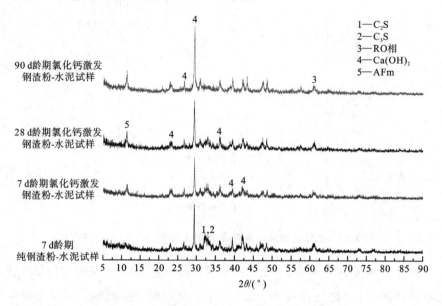

图 3.20　氯化钙激发钢渣粉-水泥试样的 XRD 谱图

比较氯化钙激发钢渣粉-水泥和纯钢渣粉-水泥、水泥在不同龄期下的水化程度,绘制了氢氧化钙生成量随龄期变化的规律表,如表 3.14 所示。

表 3.14　氢氧化钙生成量随龄期变化的规律表

养护龄期	水泥	纯钢渣粉-水泥	氯化钙激发钢渣粉-水泥
7 d	321	166	143
28 d	328	167	176
90 d	283	145	236

从表 3.14 中可发现,在 7 d 龄期时,氯化钙激发钢渣粉-水泥的氢氧化钙生成量小于纯钢渣粉-水泥;在 28 d 和 90 d 龄期时,氯化钙激发钢渣粉-水泥的氢氧化钙生成量要比纯钢渣粉-水泥的高,但是远低于水泥,说明氯化钙促进了钢渣粉-水泥的水化,但水化程度仍然小于水泥。

但是从图 3.20 中还发现氯化钙的加入使得在峰位为 10° 到 12° 时出现了 AFm 峰相,原因在于钢渣粉和水泥中有铝酸三钙($3CaO \cdot Al_2O_3$,简式 C_3A),

而 C_3A 遇水后会发生水化反应,生成水化铝酸三钙,见以下反应式:

$$3CaO \cdot Al_2O_3 + H_2O \longrightarrow 3CaO \cdot Al_2O_3 \cdot 6H_2O(水化铝酸三钙)\quad(3.4)$$

由于氯化钙中含有大量 Ca^{2+},这样就使得溶液中的氢氧化钙始终饱和。而 $3CaO \cdot Al_2O_3$ 的水化反应极快,析出大量的水化铝酸三钙立方晶体,该晶体在氢氧化钙饱和溶液中与氢氧化钙反应生成六方片状的水化铝酸四钙($4CaO \cdot Al_2O_3 \cdot 13H_2O$),容易造成水泥快凝,在工程上应用价值不高。而水泥中含有少量的石膏,其首先会与溶液中的 $Ca(OH)_2$ 反应生成二水石膏($CaSO_4 \cdot 2H_2O$),随后 C_3A 与石膏、水反应生成针状的三硫型水化硫铝酸钙晶体(简称钙矾石,$3CaO \cdot Al_2O_3 \cdot 3CaSO_4 \cdot 31H_2O$),从谱图(见图 3.20)上可以看出,随龄期的增长,钙矾石的含量也是不断增加的。

试块中 C-S-H、$Ca(OH)_2$ 等水化生成物共生交错,形成结晶网络结构,附着在土颗粒周围,将土颗粒紧密地结合在一起。反应生成的钙矾石则可填充在土颗粒间的孔隙中,降低孔隙率,增加试块的密实度,从而提高试块强度;但是由于钙矾石晶体具有膨胀性,过量的钙矾石则可能会破坏结晶网络结构,降低试块的强度。而氯化钙的加入使溶液中的氢氧化钙始终饱和,这样生成的钙矾石在超过一定量后就会降低试块的强度。因此,虽然氯化钙的掺入会在一定程度上提高水化程度,但过量的钙矾石则会降低试块强度,而从试验数据看,后者起主要作用。

通过以上分析,可得到如下结论:

(1) 随 NaOH 掺量的增加,NaOH 激发钢渣粉-水泥土的强度及平均变形模量呈先增加后减小的趋势,在 0.6% 掺量时达到峰值;但是固定掺量不变,随着龄期增长,掺量为 0.6%~1.5% 的 NaOH 激发钢渣粉-水泥土试块平均变形模量均降低,出现衰减,而 NaOH 掺量为 0.3% 时试块平均变形模量保持上升。这是因为适量的 NaOH 的掺入可以有效提高钢渣粉的活性,但是若掺入过量反而会侵蚀钢渣粉,造成钢渣粉-水泥土的强度及变形模量发生衰减,因此 0.6%~1.5% 掺量的 NaOH 侵蚀了钢渣粉,NaOH 的最优掺量应为 0.3%。

(2) 随龄期及掺量的增加,硅粉激发钢渣粉-水泥土的强度增长显著,得到硅粉的最优掺量为 1.5%。

(3) $CaCl_2$ 的掺入不但不会提高钢渣粉-水泥土的强度,反而会起到相反作用,因此 $CaCl_2$ 不能作为钢渣粉激发剂用于钢渣粉-水泥土中。

3.5 复合活性激发剂对钢渣粉活性激发效果分析

3.5.1 复掺固化剂的配置

通过以上的试验分析,可以认为在钢渣粉-水泥土中掺入氢氧化钠、硅粉后,钢渣粉的活性较好被激发,而氯化钙对钢渣粉的活性激发效果较差。硫酸钠是一种可溶性硫酸盐,价格较低廉,硫酸钠溶液中含有大量 SO_4^{2-} 离子,而 SO_4^{2-} 是生成钙矾石的必需成分。因此,选择一定配比的硫酸钠、硅粉、氢氧化钠作为复合激发剂掺入钢渣粉-水泥土。

本次试验配比方案的思路是,先固定氢氧化钠及硅粉的掺量,分别为 0.3% 和 0.6%,然后改变硫酸钠的掺量。表 3.15 为复合激发剂的配比方案表。

表 3.15　复合激发剂的配比方案

胶体		激发剂		
水泥/(%)	钢渣粉/(%)	NaOH/(%)	硅粉/(%)	Na_2SO_4/(%)
10%	9.1	0.3	0.6	0
	8.8			0.3
	8.5			0.6
	8.2			0.9

注:××掺量=(××质量÷淤泥质土质量)×100%。

3.5.2 硫酸钠掺量对钢渣粉-水泥土强度的影响

为了研究复合激发剂中硫酸钠掺量对钢渣粉-水泥土无侧限抗压强度的影响,把硫酸钠按 0.3%、0.6%、0.9% 三个掺量分别掺入钢渣粉-水泥土中制备试块,并对其进行无侧限抗压强度试验,通过试验得到试块的应力-应变曲线。该曲线首先上升,达到峰值后下降,取曲线的峰值作为试块的无侧限抗压强度。试块无侧限抗压强度与硫酸钠掺量的关系曲线如图 3.21 所示。

从图 3.21 中可看出,随着硫酸钠掺量的增加,试块的无侧限抗压强度在任

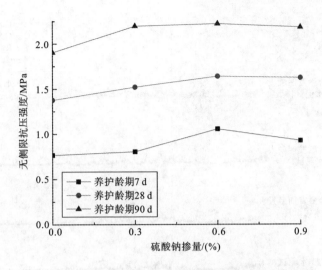

图 3.21 试块无侧限抗压强度与硫酸钠掺量的关系曲线

意养护龄期下均表现为先增加后降低的趋势,在硫酸钠掺量为 0.6％时存在最大值。工程上一般以 90 d 固化土强度作为设计值,因此以养护龄期为 90 d 的试块为例,复合激发剂中不含硫酸钠时,试块强度为 1.904 MPa,当硫酸钠掺量为 0.3％、0.6％、0.9％时,试块强度分别为 2.197 MPa、2.222 MPa、2.184 MPa。发现硫酸钠掺量为 0.6％时激发效果最优,相较于硫酸钠掺量为 0 时强度增加了 16.7％,但是相较于硫酸钠掺量为 0.3％、0.9％,强度增长并不大,分别为 1.14％和 1.74％。

3.5.3 复合激发剂激发钢渣粉-水泥活性机理分析

为了分析复合激发剂激发钢渣粉的化学机理,将水泥、钢渣粉、NaOH、硅粉、Na_2SO_4 和水等按照 Na_2SO_4 最优掺量(0.6％)钢渣粉-水泥土的比例关系配置净浆,并通过 X 射线衍射仪分析矿物的分布情况。图 3.22 为复合激发剂激发钢渣粉-水泥的 XRD 谱图,从下到上依次为 7 d 龄期纯钢渣粉-水泥试样和 7 d、28 d、90 d 龄期复合激发剂激发钢渣粉-水泥试样。从图 3.22 中可以看出,无论掺加复合激发剂与否,试样的矿物成分均为硅酸二钙、硅酸三钙、氢氧化钙、微量的单硫型水化硫铝酸钙(AFm),以及大量的水化碳铝酸钙。

为比较复合激发剂激发钢渣粉-水泥和纯钢渣粉-水泥、水泥在不同龄期下

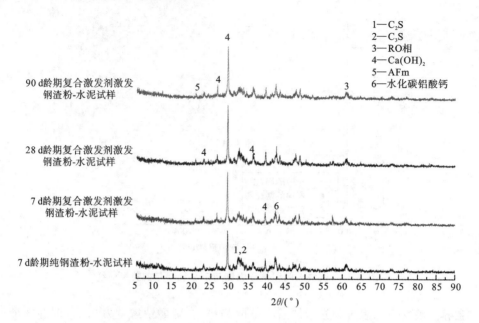

图 3.22 复合激发剂激发钢渣粉-水泥的 XRD 谱图

的水化程度,绘制了氢氧化钙生成量随龄期变化的规律表,如表 3.16 所示。

表 3.16 氢氧化钙生成量随龄期变化的规律表

养护龄期	水泥	纯钢渣粉-水泥	复合激发剂激发钢渣粉-水泥
7 d	321	166	205
28 d	328	167	244
90 d	283	145	212

从表 3.16 中可发现,在任意龄期复合激发剂激发钢渣粉-水泥的氢氧化钙生成量要比纯钢渣粉-水泥的高,但是远低于水泥,这说明复合激发剂促进了钢渣粉-水泥的水化反应,但其水化程度仍然低于水泥。

在 XRD 谱图(见图 3.22)中发现了水化碳铝酸钙($3CaO \cdot Al_2O_3 \cdot CaCO_3 \cdot 11H_2O$),且其峰值远高于纯钢渣粉-水泥,这是因为加入的硫酸钠中的 SO_4^{2-},首先会与溶液中的 $Ca(OH)_2$ 反应生成二水石膏($CaSO_4 \cdot 2H_2O$),随后 C_3A 与石膏、水反应生成针状的三硫型水化硫铝酸钙晶体($3CaO \cdot Al_2O_3 \cdot 3CaSO_4 \cdot 31H_2O$)[31,32],掺加的硫酸钠越多,其参与反应生成钙矾石的概率也就越大。而

NaOH 的加入使得溶液碱度极高,很容易吸附空气中的 CO_2,被吸附的 CO_2 则会进一步与钙矾石反应生成水化碳铝酸钙[33]。

试块中 C-S-H、$Ca(OH)_2$ 等水化生成物共生交错,形成结晶网络结构,附着在土颗粒周围,将土颗粒紧密地结合在一起。反应生成的水化碳铝酸钙则填充在土颗粒间的孔隙中,降低孔隙率,增加试块的密实度,从而提高试块强度。从水化碳铝酸钙的化学式可以看出,其主要组成成分是 CaO、Al_2O_3、$CaCO_3$、H_2O,而钢渣粉-水泥中 Al_2O_3 只占 3.74%,水化碳铝酸钙的生成量受 Al_2O_3 含量的限制。并且钢渣粉及激发剂的总掺量为 10%,硫酸钠所占比例越大,则钢渣粉-水泥中 Al_2O_3 比例越小。因此硫酸钠的掺量既控制着钙矾石生成的概率,又控制着水化碳铝酸钙的生成量。基于以上原理,必然存在硫酸钠的最佳掺量,在本试验中,其为 0.6%。

3.6 不同激发剂激发效果对比分析

为分析各活性激发剂对钢渣粉活性的激发效果,现对四种钢渣粉-水泥激发剂(氢氧化钠、硅粉、氯化钙,以及 0.3% 氢氧化钠加 0.6% 硅粉加硫酸钠组成的复合激发剂)进行分析对比研究。通过无侧限抗压强度试验发现,除氯化钙激发钢渣粉-水泥活性较差外,其余三种激发剂均具有不同程度的激发效果。

3.6.1 各激发剂的作用原理及最优掺量选择

(1) 氢氧化钠:当氢氧化钠掺量为 0.3% 时,试块强度随龄期的增加呈线性增长,远大于不掺氢氧化钠的试块,当氢氧化钠掺量为 0.6% 时,试块强度虽然依旧随龄期增加而变化,但是后期强度的增长率相较于 0.3% 掺量的试块明显小些;当氢氧化钠掺量在 0.6% 及以上时,虽然龄期为 28 d 试块强度相较 7 d 龄期试块有所上升,但是龄期为 90 d 试块的强度不但没有提高,反而小于龄期为 28 d 的试块。这是因为在适宜的碱性条件下,钢渣粉中的胶凝材料(C_2S、C_3S)的活性可以被激发,生成大量水化产物,但是当碱度过大时,钢渣颗粒表面的玻璃体受强碱的侵蚀而发生裂解,产生新的孔隙,使得固化效果降低。基于这一原理,发现当氢氧化钠掺量在 0.3% 时,氢氧化钠只起到激发钢渣粉活性的作用,并没有侵蚀钢渣表面玻璃体,因此氢氧化钠的最优掺量为0.3%。

(2)硅粉:在任意硅粉掺量下,其强度均随试块养护龄期的增加而不断增加,且增长率也随之增大;在任意龄期下,试块的强度均随硅粉掺量增加而增加,其增长率同样也随之增大。另外,硅粉与淤泥土之间的作用也可提高钢渣粉-水泥加固土强度,黏土颗粒表面的钾、钠离子,会与水泥及钢渣粉水化生成的钙离子发生交换吸附作用。随着这些高价离子的加入,黏土的双电子层会变薄,双电子层越薄,黏土颗粒就会靠得越紧,相互间的结合力就越强,钢渣粉-水泥加固土强度也会随之提高。硅粉的加入会使上述吸附作用更加明显,可以从两方面解释。一方面,吸附在土颗粒表面的硅粉会与溶液中的钙离子结合生成水化硅酸钙凝胶,该凝胶会更加接近土颗粒,从而增强了与土颗粒的结合作用。另一方面,吸附在土颗粒表面的硅粉能够成为水泥正常水化的水化硅酸钙核心,使得生成的水化硅酸钙更加规律、紧密地结合在一起,这样使得结构更加致密。但是在硅粉掺量较小时,效果却并不明显。这是因为当硅粉掺量较小时,其虽然具有极强的火山灰特性,但是由于与氢氧化钙接触较少,参与火山灰反应的概率也随之减小,因此增强效果并不明显。基于此,硅粉的最优掺量应该是1.5%。

(3)复合激发剂:试块中C-S-H、$Ca(OH)_2$等水化生成物共生交错,形成结晶网络结构,附着在土颗粒周围,将土颗粒紧密地结合在一起。反应生成的水化碳铝酸钙则填充在土颗粒间的孔隙中,降低孔隙率,增加试块的密实度,从而提高试块强度。从水化碳铝酸钙的化学方程式可以看出,其主要组成成分是CaO、Al_2O_3、$CaCO_3$、H_2O,而钢渣水泥中Al_2O_3只占3.74%,水化碳铝酸钙的生成量受到Al_2O_3含量的限制。并且钢渣粉及激发剂的总掺量占10%,硫酸钠所占比例越大,则钢渣水泥中Al_2O_3比例越小。因此硫酸钠的占比既控制着钙矾石生成的概率,又控制着水化碳铝酸钙的生成量。基于以上原理,必然存在硫酸钠的最佳掺量,在本实验中,其为0.6%。

3.6.2　各激发剂作用下钢渣粉-水泥土的无侧限抗压强度

氢氧化钠的最优掺量是0.3%,硅粉的最优掺量为1.5%,复合激发剂的最优掺量是0.3%NaOH、0.6%硅粉、0.6%Na_2SO_4。将各激发剂按照此最优掺量加入钢渣粉-水泥土中,测定其无侧限抗压强度,并与纯钢渣粉-水泥土对比,如图 3.23 所示。

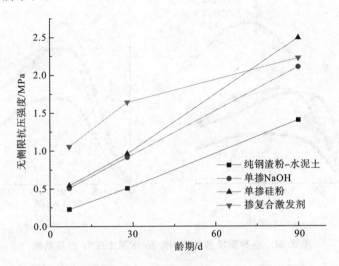

图 3.23 各激发剂作用下钢渣粉-水泥土的无侧限抗压强度

由图 3.23 可以看出,随龄期的增加,各试块的强度均有大幅度的提升;掺 NaOH 的试块与纯钢渣粉-水泥土试块的强度变化规律一致,均为线性增加,由于在 7 d 龄期时,两者的强度分别是 0.507 MPa、0.226 MPa,相差较大,且前者强度随龄期变化的增长率要高于后者,所以在后期时,两者差距也逐渐增大;掺硅粉与掺 NaOH 试块的强度在前期大致相同,但是前者的增长率明显较大,导致两者强度在后期存在差距;掺复合激发剂的试块在早期强度极高,远超其他试块,但是在后期,其强度增长变缓,在养护龄期为 90 d 时强度被掺硅粉试块超过,但二者差别不大。

3.6.3 激发剂作用下钢渣粉-水泥土的变形特性

图 3.24 为无侧限抗压强度试验所得的各激发剂激发钢渣粉-水泥土的应力-应变曲线,可知任意试块都经历三个变形阶段:弹性阶段、塑性屈服阶段、软化阶段。

掺加激发剂后试块在弹性阶段、塑性屈服阶段各参数的变化(σ_e、ε_e、E_e、σ_f、ε_f),如表 3.17 以及表 3.18 所示。

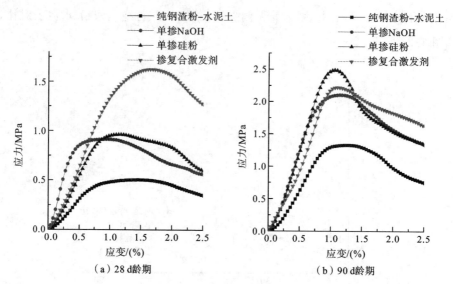

（a）28 d龄期　　　　　　　　　（b）90 d龄期

图3.24　各种激发剂激发钢渣粉-水泥土应力-应变曲线

表3.17　掺入激发剂后试块在弹性阶段的σ_e、ε_e和E_e

水泥土类型		纯钢渣粉-水泥土	NaOH 固化土	硅粉固化土	复合固化土
28 d	σ_e/MPa	0.384	0.591	0.759	1.319
	ε_e/（%）	0.628	0.275	0.667	0.982
	E_e/MPa	61.14	214.9	113.79	134.32
90 d	σ_e/MPa	1.212	1.617	2.0	2.052
	ε_e/（%）	0.864	0.625	0.75	0.903
	E_e/MPa	140.27	258.72	266.67	227.24

表3.18　固化土的破坏应变与破坏应力

水泥土类型		纯钢渣粉-水泥土	NaOH 固化土	硅粉固化土	复合固化土
28 d	σ_f/MPa	0.503	0.914	0.962	1.623
	ε_f/（%）	1.453	0.903	1.139	1.650
90 d	σ_f/MPa	1.328	2.105	2.491	2.220
	ε_f/（%）	1.257	1.139	1.060	1.100

　　从表3.17中可得：① 无论是否掺加激发剂，随着龄期的增长，各试块的σ_e、ε_e、E_e等指标均有不同程度的增加。② 弹性模量表示试块在弹性阶段应力-应

变曲线增长的速度,在任意龄期下,掺加激发剂后,试块的弹性模量均有明显提高,在28 d龄期时,各试块弹性模量从大到小依次为NaOH固化土、复合固化土、硅粉固化土、纯钢渣粉-水泥土;在90 d龄期时,各试块弹性模量从大到小依次为硅粉固化土、NaOH固化土、复合固化土、纯钢渣粉-水泥土。这说明NaOH固化土虽然早期应力-应变曲线增长较快,但后期增幅放缓,在90 d时被硅粉固化土超过。③复合固化土在任意龄期下,其弹性模量均不是最大值,但是弹性极限应变却始终保持最大值,甚至超过了纯钢渣粉-水泥土。

在实际工程中,ε_f是衡量水泥土变形特性的重要参考指标,破坏应变ε_f大则塑性特征明显,破坏应变ε_f小则脆性特征明显,结合表3.18可以看出:①除NaOH固化土外,其余试块,无论是否掺加激发剂,随着龄期的增长,试块的破坏应变均有不同幅度的降低,说明这些试块随龄期增长逐渐从塑性破坏向脆性破坏转变,而NaOH固化土则逐渐从脆性破坏向塑性破坏转变。根据破坏应变的变化快慢,可以宏观预测其转变趋势,即趋势从大到小依次为复合固化土、纯钢渣粉-水泥土、硅粉固化土、NaOH固化土。②对比各试块破坏应变ε_f可发现,在90 d龄期下,掺加激发剂后,其破坏应变ε_f均要低于纯钢渣粉-水泥土,说明掺加激发剂后,各试块均不同程度地从塑性破坏向脆性破坏转变。

塑性屈服阶段发生在弹性阶段与软化阶段之间,因此其长度可用应变量($\varepsilon_f -\varepsilon_e$)来表示,结合表3.17和表3.18发现,随着龄期的增长,各试块的塑性屈服阶段均明显变短。

表3.19为各种激发剂作用下钢渣粉-水泥土在各龄期下的平均变形模量E_{50}。结合表3.15可得:①纯钢渣粉-水泥土的平均变形模量E_{50}在28 d及90 d龄期时分别为58.2 MPa、127.5 MPa,NaOH固化土为212.6 MPa和245.3 MPa,硅粉固化土为105.9 MPa和243.7 MPa,复合固化土为137.7 MPa和188 MPa,说明在任何龄期下,激发剂的掺入明显提高了钢渣粉-水泥土的变形模量。②在28 d龄期时,各试块的变形模量按从大到小排序为NaOH固化土、复合固化土、硅粉固化土、纯钢渣粉-水泥土;在90 d龄期时,各试块的变形模量按从大到小排序为NaOH固化土、硅粉固化土、复合固化土、纯钢渣粉-水泥土。这说明任何龄期NaOH固化土的变形模量E_{50}均为最大值,虽然硅粉固化土早期的变形模量E_{50}相对较小,但后期(90 d时)增长强劲,其值也仅次于NaOH

固化土,复合固化土在各龄期下 E_{50} 都不是最大值,且后期增幅也不显著,但仍然明显大于纯钢渣粉-水泥土。③ 平均变形模量 E_{50} 可以反映水泥土后期变形量,因此掺加激发剂后,固化土的后期沉降量大幅降低,其中在 28 d 后期沉降量降幅从大到小依次为 NaOH 固化土、复合固化土、硅粉固化土、纯钢渣粉-水泥土,在 90 d 后期沉降量降幅从大到小依次为 NaOH 固化土、硅粉固化土、复合固化土、纯钢渣粉-水泥土。

表 3.19 各激发剂作用下试块的平均变形模量 E_{50} （单位:MPa）

水泥土类型		纯钢渣粉-水泥土	NaOH 固化土	硅粉固化土	复合固化土
养护龄期	28 d	58.2	212.6	105.9	137.7
	90 d	127.5	245.3	243.7	188

3.7 激发剂的经济性对比分析

在工程实践中,除水泥土的强度、刚度,加固水泥土所需的原料费用也是人们必须考虑的因素。为方便计算材料总价,将其分成两个方面,即固定材料和变动材料。其中,不良土(湿、干)、水泥、自来水占总材料的比例固定,所以将其列入固定材料里面;钢渣粉、各激发剂的数量变动,所以列入变动材料里面。

假定工程中淤泥质土含水率 m_w（％）刚好为试验用土的液限30％,取 1 t 湿土,则干土质量为 1 t/$(1+m_w)$＝0.769 t,水泥质量为干土质量乘10％,自来水质量为干土质量乘胶体所占比例(20％)乘水灰比(0.4)。根据以上材料数量,结合相应的材料单价,计算出固定材料价格。各固定材料的数量及价格如表 3.20 所示。

表 3.20 固定材料清单

序号	材料名称	材料数量	计量单位	材料单价	材料价款/元
1	不良土(湿土)	1000	kg	无	无
2	不良土(干土)	769.23	kg	无	无
3	水泥	76.92	kg	0.305 元/kg	23.46
4	自来水	0.061	m³	4.1元/m³	0.25
			合计		23.71

注:自来水价格按照青岛工商业用水价格计算。

变动材料包括 10% 钢渣粉，0.3% NaOH 和 9.7% 钢渣粉，1.5% 硅粉和 8.5% 钢渣粉，0.3% NaOH、0.6% 硅粉、0.6% NaSO₄ 和 8.5% 钢渣粉，其中某种材料质量＝某种材料掺量×淤泥质干土质量×100%。各变动材料数量及价格如表 3.21 所示。

表 3.21　变动材料清单

序号	材料名称		材料数量	计量单位	材料单价/（元/kg）	变动材料价格/元	固定材料价格/元	合计/元
1	钢渣粉		76.92		0.1	7.69		31.4
2	0.3%NaOH、	NaOH	2.31		100	238.46		262.17
	9.7%钢渣粉	钢渣粉	74.62		0.1			
3	1.5%硅粉、	硅粉	11.54	kg	25	295.04	23.71	318.75
	8.5%钢渣粉	钢渣粉	65.39		0.1			
4	0.3% NaOH	NaOH	2.31		100	444.52		468.23
	0.6%硅粉	硅粉	4.62		25			
	0.6%Na₂SO₄	NaSO₄	4.62		19.8			
	8.5%钢渣粉	钢渣粉	65.39		0.1			

注：合计是指各激发剂所用材料的最终价格。

从表 3.21 中可以看出，各种固化土材料价格相差比较大，从小到大依次是纯钢渣粉-水泥土、NaOH 固化土、硅粉固化土、复合固化土。

3.8　本章小结

(1) 通过 XRD 试验发现钢渣粉的胶凝性能远低于水泥，有必要对其进行活性激发。

(2) 本章试验中所采用的激发剂分别是 NaOH、硅粉、$CaCl_2$ 等单一激发剂以及 NaOH 加硅粉加 Na_2SO_4 的复合激发剂。通过无侧限抗压强度试验得到各种激发剂的最优掺量，其中 NaOH 的最优掺量为 0.3%，硅粉的最优掺量为 1.5%，复合激发剂最优掺量为 0.3% NaOH、0.6% 硅粉、0.6% Na_2SO_4。而 $CaCl_2$ 的掺加不能提高固化土的强度，反而会起到相反作用，因此 $CaCl_2$ 不能作为激发剂应用于钢渣粉-水泥土中。

（3）各激发剂（除 $CaCl_2$ 外）的加入可以有效提高固化土的强度、变形模量、弹性模量等物理量,极大改善了原固化土的不良性能。

（4）虽然激发剂的激发效果明显,但是材料价格偏高,在工程中不易实现。

第 4 章
钢渣粉改良膨胀土试验研究

　　膨胀土是指黏粒成分主要由亲水性黏土矿物组成的黏性土。膨胀土与水相互作用时,随着含水率的增加,其体积将显著增大,即表现出明显的膨胀性,膨胀土失水后,表现出显著的收缩性。土体含水率变化是膨胀土的膨胀性与收缩性、强度变化等重要特性的基础。膨胀土的膨胀性对其工程特性影响很大,常使建筑物产生不均匀胀缩变形,危害性很大,因此限制膨胀土的膨胀性具有重要的工程意义。

　　目前在工程建设中,当遇到膨胀土时常用的处理方法有换土、湿度控制、化学改性以及设计控制。而在这些处理方法中,化学改性又是最为常用的一种方法。化学改性方法一般利用石灰、水泥等固化材料与膨胀土的物理化学作用对膨胀土进行改性处理,降低膨胀土的胀缩性,增加强度和提高水稳性。钢渣粉与水泥有着相似的化学成分,只是由于其形成条件与水泥存在较大差异,从而导致其在水化反应中具有较强的惰性,但适当掺入一些活性激发剂,可有效改善其活性。

　　本章重点探讨膨胀土掺入钢渣粉后物理力学特性的变化。我们在室内进行了界限含水率试验、击实试验和无荷载膨胀率试验、抗压强度试验以及微观的 SEM 测试,探讨钢渣粉对膨胀土膨胀性的改良效果。

4.1　试验材料

　　本次试验所用膨胀土取自安徽合肥,呈黄褐色,粒度成分以黏土颗粒为主。本试验所用的膨胀土属于扰动土。先将扰动土风干,然后将风干的膨胀土用碾土器碾散,根据不同试验的粒径需要过不同孔径的筛子筛选,再将筛选好的膨胀土用自动烘干箱烘干,最后将烘干后的膨胀土放在保鲜袋内保存,使其隔绝空气,保持干燥,备用。图 4.1 为过孔径为 0.5 mm 筛的膨胀土。

1. 钢渣粉

试验所用钢渣粉是由日照炼钢厂炼钢过程中产生的副产品经后期处理而成。钢渣粉呈灰绿色粉末状,如图 4.2 所示。

图 4.1 过孔径为 0.5 mm 筛的膨胀土   图 4.2 试验用钢渣粉

钢渣本身含有多种水硬性矿物,具有一定的工程使用价值。钢渣粉是钢渣活性激发后的产物,经过激发后,钢渣粉的活性得到提高,同时其工程应用范围也更加广泛。化学试验分析表明,钢渣粉的主要矿物组成成分为硅酸三钙 $(3CaO \cdot SiO_2)$、硅酸二钙$(2CaO \cdot SiO_2)$和 MgO、Fe_2O_3、Al_2O_3、MnO 等化合物。本试验所用钢渣粉的详细化学成分见表 4.1。

表 4.1 日照炼钢厂钢渣粉化学成分

化学成分	P_2O_5	MnO	CaO	MgO	Fe_2O_3	Al_2O_3	SiO_2
含量/(%)	2.65	3.92	41.04	12.04	21.36	3.04	15.95

2. 膨胀土

试验所用膨胀土为安徽合肥膨胀土,其液限为 46.7%,塑限为 23.2%,塑性指数为 23.5。对膨胀土进行击实试验,击实试验曲线如图 4.3 所示,随着含水率的增大,试样的干密度先增大后减小,所得的干密度与含水率关系曲线先上升后下降,有峰值。曲线达到峰值时,峰值点对应的含水率为 20.6%,对应的干密度为 1.61 g/cm³。因此,试样用膨胀土的最大干密度为 1.61 g/cm³,最优含水率为 20.6%。

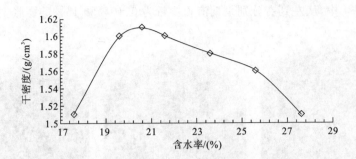

图 4.3　膨胀土干密度与含水率关系曲线

4.2　钢渣粉改良膨胀土试验方案

为了研究钢渣粉对膨胀土无荷载膨胀率的限制效果,将不同掺量的钢渣粉与膨胀土混合制备钢渣粉改良膨胀土试块并进行无荷载膨胀率试验,与不掺加钢渣粉的膨胀土的膨胀率进行比较。试样分为 4 组,每组的钢渣粉掺量各不相同,分别为 0、5%、10%、15%。

根据膨胀土击实试验的结果,试验用膨胀土的最优含水率为 20.6%。为使试验结果尽可能符合工程实际中膨胀土地基的处理条件,并且保证试验中每组试样含水率相同,取最优含水率为每组膨胀土的固定含水率。由于对于膨胀土而言,水是膨胀土三相组成的一部分,而钢渣粉属于外来添加剂,不属于膨胀土本身,因此每组试样中水、烘干膨胀土和钢渣粉三者之间的质量关系按式(4.1)和式(4.2)计算。

$$水的质量=烘干膨胀土质量×最优含水率 \qquad (4.1)$$

$$掺加的钢渣粉质量=(水的质量+烘干膨胀土质量)×钢渣粉掺量$$

$$(4.2)$$

(1) 按照试样中水、烘干膨胀土(过孔径为 0.5 mm 的筛)和钢渣粉三者之间的质量比例关系,分别称取试样所需水、烘干膨胀土、钢渣粉的质量。

(2) 将过孔径为 0.5 mm 的筛的烘干膨胀土和钢渣粉平铺于搪瓷盘内,混合均匀,将水均匀喷洒于烘干膨胀土与钢渣粉的混合物上,充分搅拌均匀备用。

图 4.4 中,从左到右分别是钢渣粉掺量为 0、10% 和 15% 的膨胀土拌合物。

图 4.4　不同钢渣粉掺量的膨胀土拌合物

（3）击样法制备试样。土工试验方法标准指出,轻型击实试验的单位体积击实功约为 592.2 kJ/m³。因此,通过测量击实仪锤重和落距,再经过功能转换关系计算得出,在环刀中击实试样时,分三层击实,每层击打 24 下。将膨胀土与钢渣粉拌合物倒入装有环刀的击样器内,分三层击实,每层厚度相等且相邻两层之间刮毛,每层击打 24 下。击实完后将环刀从击样器中取出,刮平上下面,在其中一面垫一层与环刀口等大的滤纸,然后用透水石将制备好的土样轻轻地从环刀中推出。制备好的试样如图 4.5 所示。

图 4.5　制备好的试样

4.3 钢渣粉改良膨胀土试验结果分析

4.3.1 无荷载膨胀率

根据《公路土工试验规程》(JTG 3430—2020),对不同钢渣粉掺量的改良膨胀土击实试样进行无荷载膨胀率试验,各组试验试样膨胀率与时间的关系表见表4.2。

表4.2 各组试样膨胀率与时间的关系表

时间/min	第1组试样膨胀率/(%) (钢渣粉掺量0)	第2组试样膨胀率/(%) (钢渣粉掺量5%)	第3组试样膨胀率/(%) (钢渣粉掺量10%)	第4组试样膨胀率/(%) (钢渣粉掺量15%)
0	0.00	0.00	0.00	0.00
5	1.91	2.25	0.43	0.41
10	3.09	2.59	0.55	0.51
15	3.71	2.71	0.63	0.60
20	4.24	2.81	0.69	0.61
25	4.75	2.86	0.71	0.63
30	5.40	2.90	0.75	0.65
35	5.99	2.94	0.75	0.66
40	6.61	2.96	0.76	0.67
45	7.21	2.97	0.78	0.68
50	7.66	3.00	0.78	0.69
55	8.16	3.01	0.79	0.70
60	8.53	3.01	0.79	0.70
75	9.55	3.04	0.80	0.70
90	10.33	3.05	0.81	0.71
120	11.21	3.06	0.82	—
150	11.65	—	—	—
180	11.88	—	—	—
210	12.06	—	—	—
240	12.20	—	—	—

时间/min	第1组试样 膨胀率/(%) (钢渣粉掺量0)	第2组试样 膨胀率/(%) (钢渣粉掺量5%)	第3组试样 膨胀率/(%) (钢渣粉掺量10%)	第4组试样 膨胀率/(%) (钢渣粉掺量15%)
270	12.55	—	—	—
300	12.61	—	—	—
330	12.70	—	—	—
390	12.78	—	—	—
450	12.85	—	—	—
510	12.91	—	—	—
570	12.98	—	—	—

表4.2给出了各组试样膨胀率与时间的关系,其中第1组试样的钢渣粉掺量为0,第2组试样的钢渣粉掺量为5%,第3组试样的钢渣粉掺量为10%,第4组试样钢渣粉的掺量为15%。

由表4.2可以看出,不同钢渣粉掺量的膨胀土试样,其同一时间对应的膨胀率、完成膨胀所需的时间不同。不掺钢渣粉的膨胀土完成膨胀的时间为570 min,完成膨胀时的膨胀率为12.98%;而掺加了钢渣粉的膨胀土完成膨胀所需的时间大大减少,最长的是120 min,同时其膨胀率也大大减小,如图4.6所示。

分析图4.6中4条膨胀率与时间关系曲线,得出以下结论:

(1)不管钢渣粉的掺量如何,每一条膨胀率与时间的关系曲线都是先快速上升,然后慢慢趋于一条水平的直线。曲线的斜率一开始很大,随后慢慢减小,最后趋近于0。这说明膨胀土遇水后迅速膨胀,随着水分的吸收,膨胀土的膨胀减缓,最后膨胀完成,膨胀率达到最大值。

(2)不掺加钢渣粉的膨胀土,其最大膨胀率为12.98%,达到此最大膨胀率需要的时间为570 min。掺加5%钢渣粉的膨胀土,其最大膨胀率为3.06%,达到最大膨胀率所需的时间为120 min。与不掺钢渣粉的膨胀土相比,掺5%钢渣粉的膨胀土完成膨胀所需的时间仅为不掺钢渣粉的膨胀土完成膨胀所需时间的约1/5,然而其膨胀率却减小了9.92个百分点。

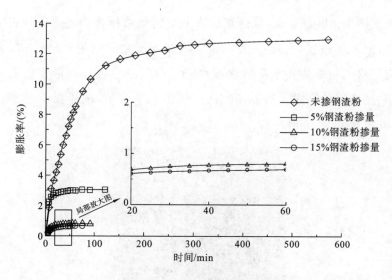

图 4.6 膨胀率与时间关系图

(3) 从图 4.6 中可以看出,钢渣粉掺量为 10% 和 15% 的膨胀土与不掺钢渣粉的膨胀土相比,最大膨胀率大大减小,完成膨胀所需时间大大缩短,几乎不发生膨胀,其最大膨胀率分别为 0.82% 和 0.71%,完成膨胀所需的时间分别为 120 min 和 90 min。

(4) 掺加 10% 和 15% 钢渣粉的膨胀土的膨胀率与时间的关系曲线非常接近,几乎重合,因此当钢渣粉掺量达到 10% 以后,钢渣粉对膨胀土膨胀率的改良效果不再明显,即 10% 的钢渣粉掺量已经很好地改良了膨胀土的膨胀性,不仅大大缩短了膨胀土的膨胀时间,还大大限制了膨胀土的膨胀率,使膨胀土几乎不发生膨胀,具有重要的工程意义。

4.3.2 无侧限抗压强度

为了研究钢渣粉掺量对膨胀土无侧限抗压强度的影响,将不同掺量(0、5%、10%、15% 和 20%)的钢渣粉与膨胀土混合,制备 5 组钢渣粉与膨胀土拌合物试样。

(1) 按照上述文中的制样方法,制备 5 组钢渣粉与膨胀土湿拌合物,其中钢渣粉的掺量分别为 0、5%、10%、15% 和 20%。

(2) 击样法制备试样。在三板模和底座上涂抹一层凡士林,然后将三板模插入底座中组装好备用,取适量膨胀土与钢渣粉拌合物倒入套有底座的三板模内,分 4 层击实,每层厚度相等且相邻两层之间刮毛,每层击打 24 下。击实完后将三板模从底座中取出,刮平上下面,然后轻轻地将三板模从试样上取下,试样制备完成。制备好的试样如图 4.7 所示,试样直径在 39.1 mm 左右,高度在 77.1 mm 左右。

图 4.7 无侧限抗压强度试样

将制备好的试样按下述方法进行试验:

(1) 由于室内空气干燥,为防止水分蒸发,在试样两端涂抹一薄层凡士林。

(2) 将试样放在应变式无侧限压缩仪的底座上,转动手轮,使试样与上加压板刚好接触。将轴向位移计、轴向测力计读数均调至零位。

(3) 设定仪器以每分钟轴向应变为 3%(2.4 mm)的速度自动转动,使试样在 8~10 min 内完成无侧限抗压强度试验。轴向应变小于 3%时,每 0.5%的轴向应变测记轴向测力计和轴向位移计读数 1 次;轴向应变达 3%以后,每 1%的轴向应变测记轴向测力计和轴向位移计读数 1 次。

(4) 当量力环的读数达到峰值或读数达到稳定,应再进行 3%~5%的轴向应变即可停止试验。如读数无稳定值,则试验应进行到轴向应变达到 20%时停止。

(5) 分别对钢渣粉掺量不同的 5 组试样进行无侧限抗压强度试验,试验结束后,迅速反转手轮取下试样。描述试样破坏后形状,测量破坏后倾角。

不掺钢渣粉的膨胀土试样的无侧限抗压强度试验数据如表4.3所示。

表4.3　钢渣粉掺量为0的试样的无侧限抗压强度试验数据

试样初始高度 h_0：7.71 cm	量力环率定系数：$c=2.4$ N/0.01 mm
试样直径 D：3.90 cm	试样无侧限抗压强度：$q_u=132.27$ kPa
试样面积 A_0：11.95 cm²	

轴向变形/mm	量力环读数（×0.01）/mm	轴向应变/（%）	校正面积/cm²	轴向应力/kPa
0	0	0	11.950	0
0.415	21.0	0.538	12.015	41.949
0.800	32.1	1.038	12.075	63.800
1.200	40.0	1.556	12.139	79.084
1.605	46.1	2.082	12.204	90.658
2.010	50.9	2.607	12.270	99.561
2.390	54.4	3.100	12.332	105.868
3.190	59.1	4.137	12.466	113.784
4.010	62.9	5.201	12.606	119.756
4.801	65.1	6.227	12.744	122.603
5.611	67.5	7.278	12.888	125.699
6.391	69.1	8.289	13.030	127.275
7.199	70.9	9.337	13.181	129.098
7.992	72.1	10.366	13.332	129.793
8.805	73.9	11.420	13.491	131.469
9.602	75.0	12.454	13.650	131.869
10.390	76.0	13.476	13.811	132.067
11.190	77.0	14.514	13.979	132.200
12.000	78.0	15.564	14.153	132.271
12.790	78.5	16.589	14.327	131.503
13.390	79.0	17.367	14.462	131.106
14.200	79.2	18.418	14.648	129.767
15.090	78.9	19.572	14.858	127.446
15.802	77.4	20.495	15.031	123.588
16.290	76.8	21.128	15.151	121.654

　　不掺钢渣粉的膨胀土试样破坏描述:试验开始后,没有掺加钢渣粉的膨胀土试样随着轴向位移的增加而逐渐被压缩,高度在减小。在竖向压力的作用下,试样的一端先鼓起变粗,然后随着轴向位移继续增大,试样出现裂缝,裂缝与竖向呈微小角度且往上下延伸发展,直到试样破坏,如图 4.8 所示。

图 4.8　破坏的不掺钢渣粉的膨胀土试样

　　掺 5%钢渣粉的膨胀土试样的无侧限抗压强度试验数据见表 4.4。

表 4.4　钢渣粉掺量为 5%的试样的无侧限抗压强度试验数据

试样初始高度 h_0:7.88 cm		量力环率定系数:c=2.4 N/0.01mm		
试样直径 D:3.90 cm		试样无侧限抗压强度:q_u=147.25 kPa		
试样面积 A_0:11.95 cm²				
轴向变形/mm	量力环读数(×0.01)/mm	轴向应变/(%)	校正面积/cm²	轴向应力/kPa
0	0	0	11.950	0
0.388	15.1	0.492	12.009	30.177
0.799	26.1	1.014	12.072	51.887
1.182	35.9	1.500	12.132	71.019
1.598	44.5	2.028	12.197	87.560
1.999	51.8	2.537	12.261	101.394
2.391	57.9	3.034	12.324	112.756

续表

试样初始高度 h_0:7.88 cm			量力环率定系数:c=2.4 N/0.01mm	
试样直径 D:3.90 cm			试样无侧限抗压强度:q_u=147.25 kPa	
试样面积 A_0:11.95 cm²				

轴向变形/mm	量力环读数(×0.01)/mm	轴向应变/(%)	校正面积/cm²	轴向应力/kPa
3.200	66.9	4.061	12.456	128.904
4.000	72.2	5.076	12.589	137.644
4.810	75.9	6.104	12.727	143.130
5.598	78.5	7.104	12.864	146.457
6.400	79.8	8.122	13.006	147.251
7.195	79.1	9.131	13.151	144.357
8.005	76.0	10.159	13.301	137.130
8.800	73.9	11.168	13.452	131.844
9.590	71.9	12.170	13.606	126.828
10.392	68.5	13.188	13.765	119.430

掺5%钢渣粉的膨胀土试样破坏描述:试样在竖向压力作用下中间鼓起,产生裂缝,裂缝与竖向呈±30°左右夹角,未出现贯通试样的剪切面,如图4.9所示。

图4.9　破坏的掺5%钢渣粉的膨胀土试样

掺 10％钢渣粉的膨胀土试样的无侧限抗压强度试验数据见表 4.5。

表 4.5　钢渣粉掺量为 10％的试样的无侧限抗压强度试验数据

试样初始高度 h_0:7.91 cm			量力环率定系数:c=2.4 N/0.01 mm	
试样直径 D:3.91 cm			试样无侧限抗压强度:q_u=152.1 kPa	
试样面积 A_0:12 cm²				
轴向变形/mm	量力环读数(×0.01)/mm	轴向应变/(％)	校正面积/cm²	轴向应力/kPa
0	0	0	12.000	0
0.395	23.9	0.499	12.060	47.561
0.799	39.5	1.010	12.122	78.202
1.201	53.1	1.518	12.185	104.588
1.601	62.9	2.024	12.248	123.254
2.001	68.9	2.530	12.311	134.314
2.409	73.0	3.046	12.377	141.554
3.200	77.9	4.046	12.506	149.497
3.999	80.1	5.056	12.639	152.101
4.811	78.3	6.082	12.777	147.075
5.609	76.0	7.091	12.916	141.222
6.400	30.9	8.091	13.056	56.800

掺 10％钢渣粉的膨胀土试样破坏描述:在竖向压力作用下,首先试样端部发生鼓状变形,随着竖向压力的增大,试样表面产生与竖向呈近似 45°的裂纹,裂纹在竖向压力的作用下进一步发展,最后形成贯通整个试样的剪切面,如图 4.10 所示。

图 4.10　破坏的掺 10％钢渣粉的膨胀土试样

掺 15％钢渣粉的膨胀土试样的无侧限抗压强度试验数据见表 4.6。

表 4.6　钢渣粉掺量为 15％的试样的无侧限抗压强度试验数据

试样初始高度 h_0：7.90 cm　　　　　　量力环率定系数：c＝2.4 N/0.01 mm

试样直径 D：3.91 cm　　　　　　　　试样无侧限抗压强度：q_u＝153.8 kPa

试样面积 A_0：12 cm²

轴向变形/mm	量力环读数(×0.01)/mm	轴向应变/(%)	校正面积/cm²	轴向应力/kPa
0	0	0	12.000	0
0.401	27.6	0.508	12.061	54.920
0.798	43.0	1.010	12.122	85.131
1.204	53.0	1.524	12.186	104.385
1.600	60.0	2.025	12.248	117.570
1.990	65.1	2.519	12.310	126.920
2.401	69.9	3.039	12.376	135.551
3.200	76.2	4.051	12.507	146.227
4.000	80.3	5.063	12.640	152.468
4.800	81.9	6.076	12.776	153.848
5.602	69.9	7.091	12.916	129.887
6.395	58.0	8.095	13.057	106.610
7.189	56.8	9.100	13.201	103.262

掺 15％钢渣粉的膨胀土试样破坏描述：破坏的试样两端基本没有发生鼓状变形，大致保持原来的直径，试样表面出现从一端开始贯穿整个试样的剪切面，剪切面与竖直方向间的夹角接近 45°，试样发生剪切破坏时，轴向变形较小，如图 4.11 所示。

掺 20％钢渣粉的膨胀土试样的无侧限抗压强度试验数据见表 4.7。

掺 20％钢渣粉的膨胀土试样破坏描述：掺 20％钢渣粉的膨胀土试样的破坏形式与掺 15％钢渣粉的膨胀土试样的破坏形式基本相同。破坏的试样两端发生轻微鼓胀变形，表面产生贯穿整个试样的剪切面，剪切面与竖直方向呈 45°，属于剪切面破坏，如图 4.12 所示。

图 4.11 破坏的掺 15% 钢渣粉的膨胀土试样

表 4.7 钢渣粉掺量为 20% 的试样的无侧限抗压强度试验数据

试样初始高度 h_0:7.90 cm   量力环率定系数:$c = 2.4$ N/0.01 mm

试样直径 D:3.91 cm   试样无侧限抗压强度:$q_u = 158.2$ kPa

试样面积 A_0: 12 cm²

轴向变形/mm	量力环读数(×0.01)/mm	轴向应变/(%)	校正面积/cm²	轴向应力/kPa
0	0	0	12.000	0
0.391	30.1	0.495	12.060	59.902
0.792	48.2	1.003	12.122	95.434
1.209	60.9	1.530	12.186	119.936
1.612	69.0	2.041	12.250	135.184
2.000	74.2	2.532	12.312	144.643
2.406	78.2	3.046	12.377	151.637
2.793	80.9	3.535	12.440	156.080
3.211	82.3	4.065	12.508	157.910
3.615	82.9	4.576	12.575	158.213
4.001	81.5	5.065	12.640	154.745
4.411	76.8	5.584	12.710	145.024
4.812	66.9	6.091	12.778	125.650
5.200	61.2	6.582	12.846	114.343
5.600	59.9	7.089	12.916	111.308

图 4.12　破坏的掺 20％钢渣粉的膨胀土试样

　　由以上 5 个表格可以得到不同钢渣粉掺量试样轴向应力与轴向应变的试验数据,为了更加直观地呈现轴向应力与轴向应变的关系,把这些数据进行处理后绘制成轴向应力-轴向应变关系曲线,如图 4.13 所示。

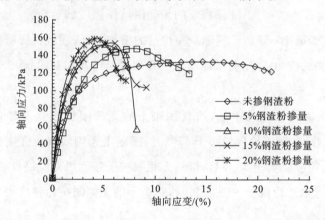

图 4.13　试样无侧限抗压强度试验轴向应力-轴向应变关系曲线图

4.3.3　试验结果分析

　　为了研究钢渣粉掺量对膨胀土无侧限抗压强度的影响,绘制了图 4.14。分析图 4.13 和图 4.14 以及破坏的试样,可得出以下结论:

　　(1) 无论是不掺钢渣粉的膨胀土还是掺钢渣粉的改良膨胀土,其应力-应变曲线大体可分为四个阶段:弹性阶段、塑性屈服阶段、破坏阶段和残余强度阶

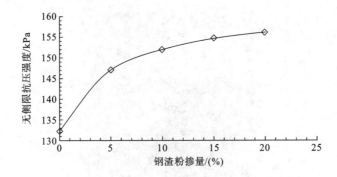

图 4.14　无侧限抗压强度与钢渣粉掺量关系曲线

段。开始加载后,曲线首先进入弹性阶段,即荷载增加量与变形量基本呈正比关系,之后进入塑性屈服阶段,荷载达到峰值时变形量最大,曲线达到峰值后试样开始破坏,出现应力减小现象,这是破坏阶段,最后进入残余强度阶段,变形进一步发生。

(2) 对比各曲线可知,纯膨胀土的无侧限抗压强度试验应力-应变关系为硬化型,破坏应变取 16.59%。随钢渣粉掺量的增加,钢渣粉改良膨胀土的无侧限抗压强度试验的应力-应变关系逐渐向应变软化型过渡,当掺量为 20% 时,破坏应变最小,为 4.58%。

(3) 随钢渣粉掺量的增加,改良膨胀土的无侧限抗压强度显著增大。从图 4.14 可以看出,钢渣粉掺量小于 15% 时,膨胀土无侧限抗压强度的增加幅度较大,当钢渣粉掺量大于 15% 后,虽然无侧限抗压强度仍有所提高,但是提高的幅度很小。当钢渣粉掺量达到 20% 时,膨胀土的无侧限抗压强度为 158.2 kPa,增幅为 19.6%。

(4) 钢渣粉掺量不同,膨胀土试样的破坏形式也不相同。钢渣粉掺量越低,试样两端的鼓状变形破坏越明显,随着钢渣粉掺量的增加,鼓状变形破坏现象减少,剪切面破坏占据主要地位,当钢渣粉掺量达到 15% 后,试样基本只发生剪切面破坏。

4.3.4　抗剪强度

分别将不同掺量(0、5%、10%、15%、20%)的钢渣粉与膨胀土混合制备 5

组不同钢渣粉掺量的膨胀土试样,并对试样进行养护,然后用 ShearTracⅡ型直剪仪测试各组试样的抗剪强度,研究钢渣粉对膨胀土抗剪强度的改良效果。

直接剪切试验土样制备方法与无荷载膨胀率土样的制备方法相同。将膨胀土风干碾散后过孔径为 0.5 mm 的筛,然后烘干。取足够的烘干膨胀土土样,装入塑料袋内备用。由击实试验的试验结果可知,膨胀土试样的最优含水率为20.6%,因此在试样制备中控制混合土样的含水率为 20.6%。钢渣粉掺量分别取 0、5%、10%、15%、20%。试样制备时,将按一定比例称好的土样、钢渣粉混合均匀后平铺于搪瓷盘内,将水均匀喷洒于土样上,充分拌匀后装入盛土器内盖紧,湿润一昼夜。用击样法在装有底座的环刀内分 3 层击实拌合土料,每层高度相等,相邻两层之间刮毛。击实完毕后,用透水石轻轻地将试样从环刀中推出,将制备好的土样放在养护箱里备用。

直接剪切试验按如下步骤进行:

(1)装样。对准剪切容器上下盒,插上固定销,在下盒内放入透水板和滤纸,将试样缓缓推入剪切盒内,盖上滤纸和透水板。因为试样为非饱和膨胀土,所以要在传压板周围包湿棉纱。

(2)对试样施加 50 kPa 的竖向压力,然后拔去固定销,以 0.02 mm/min 的剪切速率进行剪切。同时利用数据采集系统记录剪应力-剪切位移关系曲线。

(3)开始剪切后,每小时测读垂直变形数据,直到试样固结变形稳定,停止剪切和记录数据,试验结束。当每小时变形量不大于 0.005 mm 时,说明变形稳定,可以停止剪切试验。

(4)分别施加 100 kPa、150 kPa 和 200 kPa 的竖向压力,重复步骤(2)(3)。

在同一竖向压力条件下,同一组钢渣粉掺量的试样进行 3 次剪切试验,作为平行试验,以减小试验误差。共有 4 个竖向压力和 5 组钢渣粉掺量试样,因此要做 60 次(4×5×3＝60)剪切试验。

1. 剪应力-剪切位移曲线

利用与直剪仪连接的数据采集系统,可以得到直接剪切试验过程中剪应力与剪切位移的关系曲线。试验所得的不同垂直压力下不同钢渣粉掺量试样的剪应力与剪切位移关系曲线见图 4.15～图 4.18。

图 4.15～图 4.18 分别给出了垂直压力为 50 kPa、100 kPa、150 kPa 和 200

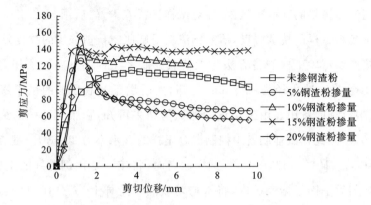

图 4.15 垂直压力 50 kPa 下不同钢渣粉掺量的膨胀土试样的剪应力-剪切位移关系曲线

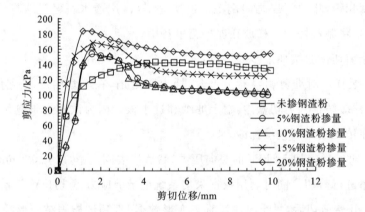

图 4.16 垂直压力 100 kPa 下不同钢渣粉掺量的膨胀土试样的剪应力-剪切位移关系曲线

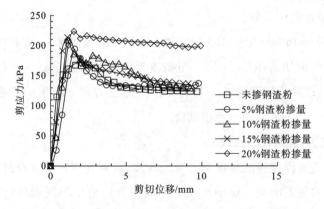

图 4.17 垂直压力 150 kPa 下不同钢渣粉掺量的膨胀土试样的剪应力-剪切位移关系曲线

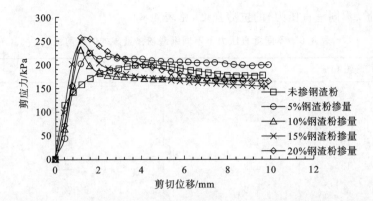

图 4.18 垂直压力 200 kPa 下不同钢渣粉掺量的膨胀土试样的剪应力-剪切位移关系曲线

kPa 时,钢渣粉掺量分别为 0、5％、10％、15％和 20％的膨胀土试样的剪应力-剪切位移关系曲线。从这些图中可以看出,相同垂直压力下,不掺钢渣粉膨胀土试样的剪应力-剪切位移曲线与掺钢渣粉膨胀土试样的剪应力-剪切位移曲线不同。不掺钢渣粉的膨胀土试样的剪应力-剪切位移曲线(除垂直压力为 150 kPa 的情况外)大体可分为三个阶段:直线上升阶段、曲线上升阶段和水平稳定阶段。曲线开始呈线性增长,这一过程膨胀土主要发生弹性变形,随后曲线增长变缓,进入塑性变形阶段,并且强度达到最大值后就基本保持不变,曲线大体呈水平直线。不掺钢渣粉的膨胀土在整个剪切变形破坏过程中,其剪应力-剪切位移曲线不出现峰值。掺加钢渣粉的膨胀土试样的剪应力-剪切位移曲线大体可分为四个阶段:直线上升阶段、曲线上升阶段、急剧下降阶段和水平稳定阶段。开始剪切试验后,试样首先进入弹性变形阶段,曲线大体呈一条直线上升,随后曲线上升趋势减缓,达到峰值后急剧下降,最后趋于一条水平直线,剪切位移达到试验设定值时剪切试验停止。掺加钢渣粉的膨胀土试样,不管钢渣粉掺量为多少,其剪应力-剪切位移曲线都出现了峰值点,并且峰值点对应的剪切位移大致相同,只是钢渣粉掺量越大,剪应力峰值越大。

2. 钢渣粉掺量对膨胀土抗剪强度影响

大量的试验结果表明,把黏性土剪应力-剪切位移曲线上峰值或稳定值对应的剪应力作为土样的抗剪强度是切实可行的。因此,取各曲线峰值或稳定值作为试样剪切破坏点,取破坏点对应的剪应力为土样的抗剪强度 τ_f。根据图 4.15～图 4.18 剪应力-剪切位移关系曲线中的数据,确定各组试样(不同钢渣粉掺量、不同垂直压力)的抗剪强度,见表4.8。

表4.8　不同垂直压力下不同钢渣粉掺量试样的抗剪强度　（单位:kPa）

垂直压力/kPa		50	100	150	200
钢渣粉掺量	0	115	143	168	200
	5%	127	154	193	224
	10%	137	166	210	239
	15%	149	177	221	250
	20%	156	182	224	257

表4.8给出了不同垂直压力和不同钢渣粉掺量条件下试样的抗剪强度,可以看出同一垂直压力作用下,钢渣粉掺量越大,膨胀土试样的抗剪强度越大。为了更加直观地描述钢渣粉掺量对膨胀土抗剪强度的影响,根据表4.8中的数据绘制了膨胀土试样抗剪强度与钢渣粉掺量关系图,见图4.19。

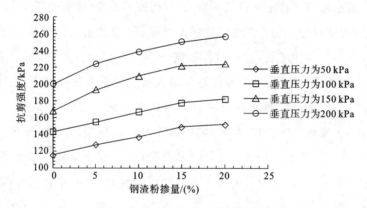

图4.19　膨胀土试样抗剪强度与钢渣粉掺量的关系图

图4.19比较直观地给出了直接剪切试验中垂直压力分别为50 kPa、100 kPa、150 kPa和200 kPa时膨胀土试样抗剪强度随钢渣粉掺量变化的曲线。从图4.19中可以看出,掺加钢渣粉后膨胀土的抗剪强度提高了,并且钢渣粉的掺量越大,膨胀土的抗剪强度越大。当钢渣粉的掺量从0增加到15%时,在50 kPa、100 kPa、150 kPa、200 kPa垂直压力下膨胀土的抗剪强度分别增加了34 kPa、34 kPa、53 kPa和50 kPa,而钢渣粉的掺量从15%增加到20%的过程中,膨胀土的抗剪强度只增加了7 kPa、5 kPa、3 kPa和7 kPa,说明钢渣粉掺量达到

15%后,如果继续增加钢渣粉的掺量,膨胀土的抗剪强度提高不显著。因此,15%是用钢渣粉改良膨胀土抗剪强度最经济有效的掺量。

3. 不同钢渣粉掺量的膨胀土库仑公式与抗剪强度指标

土工试验规范指出,直接剪切试验中对同一种土(钢渣粉掺量相同)至少取4个试样,分别在不同的垂直压力下做剪切破坏试验,将试验结果绘制成抗剪强度与垂直压力关系曲线。由表 4.8 可知:本剪切试验中同一钢渣粉掺量的膨胀土取 4 个试样分别在 50 kPa、100 kPa、150 kPa 和 200 kPa 四个垂直压力下进行剪切破坏。根据表 4.8 中的数据,将试验结果绘制成抗剪强度 τ_f 与垂直压力 σ 的关系曲线,如图 4.20 所示。

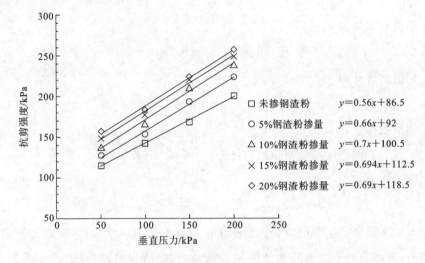

图 4.20　试样抗剪强度与垂直压力关系曲线

图 4.20 给出了不同钢渣粉掺量膨胀土的抗剪强度与垂直压力关系曲线。从该图中可以看出,不论是在何种钢渣粉掺量下,膨胀土抗剪强度与垂直压力都呈线性关系。因此,对图 4.20 中各点进行了曲线拟合并求出每条曲线的关系方程,即不同钢渣粉掺量膨胀土试样的库仑公式:

$$\tau_f = c + \sigma \tan\varphi$$

大量试验结果表明,对于黏性土和粉土,其抗剪强度与垂直压力基本上呈直线关系,该直线与横坐标间的夹角为内摩擦角 φ,在纵轴上的截距为黏聚力 c。

71

根据表 4.8 可以计算出不同钢渣粉掺量膨胀土试样的内摩擦角 φ 和黏聚力 c,计算结果见表 4.9。

表 4.9 不同钢渣粉掺量膨胀土抗剪强度参数

钢渣粉掺量/(%)	0	5%	10%	15%	20%
内摩擦角/(°)	29.2	33.4	35.0	34.8	34.6
黏聚力/kPa	86.5	92	100.5	112.5	118.5

不同钢渣粉掺量的膨胀土试样的库仑公式如下。

钢渣粉掺量为 0:

$$\tau_f = c + \sigma\tan\varphi, \quad \tan\varphi = 0.56, \quad c = 86.5 \tag{4.3}$$

钢渣粉掺量为 5%:

$$\tau_f = c + \sigma\tan\varphi, \quad \tan\varphi = 0.66, \quad c = 92 \tag{4.4}$$

钢渣粉掺量为 10%:

$$\tau_f = c + \sigma\tan\varphi, \quad \tan\varphi = 0.7, \quad c = 100.5 \tag{4.5}$$

钢渣粉掺量为 15%:

$$\tau_f = c + \sigma\tan\varphi, \quad \tan\varphi = 0.694, \quad c = 112.5 \tag{4.6}$$

钢渣粉掺量为 20%:

$$\tau_f = c + \sigma\tan\varphi, \quad \tan\varphi = 0.69, \quad c = 118.5 \tag{4.7}$$

表 4.9 给出了不同钢渣粉掺量膨胀土试样的抗剪强度指标,即内摩擦角和黏聚力,可以看出膨胀土的内摩擦角和黏聚力随着钢渣粉掺量的改变而改变。为了更加直观准确地表达钢渣粉掺量与膨胀土内摩擦角和黏聚力的关系,对表 4.9 中的数据进行了进一步加工整理,绘制了图 4.21 和图 4.22。

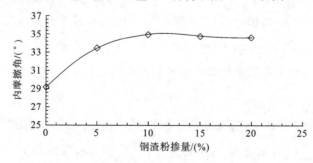

图 4.21 不同钢渣粉掺量膨胀土的内摩擦角

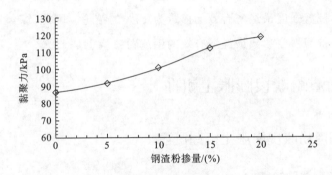

图 4.22　不同钢渣粉掺量膨胀土的黏聚力

图 4.21 给出了不同钢渣粉掺量膨胀土内摩擦角随钢渣粉掺量变化的曲线,可以看出内摩擦角与钢渣粉掺量关系曲线可以分为两部分:第一部分是钢渣粉掺量从 0 增加到 10%,在这一过程中膨胀土的内摩擦角由 29.2°增大到 35°,增长了 19.9%;第二部分是钢渣粉掺量从 10%增加到 20%,这一过程中膨胀土的内摩擦角基本没有发生改变,不仅没有继续增大,反而略有减小,分别为 35°、34.8°和 34.6°。综上所述,钢渣粉掺量为 10%对膨胀土内摩擦角的改善是最有效的,当钢渣粉掺量大于 10%时,膨胀土的内摩擦角不再随着钢渣粉掺量的增加而增加。

如图 4.22 所示,与钢渣粉掺量对膨胀土内摩擦角的影响不同,膨胀土的黏聚力随着钢渣粉掺量的增加而一直增加。钢渣粉掺量大于 10%时,虽然不能继续使膨胀土的内摩擦角增大,但是仍可以使其黏聚力继续增大。由土力学中的库仑公式($\tau_f = c + \sigma\tan\varphi$,其中 τ_f 为黏性土的抗剪强度,c 为黏聚力,σ 为总应力,φ 为内摩擦角)可知,膨胀土的抗剪强度由两部分组成:一部分是土粒之间的滑动摩擦以及凹凸面间的镶嵌作用所产生的摩阻力,与内摩擦角有关;另一部分是土粒之间的黏聚力。因此,当钢渣粉掺量小于 10%时,掺入钢渣粉不仅可以通过增大膨胀土的内摩擦角来提高其抗剪强度,同时还可以通过增大其黏聚力来提高膨胀土的抗剪强度;但是当钢渣粉掺量大于 10%之后,则不能继续通过增大膨胀土的内摩擦角来提高其抗剪强度,但仍可以通过增大其黏聚力来达到提高膨胀土抗剪强度的效果。

单凭上述的分析很难确定改良膨胀土抗剪强度参数最经济有效的钢渣粉掺量,但是在 4.3.4 节"2. 钢渣粉掺量对膨胀土抗剪强度影响"得出了用钢渣粉改良膨胀土抗剪强度最经济有效的掺量为 15% 的结论。因此,综合考虑后认为改良膨胀土抗剪强度参数最经济有效的钢渣粉掺量也是 15%。

4.4 钢渣粉改良膨胀土机理

4.4.1 钢渣粉改良膨胀土机理概述

1. 钢渣粉微观特性

试验所用的钢渣粉由日照炼钢厂生产。从电镜扫描图(见图 4.23)中可以看出,钢渣粉中分布有颗粒较大、深灰色板柱状的硅酸三钙晶体和颗粒较小、灰色圆粒状的硅酸二钙晶体以及一些形状不规则的细小颗粒。

图 4.23 钢渣粉电镜扫描图

图 4.24 是钢渣粉的 XRD 谱图,可见钢渣粉中的主要矿物有硅酸二钙(C_2S)、硅酸三钙(C_3S)、$CaCO_3$、RO 相(MnO、FeO 和 MgO 的固溶体)、铝酸三钙(C_3A)、铁铝酸四钙(C_4AF)、$Ca(OH)_2$ 和 f-CaO 等。

钢渣粉出厂时的化学成分与含量见表 4.1。从表 4.1 中可以看出,该钢渣粉的主要成分是 CaO、Fe_2O_3 和 SiO_2。其中,CaO 含量最多,占 41.04%;Fe_2O_3 次之,占 21.36%;SiO_2 含量相对较少,占 15.95%。这三者的百分含量一共占了钢渣粉总量的 78.35%,其他化学成分所占百分比相对很少。

CaO 是生石灰的主要成分。生石灰(氧化钙)与水作用生成氢氧化钙的过程,称为熟化。生石灰的熟化反应化学式如下:

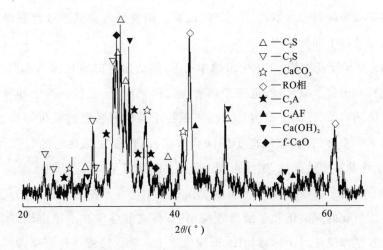

图 4.24　钢渣粉的 XRD 谱图

$$CaO + H_2O \Longrightarrow Ca(OH)_2 + 64.9 \times 10^3 J \tag{4.8}$$

生石灰的熟化过程会放出大量的热,熟化时体积增大 $1\sim2.5$ 倍。氧化钙含量高的生石灰熟化较快,放热量和体积增大也较多。因此,钢渣粉的氧化钙含量越多,其熟化也越快,放热量和体积增大也越多。

钢渣粉中的氧化钙与水发生水化反应后,逐渐凝结硬化,产生一定的强度,主要包括下面两个过程:

(1) 干燥结晶硬化过程。

氢氧化钙浆体在干燥过程中,游离水分蒸发,形成网状孔隙,这些滞留于孔隙中的自由水因表面张力的作用而产生毛细管压力,使钢渣粉与膨胀土颗粒结合得更紧密。由于水分蒸发,氢氧化钙逐渐从饱和溶液中结晶析出。

(2) 碳化过程。

$Ca(OH)_2$ 与空气中的 CO_2 和水反应,生成不溶于水的碳酸钙晶体,析出的水则逐渐被蒸发。由于碳化作用主要发生在与空气接触的表层,且生成的 $CaCO_3$ 膜层较致密,阻碍空气中 CO_2 的渗入,也阻碍内部水分向外蒸发,因此其碳化过程缓慢。

2. 改良机理

钢渣粉中含有的 CaO、Al_2O_3、Fe_2O_3 和 SiO_2 等化合物都属于硅酸盐水泥熟料,是水硬性胶凝物质。近年来,钢渣粉已经引起了很多学者和专家的关注,他们对钢渣粉的研究也取得了一定的成果。研究发现钢渣粉改良黏性土的机理主要包括以下四种作用。

(1)离子交换作用:在土中水的作用下,钢渣粉中的氧化钙迅速消解,产生氢氧化钙和少量氢氧化镁,进一步离解出二价钙离子、二价镁离子和氢氧根离子。二价钙离子、镁离子很容易置换出黏性土颗粒所吸附的低价钾离子、钠离子等离子。二价钙离子、镁离子的结合水膜较薄,能使黏性土的分散性、坍塌性、亲水性和膨胀性降低,塑性指数下降并易稳定成型,形成早期强度。

(2)碳化作用:氢氧化钙和氢氧化镁在土中还会不断与空气中的二氧化碳反应生成坚硬的碳酸钙和碳酸镁颗粒,具有较高的强度和水稳定性,碳酸钙对土体的胶结作用使得土体被加固,形成稳定土。碳化过程比较缓慢,时间越长,其强度越大。

(3)火山灰作用(又称凝胶反应):在进行离子交换反应的后期,随龄期增长,黏性土中的硅胶、铝胶将与钢渣粉中的氧化钙等化学物质进一步反应生成含水硅酸钙、铝酸钙,这两种凝胶物质能够在水环境下发生硬化,在黏性土的黏粒外围形成稳定的保护膜,具有很强的黏结力,并形成网状结构,使土体强度增长,并长期保持稳定。同时,保护膜还能起到隔离水分作用,使黏性土获得水稳定性。

(4)结晶作用:钢渣粉掺入黏性土后,其溶解度很小,除了离子交换作用和碳化作用外,绝大部分以氢氧化钙结晶水合物的形式析出,进一步提高了黏性土的强度和水稳定性。

4.4.2 钢渣粉改良膨胀土机理分析

1. 膨胀土矿物成分对自身性质影响

膨胀土的形成和演化过程很复杂,不同的母岩经物理化学风化改造和水流的搬运分离作用后,在不同的地质年代与沉积环境条件下,形成了成因类型不同的膨胀土。尽管膨胀土的成因各不相同,但各种不同的膨胀土所含的主要矿物是基本一样的,其含有大量的黏土矿物成分。黏土矿物主要是指蒙脱石、伊利石和高岭石。

试验用土为安徽合肥的膨胀土,颜色呈黄褐色,粒度成分以黏土颗粒为主,其电子探针能谱图如图 4.25 所示,由能谱图所得的膨胀土原子百分率和膨胀土化学成分分别如表 4.10 及表 4.11 所示。

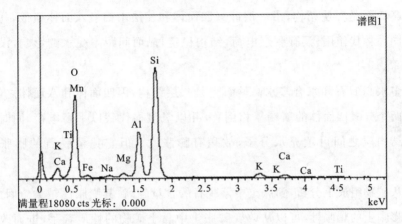

图 4.25 膨胀土电子探针能谱图

表 4.10 膨胀土原子百分率

原子	O	Na	Mg	Al	Si	K	Ca	Ti	Fe
百分率/(%)	68.10	0.18	0.84	10.62	17.08	0.83	0.58	0.30	1.47

表 4.11 膨胀土化学成分

化学成分	MgO	Al_2O_3	SiO_2	CaO	Fe_2O_3	Na_2O	K_2O	TiO_2
百分含量/(%)	3.31	20.95	67.38	2.29	2.90	0.36	1.63	1.18

膨胀土的胀缩机理与黏土矿物成分的含量有着极其密切的关系。黏土矿物成分不同,土体的膨胀性也不同,这主要是由蒙脱石、伊利石和高岭石这三种黏土矿物晶体结构的不同造成的。

蒙脱石是伊利石进一步风化或火山灰风化而成的产物,其结构单元是 2:1 型晶胞。蒙脱石是三层结构,由两层硅氧四面体和夹在中间的一层水铝氧八面体组成,四面体的硅氧面向结构的中央,而四面体中的硅被铝置换,八面体中的铝又被钙、镁、铁等阳离子置换,使晶体带负电荷,晶体骨架极不稳定,亲水性强,同时晶面间距是随着层间吸附水的含量而变化的,具有显著的膨胀性。

伊利石也是三层结构,其四面体中的硅可被六分之一铝所置换,但由于层间是由钾离子相连来使电荷达到平衡的,因此层间往往缺乏吸附水的能力,即缺乏膨胀性。

高岭石是二层结构,由一层硅氧四面体和一层水铝氧八面体组成,几乎不存在同晶替代作用,没有剩余电荷,结构稳定,晶面间距不受水的影响,没有膨胀性。

多水高岭石和水合多水高岭石也是二层结构,因四面体和八面体之间,每相邻两个硅氧四面体的顶端氧相倒置,并以氢氧根代替以平衡电荷,同时在两单位结构层之间可填充水分子,故稍有膨胀性。但它比蒙脱石的膨胀性低得多。

从矿物组成上分析,膨胀土中蒙脱石的含量越高,其膨胀性越大。因此,要限制膨胀土的膨胀性,可以从改变膨胀土中黏土矿物的性质着手,进而改善膨胀土的工程特性。

2. 钢渣粉与膨胀土作用机理

为了探讨钢渣粉与膨胀土的作用机理,对不同钢渣粉掺量的膨胀土试样进行了电镜扫描,扫描结果见图 4.26～图 4.30。

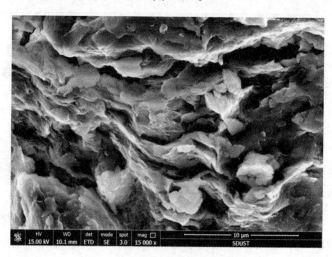

图 4.26　不掺钢渣粉膨胀土试样电镜扫描图

从图 4.26～图 4.30 中可以看出,不掺钢渣粉的膨胀土的微观结构呈层状分布,层与层之间存在一定的孔隙。掺入钢渣粉后,膨胀土的层状结构不再明

图 4.27　掺 5％钢渣粉膨胀土试样电镜扫描图

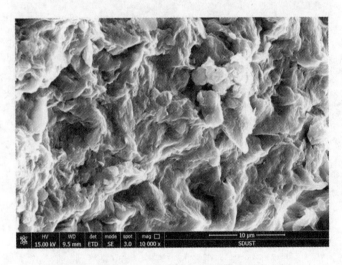

图 4.28　掺 10％钢渣粉膨胀土试样电镜扫描图

显,各层之间凝结成一个整体。观察发现,钢渣粉掺量为 15％时其整体性最好,当钢渣粉掺量为 20％时,如图 4.30 所示,膨胀土的微观结构存在大量块状颗粒,认为这些块状颗粒是未与膨胀土发生反应的多余钢渣粉。纵观这五张图片,发现膨胀土的微观结构中未出现结晶结构,由于本试验未对试块进行养护,故短时间内结晶作用还没有发生。因此,钢渣粉改良膨胀土的作用机理主要是离子交换作用、碳化作用和火山灰作用。

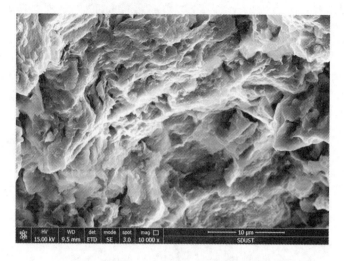

图 4.29 掺 15％钢渣粉膨胀土试样电镜扫描图

图 4.30 掺 20％钢渣粉膨胀土试样电镜扫描图

（1）离子交换作用。

膨胀土属于黏性土,含有大量的黏土矿物。研究表明,黏土颗粒一般为扁平状,与水作用后其表面常带有不平衡的负电荷。由于黏土颗粒的表面带电荷(负电荷),围绕土粒形成电场,同时水分子是极性分子,因而在土粒电场范围内的水分子和水溶液中的阳离子(如 Na^+、Ca^{2+}、Al^{3+} 等)均被吸附在土粒表面,呈不同程度的定向排列。在最靠近土粒表面处,静电引力最强,把水化离子和极性水分子牢固地吸附在颗粒表面形成固定层。在固定层外围,静电引力比较小,因此外围水化离子和极性水分子的活动性比在固定层中的大些,形成扩散层。扩散层外的水溶液不再受土粒表面负电荷的影响,阳离子也达到正常浓度。固定层和扩散层中所含的阳离子与土粒表面的负电荷的电位相反,故称为反离子,固定层和扩散层又称为反离子层。反离子层与土粒表面负电荷一起构成双电层。

由双电层的概念可知,反离子层中水分子和阳离子的分布,越靠近土粒表面,则排列得越紧密和整齐,离子浓度越高,活动性越小。因此,固定层水膜的厚度变化不大,对膨胀土的工程性质影响不大;而扩散层水膜的厚度对膨胀土的工程性质影响很大,扩散层厚度大,土的塑性就大,膨胀性与收缩性也大。

钢渣粉含有 CaO、Al_2O_3、Fe_2O_3 和 SiO_2 等化合物,氧化钙遇水后迅速与水发生化学反应生成氢氧化钙,氢氧化钙在水中进一步分离出 Ca^{2+}。二价的钙离子很容易与土粒表面扩散层水膜中的一价钠离子、钾离子发生置换。由于钙离子的价位增高了,所以平衡土粒表面所带负电荷需要的离子数目减少。也就是说,扩散层水膜中的离子数目减少,扩散层水膜变薄。扩散层水膜变薄,土粒之间的间距变小,从而降低土体的可塑性和膨胀性,同时提高了土体的强度。

(2) 碳化作用。

钢渣粉中的 CaO 和 MgO 与水反应生成氢氧化钙和氢氧化镁后,氢氧化钙和氢氧化镁在土中还会不断和空气中的二氧化碳反应生成坚硬的碳酸钙和碳酸镁颗粒。涉及的化学反应式如下:

$$CaO + H_2O = Ca(OH)_2 \tag{4.9}$$

$$MgO + H_2O = Mg(OH)_2 \tag{4.10}$$

$$Ca(OH)_2 + CO_2 = CaCO_3 + H_2O \tag{4.11}$$

$$Mg(OH)_2 + CO_2 = MgCO_3 + H_2O \tag{4.12}$$

碳酸钙和碳酸镁在水中不易分解,具有较高的强度和水稳定性。土体中形成的碳酸钙和碳酸镁具有胶结作用,在一定程度上限制了土粒反离子层的厚度,使得扩散层厚度随离子浓度的变化而减小,改善了膨胀土的工程特性,使土体得以加固,形成稳定土。由于与空气中二氧化碳的接触面积有限,因此碳化过程比较缓慢,时间越长其强度越大。

（3）火山灰作用。

钢渣粉含有 Al_2O_3、Fe_2O_3 和 SiO_2 等化合物,在进行离子交换反应的后期,钢渣粉和膨胀土中的硅胶、铝胶将与钢渣粉中的氧化钙等化学物质进一步反应生成含水硅酸钙、铝酸钙,其化学反应式如下:

$$SiO_2 + Ca(OH)_2 + n\,H_2O == CaO \cdot SiO_2 \cdot (n+1)H_2O \qquad (4.13)$$

$$Al_2O_3 + Ca(OH)_2 + n\,H_2O == CaO \cdot Al_2O_3 \cdot (n+1)H_2O \qquad (4.14)$$

这两种凝胶物质能够在水环境下发生硬化,在膨胀土的黏粒外围形成稳定的保护膜,具有很强的黏结力,形成网状结构,使土体成为一个整体,并长期保持稳定。除此之外,保护膜还能起到隔离水分作用,使膨胀土与水分离,获得水稳定性,同时避免了其遇水膨胀的不良工程特性。

4.5　本章小结

利用电镜扫描、X射线扫描和电子探针能谱分析了钢渣粉和膨胀土的微观结构和化学组成。钢渣粉和膨胀土中的一些化学成分能够在水中发生反应,改善膨胀土的工程性质。

（1）根据无荷载膨胀率试验结果,随着钢渣粉掺量的增加,膨胀土的膨胀率大大减小,完成膨胀所需时间大大缩短。但是,当钢渣粉掺量超过10%之后,继续增加钢渣粉的掺量,膨胀土的膨胀率和完成膨胀所需时间变化不大。

（2）随钢渣粉掺量的增加,膨胀土的无侧限抗压强度显著增大。钢渣粉掺量小于15%时,膨胀土无侧限抗压强度的增幅较大,当钢渣粉掺量大于15%后,虽然无侧限抗压强度仍有所提高,但是提高的幅度很小。当钢渣粉掺量达到20%时,膨胀土的无侧限抗压强度最大为158.2 kPa,增幅为19.6%。

（3）钢渣粉掺量不同,膨胀土试样的破坏形式也不相同。钢渣粉掺量越低,试样两端的鼓状变形破坏越明显,随着钢渣粉掺量的增大,鼓状变形破坏现象减少,剪切面破坏占据主要地位,当钢渣粉掺量达到15%后,试样基本只发生剪切面破坏。

（4）改良膨胀土抗剪强度和抗剪强度参数最经济有效的钢渣粉掺量为15%。

（5）钢渣粉含有的 CaO、Al_2O_3、Fe_2O_3 和 SiO_2 等化合物，是水硬性胶凝物质。钢渣粉改良膨胀土的作用机理主要包括离子交换作用、碳化作用、火山灰作用。

第5章
干湿循环下钢渣粉改良膨胀土试验研究

膨胀土在干湿循环下产生的吸水膨胀和失水收缩特性是导致工程事故的重要因素,在膨胀土的这种特性被人们发现并重视之后,国内外学者都进行了大量的研究。首先,针对膨胀土在干湿循环作用下的变形就有各种研究展开。刘松玉等[34]、查甫生等[35]、唐朝生等[36]在干湿循环条件下对击实膨胀土的胀缩变形规律开展了试验研究,发现在干湿循环下土体的胀缩变形不完全可逆,并且土样孔隙率会随循环次数的增加而增大;黄文彪等[37]通过试验研究干湿循环对膨胀土胀缩和开裂特性的影响,得出随干湿循环次数增多,土体胀缩性能降低和表面裂隙发育的结论。其次,膨胀土受到干湿循环影响后,强度也有较大的变化。杨和平等[38]通过室内试验研究干湿循环对膨胀土抗剪强度的影响,发现土体的抗剪强度会随干湿循环次数的增加而逐渐减小,尤其在初次干湿循环时强度降低幅度最为明显;王永磊[39]通过室内试验模拟膨胀土干湿循环的过程,原状膨胀土在干湿循环后出现不同等级的裂隙,并伴随着强度的大幅度降低,但会在多次循环后趋于稳定;肖杰等[40]研究了干湿循环后土体强度与围压的关系,并得出在各级围压下应力-应变曲线呈应变硬化型等结论。最后,膨胀土结构在干湿循环中的裂隙发展状况也十分明显。吴珺华等[41]对膨胀土开展了现场大型剪切试验,得出干湿循环作用会使膨胀土中的裂隙大量发育,致使抗剪强度降低的结论;TANG 等[42]进行了一系列室内试验,并借助数字图像处理技术,对土样多次干湿循环后的裂隙网络进行了定量分析,发现裂隙网络的几何形态指标在经历第 3 次循环后基本趋于稳定,并从土结构演化的角度对裂隙的发育机制进行了分析,这一点胡东旭等[43]也做过研究;龚壁卫等[44]研究发现膨胀土的干湿路径对其力学性质有强烈的影响,在不同循环幅度下其强度衰减规律必然有所差异;李亚帅[45]通过模型试验研究降雨蒸发的环境下膨胀土的裂隙发展规律,提出干湿循环作用下土体反复开裂和愈合,使结构松散化,但裂隙率会趋向稳定,并且得出膨胀土边坡失稳是横向裂隙发育贯通造成的等结论。因此,干湿循环对膨胀土影响十分巨大,循环次数、循环幅度等干湿循环因素的不同也会给膨胀土强度、变形等特性带来不同的影响。在利用固化剂对膨胀土进行改良处理,以提高地基土强度的同时,增大其抵抗干湿循环作用的能力也是十分必要的。

5.1 试验材料与试验方法

5.1.1 试验材料

本次试验所用土样是取自山东省临沂市某开挖基坑的膨胀土,如图 5.1 所示,土样埋深 1.0～1.5 m,呈灰黑色,可塑,黏性较强,天然含水率高,裂隙面呈光滑蜡状,具有典型的膨胀土特征。试验中利用图 5.2 所示的经晾晒和磨粉之后的土样进行试样制作,以研究相关特性,其物理力学参数如表 5.1 所示。

图 5.1 膨胀土现场取样

图 5.2 膨胀土经晾晒和粉磨后土样

表 5.1 膨胀土土样的物理力学参数

比重 d_s	天然含水率 $\omega/(\%)$	湿密度 $\rho/$ (g/cm^3)	干密度 $\rho_d/$ (g/cm^3)	孔隙比 e	塑限 $\omega_P/(\%)$	液限 $\omega_L/(\%)$	塑性指数 I_P $(\%)$	液性指数 $I_L/(\%)$	自由膨胀率 $F_s/(\%)$	内摩擦角 $\varphi/(°)$	黏聚力 $c/$ kPa
2.70	31.1	1.83	1.43	0.94	32.4	67	34.6	−0.04	67	12.8	168

试验中采用的胶凝材料是水泥和钢渣粉,如图 5.3 所示,其中水泥是 P.C32.5R 复合硅酸盐水泥,其主要成分是 CaO、SiO_2、Al_2O_3、MgO 等;钢渣粉是产自石家庄的废弃钢渣加工品,其主要成分是 CaO、SiO_2、MgO、Fe_2O_3、Al_2O_3、MnO 等。水泥和钢渣粉化学成分见表 5.2。激发剂采用的是氢氧化钠($NaOH$),采购于天津市北联精细化学品开发有限公司,其纯度为分析纯。经电镜扫描,得出两种胶凝材料微观结构图,如图 5.4 所示,钢渣粉和水泥两种材料的颗粒级配有明显的差别,水泥的组成颗粒直径远远小于钢渣粉的颗粒直径,因此在颗粒级配上水泥较钢渣粉更加密实。钢渣粉颗粒间的间隙较大,而水泥颗粒间间隙较小,这表明在表面能上水泥高于钢渣粉,利于水化反应的进行;钢渣粉颗粒较多呈短棱柱状,并且在棱角处总是很平缓,而水泥颗粒则呈现

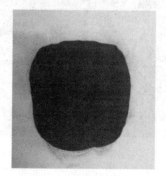

（a）水泥   （b）钢渣粉

图 5.3 水泥和钢渣粉

表 5.2 钢渣粉、水泥的主要化学成分及百分含量

化学成分	CaO	Al_2O_3	SiO_2	MgO	Fe_2O_3	MnO	SO_3	Na_2O	P_2O_5
钢渣粉/（%）	45.99	2.55	14.07	6.28	24.15	4.36	—	—	2.6
水泥/（%）	65.14	5.03	22.17	4.30	0.510	—	2.70	0.15	—

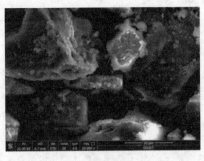

（a）钢渣粉　　　　　　　　　　　　　（b）水泥

图 5.4　10 k 倍镜下钢渣粉和水泥的微观结构图

多种形状,不固定,而且颗粒棱角较为分明,表明在硬度上水泥优于钢渣粉,这也是水泥强度高于钢渣粉强度的原因。

5.1.2　试验内容和方案

1. 试验内容

膨胀土土样从施工现场运回后经过自然风干,含水率降低,处理后的土样含水率约为 6%,土样经碾压粉磨后过 2 mm 孔径的标准筛进行筛分,取粒径在 2 mm 以下的土样以制备试样。试验中制作了两种不同尺寸的试样,分别是直径为 39.1 mm、高度为 80 mm 和直径为 61.8 mm、高度为 20 mm 的圆柱状试样,按照《土工试验方法标准》(GB/T 50123—2019)进行试样制作。

采用压实法进行试样制作,试样的初始含水率和压实密度与通过击实试验得到的最优含水率和最大干密度相对应,如表 5.3 所示。根据要求的密度先称量所需质量的膨胀土放置于搅拌器中,并按照试验设计的比例计算相应的水泥、钢渣粉、氢氧化钠以及水的质量,配比关系列于表 5.4 中。将膨胀土、钢渣粉和水泥进行干拌,使其拌和均匀,再与水或溶液(氢氧化钠与水搅拌均匀形成的溶液)混合,充分拌和后形成试验材料配比固定的浆体,之后利用万能试验机将浆体压入 ϕ39.1 mm×80 mm 和 ϕ61.8 mm×20 mm 的模具中制成试样。将脱模后的试样放入标准养护箱中进行养护处理,如图 5.5 所示,养护条件是湿度 95% 和温度 20 ℃,养护龄期为 7 d、28 d、60 d 和 90 d。

表 5.3 试样的控制参数

土样	最优含水率/(%)	最大干密度/(g/cm³)	湿密度/(g/cm³)
Es	28.20	1.430	1.833
Es-C	29.05	1.424	1.838
Es-SSP-C	28.71	1.442	1.861
Es-SSP-C-N	28.96	1.421	1.833

注:Es 表示未改良膨胀土;Es-C 表示膨胀土掺水泥;Es-SSP-C 表示膨胀土掺钢渣粉和水泥;Es-SSP-C-N 表示膨胀土掺 NaOH、钢渣粉、水泥。下表同。

表 5.4 各类试样的材料配比(质量分数)

土样	试验材料/(%)			
	水泥	钢渣粉	NaOH	水
Es	0	0	0	28
Es-C	10	0	0	29
Es-SSP-C	10	15	0	29
Es-SSP-C-N	10	15	1.5	29

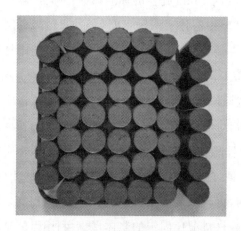

图 5.5 试样和恒温恒湿养护箱

陈善雄等[46]根据综合分析发现,在所有膨胀土的分类方法中,液限、塑性指数、自由膨胀率、粒径小于 0.005 mm 的颗粒含量和胀缩总率五个指标被采用的次数最多,认为这五个指标作为膨胀土判别指标具有较好的通用性和较高的可靠性,并提出用这五个指标对膨胀土进行判别分类的新观点,如表 5.5 所示。

表 5.5 膨胀土膨胀潜势判别分类标准

指标	膨胀潜势等级		
	弱膨胀土	中膨胀土	强膨胀土
液限/(%)	40～50	50～70	>70
塑性指数/(%)	18～25	25～35	>35
自由膨胀率/(%)	40～65	65～90	>90
<0.005 mm 颗粒含量/(%)	<35	35～50	>50
胀缩总率/(%)	0.7～2.0	2.0～4.0	>4.0

试验研究膨胀土经过钢渣粉、水泥等材料的改良,并经历干湿循环后的力学及物理性能的变化情况,以观察钢渣粉等材料对膨胀土强度和膨胀性以及对干湿循环作用承受能力的影响。利用室内试验,制作圆柱状试样对纯膨胀土和三种改良土进行研究,分别采用无侧限抗压强度试验、不固结不排水(UU)三轴压缩试验、自由膨胀率试验、无荷载膨胀率试验、液塑限联合测定试验、电镜扫描试验和能谱分析试验等试验方法进行测试。

2. 试验方案

(1) 试验中对膨胀土进行改良,共制作四种类型的试样,分别是纯膨胀土试样、水泥土试样、钢渣粉-水泥土试样和 NaOH-钢渣粉-水泥土试样,每种类型都有两种尺寸,分别是 $\phi 39.1\,mm \times 80\,mm$ 和 $\phi 61.8\,mm \times 20\,mm$,其中前者用于无侧限抗压强度试验和不固结不排水(UU)三轴压缩试验,后者用于无荷载膨胀率试验。研究表明含水率和干密度[47-49]对土体抗剪强度有很大的影响,因此试验中四种试样均采用最优含水率和最大干密度进行制作,其中固化剂和激发剂的掺量分别是水泥 10%、钢渣粉 15%、NaOH1.5%,具体配比见表 5.4。

(2) 养护条件:纯膨胀土试样由于在吸水之后性能会变差,因此在脱模之后放于阴暗环境下养护 7 d 后进行试验;三种改良土试样在脱模后放于标准养护箱中进行养护,养护龄期为 7 d、28 d、60 d 和 90 d。

(3) 对照试验:将达到养护龄期的试样分成若干组,第一组直接进行无侧限抗压强度试验、不固结不排水(UU)三轴压缩试验和无荷载膨胀率试验,把破坏后的土体磨细并过孔径为 0.5 mm 的筛,用以进行自由膨胀率试验和液塑限联合测定试验,并保留一部分试样进行电镜扫描试验和能谱分析试验。

（4）干湿循环:其余多组试样进行干湿循环试验,对于循环次数,纯膨胀土试样,1～5 次;三种改良土试样,养护龄期为 7 d、28 d 与 90 d 的循环次数是 1 次、3 次、5 次、7 次、9 次,养护龄期为 60 d 的循环次数是 1 次、3 次、5 次、7 次、9 次、11 次、13 次、15 次、17 次,干湿循环之后与第一组试样一样进行多项物理、力学试验。

干湿循环的方法:先增湿后干燥,构成一次干湿循环。

增湿过程:未改良土试样和改良土试样的吸水方案有所差别。未改良土试样增湿采用引流法,盛放试样和装水的容器是具有高度差的两个容器,将制作好的试样包上纱布后放于高度较低的容器中,通过纱布将存于高度较高的容器中的水吸引出来并逐渐浸润试样,使试样慢慢吸水,达到增湿的效果。用纱布将容器中的水吸引出来可以使水流保持连续性,同时水流的速度比较平缓,对于性能较差的未改良土来说,此方法比较合理,既可以达到增湿的目的,也可以防止未改良土因水分的过度浸润导致性能完全被破坏。改良土试样采用浸泡法增湿,盛放试样和水的容器是同一个容器,将制作好的试样用纱布包好,直接放于水中进行吸水处理,吸水的时间是 12 h。

干燥过程:试样采用自然晾干方法进行干燥,将吸水之后的试样取出,去除包裹的纱布,测量质量和体积之后再包上干燥的纱布放置于自然室温条件下,静置 12 h,这就完成一次干湿循环。

5.2 干湿循环下钢渣粉改良膨胀土变形特性分析

试验对未改良膨胀土以及改良膨胀土试样在干湿循环前后的变形等特性进行了研究,采用的方法主要是无荷载膨胀率试验、自由膨胀率与干湿循环中试样的体积和质量测量。

无荷载膨胀率试验采用重塑土的 $\phi 61.8$ mm$\times 20$ mm 试样,利用膨胀仪进行试验,将试样装好后向膨胀仪内注入纯水,保持水面高出试样约 5 mm,并开始计时。试验前将烘干的透水石放入与试样含水率相同的膨胀土中填埋 24 h,

使透水石的含水率与试验土样的初始含水率相同。无荷载膨胀率试验方案列于表5.6中。

表5.6 无荷载膨胀率试验方案

试样编号	试样类别	养护龄期/d	循环次数/次
1~6	Es	7	0、1、2、3、4、5
7~22	Es-C	7、28、60、90	0、1、5、9
23~38	Es-SSP-C	7、28、60、90	0、1、5、9
39~54	Es-SSP-C-N	7、28、60、90	0、1、5、9

5.2.1 干湿循环次数对变形特性的影响

1. 无荷载膨胀率的变化规律

图5.6是未改良土试样在不同干湿循环次数下的无荷载膨胀率,由图可知,无荷载膨胀率与干湿循环次数具有相关性,与强度试验得到的结果相似。无荷载膨胀率具有明显的分层现象,从图5.6中可以看出有三个层次,第一层次是未进行干湿循环时,第二层次是经1、2次干湿循环后,第三层次是经3、4、5次干湿循环后,三个层次的无荷载膨胀率有较大的差别,其中第一层次的无荷载膨胀率达到稳定时约为5.49%,第二层次的约为8.9%,第三层次的为13.1%,在三个层次之间无荷载膨胀率稳定值分别相差3.41个百分点和4.2个百分点,表明在0~5次干湿循环中,在湿胀干缩的反复作用下,膨胀土结构内

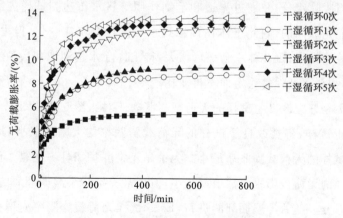

图5.6 未改良土试样的无荷载膨胀率

部出现裂隙并不断扩展,导致在干湿循环中水分通过裂隙与土体接触得更充分,从而使土体的结构受到更加严重的破坏,然而裂隙是逐步增大的,微裂隙贯通形成大的裂隙也是一个逐渐发展的过程,量变的积累导致膨胀性有明显增大的质变发生,这在每个层次中由多组干湿循环试样得以验证。同时土体裂隙在达到一定程度之后将会停止扩展,因此随干湿循环次数增大,无荷载膨胀率的增长率逐渐减小并最终趋向于稳定。

由图 5.6 可以看出,在吸水膨胀的过程中,土体的体积变形有急速上升阶段、平缓上升阶段和稳定阶段,其中急速上升阶段持续时间最短,平缓上升阶段次之,稳定阶段持续时间最长。对于没有经过干湿循环的试样,膨胀率的急速上升阶段大约持续 60 min,干湿循环后试样的急速上升阶段明显延长,其中 1 次干湿循环时大约是 180 min,2~5 次干湿循环时则多是 270 min,表明未改良膨胀土试样在经历了干湿循环之后土体结构受损,裂隙与微裂隙发展,使土体更加松散,在与水接触后对水分的吸收能力更大,并且无荷载膨胀率试验中试样只能通过下表面吸水,水分填充孔隙相对较慢,但孔隙的存在使得土体在初始接触水时体积会迅速增大,并且超过初始土样;之后经过缓慢变形的过渡阶段到达后期的稳定阶段。自由状态下的膨胀土体吸水后体积膨胀,同时伴随着土体结构破坏、颗粒松散、强度降低,最终甚至软化成流动状态而不能保持试样形状,因此在持续有水的环境中土体的体积会持续变化。但在无荷载膨胀率试验中土体试样放置于环刀之中,为有侧向约束的结构,土体试样只能通过下表面的透水石吸收水分,并通过渗透和毛细作用等将水传达到试样内部,而试样的变形只能是纵向的,因此土体在接触到水后体积会快速变化,但之后水分向试样内部传输较慢,因此体积会缓慢增大,待土体吸水达到饱和后,在有约束的条件下,体积会逐渐保持稳定而不再变化。

图 5.7 是各类改良土试样的无荷载膨胀率。对比图 5.7 和图 5.6 可知,相比未改良土试样,各类改良土试样的无荷载膨胀率均大幅度减小,其中以 Es-SSP-C-N 试样的无荷载膨胀率最小。无论是正常养护条件下还是干湿循环后,改良土试样的无荷载膨胀率数值都很小,但正常养护与干湿循环后的试样间仍有一定的差异。随着干湿循环的进行,Es-C 试样无荷载膨胀率先增大后减小,其中干湿循环 9 次时无荷载膨胀率最小,约为 0.09%,干湿循环 1 次时最大,约

为0.265%,相比未改良土试样无荷载膨胀率的最小值(未进行干湿循环时对应的膨胀率)5.49%,Es-C试样无荷载膨胀率最大值减小了95.2%,最小值减小了98.4%。Es-SSP-C试样在膨胀性上也有明显的改善,其未进行干湿循环时的无荷载膨胀率是0,经干湿循环后无荷载膨胀率先增大后稳定,最终达到的稳定值是0.3%,相比于未改良土试样无荷载膨胀率的最小值5.49%,减小了94.5%。Es-SSP-C-N则是三种改良土中对膨胀土的膨胀性改良效果最好的一组试样,与Es-C相似,其无荷载膨胀率在随干湿循环的变化中有先增大后减小趋势,不同的是此次的最大值在5次干湿循环时达到,约为0.165%,9次干湿循环时又达到最小值,约为0.025%,相比于未改良土试样无荷载膨胀率的最小值5.49%,其最大值减小了97%,最小值减小了99.5%。

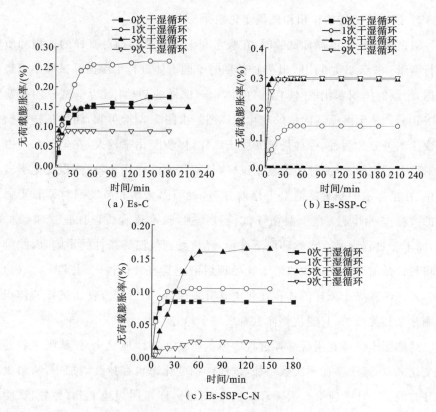

图 5.7　各类改良土试样的无荷载膨胀率(7 d 龄期)

胶凝材料不仅使膨胀土的膨胀性大大降低,同时也使得土体的膨胀变形时间大幅缩短,相比未改良土试样在无荷载膨胀率试验中出现的急速上升阶段、平缓上升阶段和稳定阶段三个阶段来说,三类改良土试样的无荷载膨胀率更多只有急速上升阶段和稳定阶段两个阶段,并且无荷载膨胀率的急速上升大多可在 40 min 之内完成,有个别较慢,但也可在 60 min 内完成,之后土体变形停止,进入稳定阶段。同时干湿循环作用对改良土膨胀变形没有明显的影响,在无荷载膨胀率试验中,装好试样并加好水后,试样与水的接触使得水分迅速进入试样外表面的微裂隙中,产生微小的膨胀变形,但水分在通过毛细作用向内部渗透过程中受到阻挠,结构中存在的裂隙较少,并且试样致密性良好,水分的渗透作用很快就会达到饱和。这意味着在试样的内部结构中水分起到的作用十分微弱,说明改良效果优良。

2. 改良土试样的体积和质量变化规律

对试样进行干湿循环试验时,在吸水和干燥结束后都对试样的体积和质量进行测量。图 5.8 是利用 7 d 养护龄期时不同土体进行干湿循环试验中采集的数据,绘制的体积变化率[(测量时的体积－试样的初始体积)÷试样的初始体积×100%]随干湿循环次数的变化规律图。由图 5.8(a)可知,四种试样依据体积变化率可分为两种,一种是纯膨胀土试样,体积变化率较大,在坐标系中占据相对较大的空间;另一种是改良土试样,与膨胀土试样相比较,体积变化率微乎其微,在坐标系中贴近零值上下浮动分布,表明固化剂和激发剂对膨胀土膨胀性的改良作用明显。在干湿循环试验过程中,吸水过程可以保证试验条件相同,而干燥过程则是在自然环境下进行,容易受到气温等条件的影响,因此吸水后得到试样的质量或体积值较干燥处理后的更具有规律性。观察图 5.8(a)和(b),发现纯膨胀土试样的体积变化更具有规律性,而三种改良土试样的体积变化则是杂乱无章的,只能从整体上看出一个趋势。

纯膨胀土试样在干湿循环过程中体积始终在持续地变化,仅从吸水后的体积变化来看,随干湿循环次数增加,试样体积变化率也在持续增加中,从第 1 次循环时的 10.01% 到第 5 次循环时的 13.15%,逐步缓缓地上升;另外,试验过程中环境的变化导致试样干燥后体积变化率规律性不强,但也可以看出体积变化率始终大于零,意味着在整个干湿循环的过程中试样体积始终比初始时大,表明纯膨胀土试样在干湿循环作用下结构受到了不可恢复的变形,试样结构松

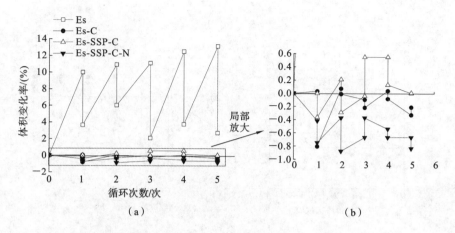

图 5.8　干湿循环作用下试样体积变化率(7 d 龄期)

散、土体颗粒间距加大以及裂隙的逐步发展都是吸水时体积变化率缓慢上升的原因。试样体积变化率从 0 次干湿循环到 1 次干湿循环增长了 10%,即膨胀土在经历初次干湿循环作用后体积就会出现 10% 的增长,可见膨胀土对水的敏感性,也意味着在实际工程中可能造成的危害不可估量。

另外,改良土试样的体积变化率较纯膨胀土试样有了大幅度的减小,与纯膨胀土吸水导致的体积膨胀相比,改良土试样的体积膨胀率均可控制在 1% 以内,有 90% 以上的减小幅度。三种改良土试样中 Es-SSP-C 试样较多表现出体积的增大,而水化反应较快的 Es-SSP-C-N 试样和 Es-C 试样则更多表现出体积的减小,并且从总体来看,体积变化率有一个逐渐减小的趋势。

图 5.9 是质量变化率[(测量时试样的质量-试样的初始质量)÷试样的初始质量×100%]随干湿循环过程的变化规律图,与体积变化率相同,在四种土体试样中纯膨胀土的吸水性最强,改良土对水的吸收性较弱。从图 5.9(a)中可以看出,纯膨胀土试样的质量变化率是最大的,并且与体积变化情况相同,在水分充足情况下,试样在干湿循环中吸水后的质量变化率在慢慢增加,这是土体内部结构逐渐松散、裂隙不断发展、结构内部土体有更多机会与水接触引起的,也代表纯膨胀土试样在逐渐劣化;而改良土试样在干湿循环作用下的表现更加稳定,吸水过程带来的质量变化率大体保持在 0.9%~1.5%,并基本在一个水平上保持稳定,三种改良土试样保持稳定的值有略微差别,梯度为 Es-SSP-C>Es-C>Es-SSP-C-N,从侧面反映了三种改良土的水化反应程度,而干燥过程中

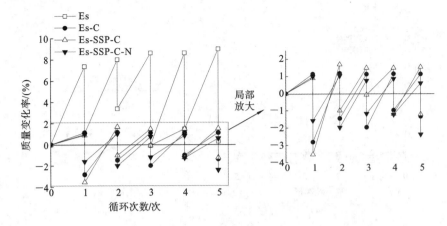

图 5.9　干湿循环作用下质量变化率(7 d 龄期)

三种改良土试样质量变化率则变化较大,基本上质量变化率均在−2%以下。这种现象表明在相同的自然条件下纯膨胀土具有更高的保水性,而改良土对水的保持力不足。

　　对于纯膨胀土来说,其对水的敏感性归因于土体中存在蒙脱石和伊利石等强亲水性矿物,它们对水分有很强的吸附性,造成体积的变化,因此纯膨胀土试样在干湿循环过程中,不仅吸水时伴随着很大的质量变化和体积变化,在干燥后质量变化率也始终大于零,与改良土试样相比水分损失率小了很多。由表5.7可知,纯膨胀土在干湿循环的吸水和干燥过程中形成的质量梯度最大时有15.615 g,而三种改良土中最大值为7.897 g,两类土体的质量梯度相差了7.718 g,Es 和 Es-SSP-C 试样在干湿循环吸水时质量增量最大值分别是 16.130 g 和2.997 g,相差了 13.133 g,由此可见,纯膨胀土在保水性上更具优势。

表 5.7　各类土体随干湿循环变化的质量增量(7 d 龄期)

循环次数/次	质量增量/g			
	Es	Es-C	Es-SSP-C	Es-SSP-C-N
0	0	0	0	0
1	13.213	2.030	1.590	1.743
	1.930	−5.058	−6.307	−2.844
3(2)	14.370	2.095	2.997	1.833
	6.065	−2.605	−1.777	−3.558

96

循环	质量增量/g			
次数	Es	Es-C	Es-SSP-C	Es-SSP-C-N
5(3)	15.475	2.005	2.637	1.333
	−0.140	−3.535	−0.143	−2.128
7(4)	15.475	2.035	2.633	1.513
	2.630	−1.772	−2.143	−2.231
9(5)	16.130	2.005	2.713	1.053
	0.540	−2.418	−2.180	−4.291

注:循环次数列括号中的数字是 Es 试样对应的循环次数。

对于改良土来说,土体结构由膨胀土颗粒、未水化的胶凝材料和水化产物共同组成,其中膨胀土颗粒直径较大,胶凝材料的粒径较小,在内部结构中膨胀土颗粒之间形成的孔隙由胶凝材料填充,使土体密实性更好,同时胶凝材料水化形成的多种水化产物具有很好的胶凝特性,胶结各种颗粒,使其通过胶结力结合在一起形成团聚体,故结构的整体性大大提升,体现为土体强度的提升。因此,改良土体中存在的孔隙结构更少,同时胶凝材料将膨胀土颗粒保护在团聚体的内部,使其与水的接触机会大大减少,而水化产物对水的敏感度又十分微弱,所以出现改良土在干湿循环下体积和质量变化微小的现象。

5.2.2 龄期对变形特性的影响

1. 不同养护龄期下无荷载膨胀率的变化规律

图 5.10 为从 28 d 龄期到 90 d 龄期各类改良土的无荷载膨胀率试验结果。从图 5.10(a)~(c)来看,首先各类改良土无荷载膨胀率的数值都十分微小,其中 Es-SSP-C-N 试样的最小,均在 0.12% 以下,几乎可忽略,Es-SSP-C 和 Es-C 试样无荷载膨胀率的最大值分别为 0.45% 和 0.2%,这表示本对水分极为敏感的膨胀土在胶凝材料以及水化产物的包裹下,对水的敏感性大幅减弱;从曲线的发展趋势看,Es-C 和 Es-SSP-C 试样无荷载膨胀率都是在初始极短的时间内增长到最大值,然后保持稳定的状态,完成时间约为 10 min,而 Es-SSP-C-N 试

样则相对较慢,虽然它在接触到水之后同样会出现体积快速增大的现象,但是其无荷载膨胀率达到最大值所用时间比另外两种材料长,尤其是早期无荷载膨胀率越小反而所用时间越长,这是早期龄期时其结构密实性的体现。在三类改良土中,Es-SSP-C 试样中的胶凝材料水化程度最浅,胶凝物质对膨胀土颗粒的保护作用略弱于另外两种试样,所以它在与水接触后更容易出现体积变化,因

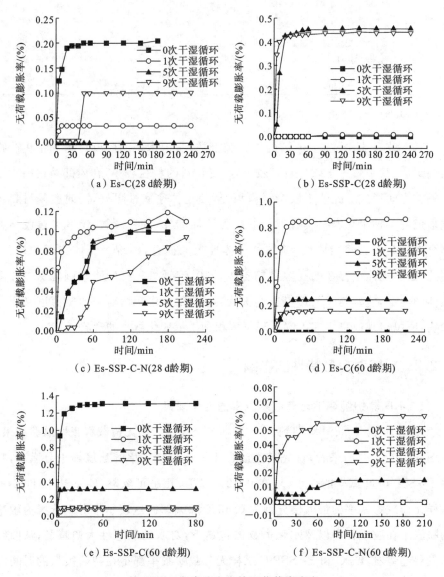

图 5.10 各类改良土的无荷载膨胀率

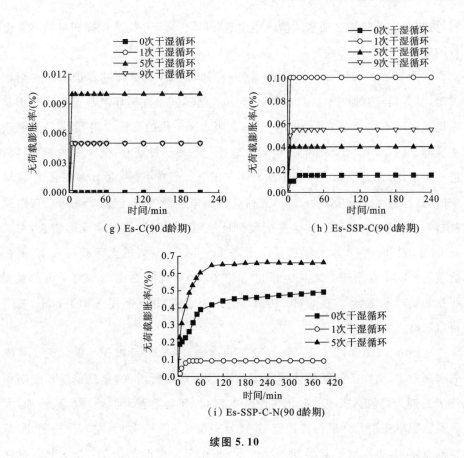

（g）Es-C(90 d龄期)

（h）Es-SSP-C(90 d龄期)

（i）Es-SSP-C-N(90 d龄期)

续图 5.10

此在无荷载膨胀率试验中,尤其是经历多次干湿循环后,其无荷载膨胀率比另外两种试样的大,这是因为试样内结构受到水的侵蚀和溶解,结构更松散;另外两种土体试样早期的水化反应程度都较深,因此土体的固化效果好,土体中的膨胀土颗粒也能更好地被包裹住,所以出现膨胀率更低的现象。在无荷载膨胀率试验中,试样与水的接触更多是外表面上的水分增加,在反复干湿循环作用下,裂隙不断扩展,水分将进入更深的内部结构,因此随干湿循环次数增加,试样无荷载膨胀率发生变化,但水化反应的进一步发展也会使材料密实性增强,所以无荷载膨胀率的增大与减小是干湿侵蚀和水化反应相互作用的结果,在初接触水时,结构更加密实的试样将会有更好的性能表现。例如 Es-SSP-C-N 和 Es-C 试样,后者无荷载膨胀率迅速增大并达到最大值,前者则是缓慢增大至最大值,表明试样表面都存在孔隙,水分填充和膨胀土颗粒膨胀共同使体积变化时,更加密实的结构会使水的渗入作用减弱,即 Es-SSP-C-N 试样在早期具有更好的密实性。

由图 5.7(a)和图 5.10(a)、(d)、(g)可知,当 Es-C 试样的养护龄期逐渐增大时,其无荷载膨胀率由 0.265％降低到 0,但不同干湿循环次数下无荷载膨胀率增长情况不同。在 7 d 龄期时,试样在吸水和干燥的反复作用下,无荷载膨胀率会随干湿循环次数增加而先增大后减小;到 28 d 龄期时,试样内的胶凝材料进一步水化,无荷载膨胀率在干湿循环作用下有所减小;到 60 d 龄期和 90 d 龄期时,试样内水化反应较为充分,无荷载膨胀率甚至为零,但由于此时结构内胶凝材料的水化反应较慢,试样在干湿循环作用下无荷载膨胀率反而增大,尤其是 60 d 龄期时,在 1 次干湿循环作用下就产生了 0.8％的无荷载膨胀率,但在后续的多次干湿循环中又恢复到 0.2％左右,90 d 龄期的 Es-C 试样的无荷载膨胀率初始时迅速增大,在 5 min 内就达到了稳定值,并且都在 0.01％以下,基本可以忽略。

由图 5.7(b)和图 5.10(b)、(e)、(h)可知,Es-SSP-C 试样早期的无荷载膨胀率都是零,而在干湿循环作用下无荷载膨胀率有所增大,早期的 7 d 龄期和 28 d 龄期无荷载膨胀率的变化规律基本相同,都是随着干湿循环次数增加,无荷载膨胀率先增大之后保持稳定,并且分别在 0.3％和 0.4％左右保持稳定,基本没有差别,也证明了其早期的活性低;相比于早期时的情况,Es-SSP-C 试样在后期的 60 d 龄期和 90 d 龄期时却有较大的无荷载膨胀率,尤其是 60 d 龄期时,未进行干湿循环试样的无荷载膨胀率达到了 1.2％以上,是各类改良土在各龄期中的最大值,90 d 龄期时又降回到 0.1％以下,说明材料性能不稳定,并且同 Es-C 试样一样,其无荷载膨胀率从开始迅速增大,只用了 5 min 即达到了稳定状态。

由图 5.7(c)和图 5.10(c)、(f)、(i)可知,Es-SSP-C-N 试样是三种改良土中膨胀率最低的材料。在 7 d 到 60 d 龄期中,该试样无荷载膨胀率均保持在 0.165％以下,相比于另外两种材料是最优的,原因是在激发剂的作用下,水泥的水化反应速度得到进一步提高,同时碱性的环境也使钢渣粉活性得以改善,相比于相同龄期下 Es-C 和 Es-SSP-C 试样,其内部胶凝材料的水化程度更高,膨胀土颗粒之间形成的黏聚力也更大,所以无荷载膨胀率更小;而在 90 d 龄期时 Es-SSP-C-N 试样又有较大的无荷载膨胀率,其中未进行干湿循环试样的无荷载膨胀率达到 0.4％以上,比 7～60 d 龄期任何时候都大,这种现象的产生是因为氢氧化钠的存在。与实际工程中的应用不同,室内试验都是采用制作的试样来研究材料的性能,因此在尺寸效应下,材料的性能测试存在一定缺陷。氢氧化钠作为强碱,不仅可以激发钢渣粉的活性并促进其水化反应,同时也有腐蚀作用,早期土体中胶凝材料的水化反应中有与氢氧化钠的离子交换作用,主要体现为强度的提升,但到了后期,胶凝材料水化反应愈发充分,在干湿循环作用下侵蚀性得到体现。因此在干湿循环试验中,试样的外表面更容易遭到破坏而脱落,而粗糙不平的外表面增大了试样与水的接触面积,导致试样在无荷载膨胀率试验中有更强的膨胀性。

三种改良土试样整体上的无荷载膨胀率都很小,最大值也在 1.5％以下,大多是在 1.0％以下,其中以 Es-SSP-C-N 和 Es-C 两种胶凝材料反应更加活跃的试样膨胀率更低;随着龄期的增大,各类土体无荷载膨胀率以保持稳定或减小的变化趋势为主,反映了随着试样中胶凝材料水化反应进一步发生,密实性和整体性不断优化;在干湿循环试验条件下,随着干湿循环次数的增加,各类土体的无荷载膨胀率在早期以先增大后减小为主,表现出干湿侵蚀和水化补充的双重作用,后期则是以增大至稳定值为主。

2. 不同养护龄期下改良土试样的体积和质量变化规律

将不同龄期下各改良土试样在干湿循环过程中体积和质量的变化情况绘制成图。图 5.11 所示为各类改良土试样在干湿循环过程中的体积变化情况。由图 5.11 可知,试样在干湿循环的过程中,吸水和干燥结束时的体积变化率比无荷载膨胀率试验中产生的无荷载膨胀率大,原因是在无荷载膨胀率试验中,试样被放置于环刀中,吸水主要通过下表面来完成,而且侧向受到了约束,变形只出现在高度方向,而干湿循环试验则是将试样整体放于水中,试样各个表面均可以与水接触而充分吸水,并且体积的变化没有任何方向的约束,所以才出现体积变化率大的现象。

由图 5.8 和图 5.11 可知,三类改良土试样与未改良土试样随干湿循环的体积变化情况不同。未改良土试样中由于存在亲水性黏土矿物,在干湿循环过程中总是吸水膨胀、失水收缩,因此图中的折线以增减交替变换的形式出现,并

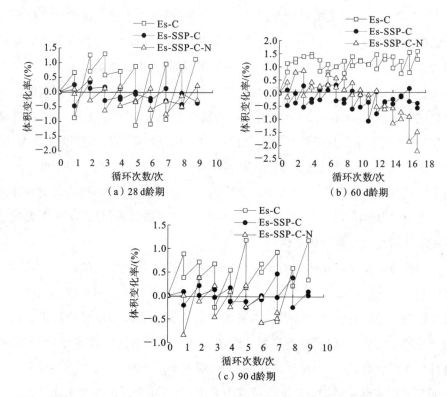

图 5.11　各类改良土试样在干湿循环过程中的体积变化情况

且裂隙结构的发育,致使吸水后试样的体积增量在缓慢地增大;而改良土试样的结构比较密实,颗粒之间联结更加牢固,颗粒间隙也更小,并且对水的敏感性较低,试样在干湿循环的过程中不再是吸水膨胀和失水收缩的单调变化,图中的折线也不再表现出上升和下降交替的锯齿状变化规律,出现了持续上升和持续下降的现象,表明改良土体的性能与纯膨胀土已经有了很大的区别,不再对水有极强的敏感性,其本身结构致密性提升了其对干湿循环作用的承受能力。在改良土的干湿循环中,试样体积的变化除了表现为内部膨胀土颗粒与水接触产生的体积变形外,还表现为水分填充表面的微裂隙带来的变化,同时还有胶凝材料与水反应产生的体积变化,所以试样的体积变化与多种因素有关,并且膨胀土颗粒的体积变化会随着水化反应的进行而逐渐减小。

　　由图 5.11 可知,在三个龄期中,体积增长最大的是 Es-C 试样,体积减小量最大的是 Es-SSP-C-N 试样,而 Es-SSP-C 试样是干湿循环中体积最为稳定的试样。从 7 d 到 90 d 龄期中,Es-SSP-C 试样的体积变化率都在 0.6% 以下,包括60 d 龄期时干湿循环次数增加到 17 次,其体积变化仍然可以保持稳定的状态;相比而言,Es-C 试样的体积变化则较大,以体积的增长为主,在各龄期中体积增长最大值出现在 60 d 龄期时,约为 1.6%,仍比未改良土试样的体积增长最小值 10.01% 有 84% 的减小率,说明改良方案中体积增长最大的方案也有极好的体积控制效果,表明三种改良方案对膨胀土在干湿循环下体积变化的改善是有十分明显效果的。强度最大的 Es-SSP-C-N 试样,在干湿循环中其体积变化以减小为主,并且减小的值比较大,在四个龄期中同样是在 60 d 时出现减小量的最大值,即体积的最小值,而变化率最小值出现在 28 d 龄期时。以干湿循环次数较多的 60 d 龄期为研究对象,发现 Es-SSP-C-N 试样的体积变化率随着循环次数增加而逐渐减小,并且变化曲线是开口向下的二次抛物线,即从 0 次干湿循环开始体积变化率呈现出先增大后减小的趋势,在 0~11 次的干湿循环中体积变化率较小,并且以正值为主,最大值约为 0.85%,而在 12 次干湿循环以后体积变化率以负值为主,并且曲线的斜率大幅度减小,体积变化率快速减小。

上述现象说明,在三种改良土中,就体积变化而言,Es-C 是较为不稳定的试样,其主要是体积增大,表明在只有水泥存在时,胶凝材料对膨胀土颗粒的保护效果较弱;而 Es-SSP-C 试样具有更好的性能,在不同龄期中,随干湿循环次数的增加,体积变化率的绝对值始终是三类土体中的最小值,表明钢渣粉在干湿循环过程中有利于试样体积的稳定,钢渣粉不仅有减小黏土颗粒比例的作用,同时它的水化反应也可以进一步隔绝膨胀土颗粒与水的接触机会,因此其表现优于 Es-C 试样;强度最大、水化反应最充分的 Es-SSP-C-N 试样有最大的体积减小率,这是 NaOH 强侵蚀性影响的结果。三类改良土试样在干湿循环的过程中,Es-SSP-C-N 试样表面破坏最严重,在相同的干湿循环次数下,Es-SSP-C 和 Es-C 试样基本可以保持完整的结构,表面也可以保持平整,个别试样的表面破坏现象也是在受多个方位影响的棱角位置出现,而 Es-SSP-C-N 试样的表面却有很多侵蚀性质的破坏,表面凹凸不平,很难保持平整的表面,因此试验中 Es-SSP-C-N 试样随干湿循环次数增加而总体积呈现减小的趋势,甚至在多次干湿循环后体积减小速率加快,但这并不能说明此方案具有更差的表现。在以重塑土制作的试样为研究对象的室内试验中,模拟的干湿循环条件与实际工程存在较大出入,试样在没有约束的情况下进行干湿循环导致表面脱落而影响体积变化在实际工程中将很少出现,并且在 0～12 次干湿循环中体积变化较小,与 Es-SSP-C 试样相近。因此可以得出如下结论:Es-SSP-C 和 Es-SSP-C-N 试样对抵抗干湿循环作用带来的体积变化更具优势。

图 5.12 是各类改良土试样在每一次吸水和干燥后的质量变化情况,土体在干湿循环中的质量变化率呈现出增减交替出现的锯齿状变化。一方面,由于膨胀土经过胶凝材料的固化后,结构更加密实,结构内部以及表面上存在的微裂隙很小;另一方面,改良土材料本身对水的敏感性很低,因此在干湿循环过程中质量变化率较小。与体积变化情况相比,干湿循环过程中质量变化更具有规律性,吸水和干燥过程总是有质量的增加和减小现象。

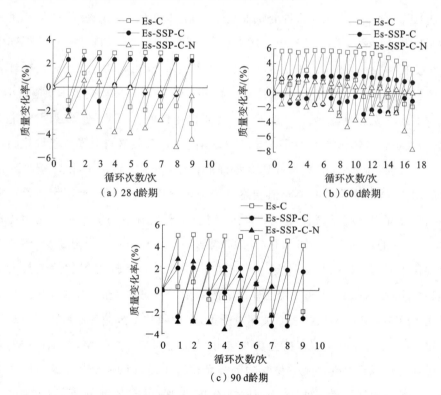

图 5.12   各类改良土试样在干湿循环过程中的质量变化情况

图 5.13 是各类改良土试样在每次干湿循环中吸水后的质量变化情况。结合图 5.12 和图 5.13,除 7 d 龄期外,三类改良土试样中质量变化率最大的始终

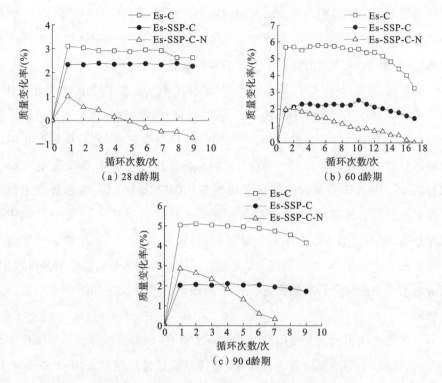

图 5.13　各类改良土试样吸水后的质量变化情况

是 Es-C 试样,与体积变化率情况相同,这意味着在各龄期中 Es-C 试样随干湿循环吸水量最大,从而导致体积变化最大。从 7 d 到 90 d 龄期,试样的质量增长率呈先增大后减小的变化趋势,质量变化率的最大值出现在 60 d 龄期时,约为 5.6%,相比未改良土试样有一定程度的减小;随着干湿循环次数的增加,Es-C 试样质量变化率的走势与未改良土试样的不同,后者的质量变化率,尤其是吸水后的质量增长率体现了土体性质不断弱化,而 Es-C 试样吸水后的质量变化率则更加稳定。在 28 d 龄期的 0~7 次干湿循环中,Es-C 试样质量增长率基本保持在 3.0% 左右,8 次、9 次循环时降低了 0.07 个百分点。在后期的 60 d 龄期和 90 d 龄期中,Es-C 试样质量变化率随干湿循环次数的增加则有了相对明显的变化趋势,其中在循环次数较少的 90 d 龄期中,试样吸水后的质量增长率随循环次数的增加而减小,并且减小幅度不大,从最初的 5.05% 到最后的 4.14%,降低了 0.91 个百分点,再看循环次数较多的 60 d 龄期,试样吸水后的质量增长率也随干湿循环次数的增加而减小。从图 5.13(b) 中可知, Es-C 试样的质量增长率的减小速率是在逐渐增大的, 在前 10 次干湿循环中基本保持平稳的状态, 第 11 次之后曲线有了明显的降低趋势。

相较而言, Es-SSP-C-N 和 Es-SSP-C 试样的质量变化率较小, 并且由于 Es-SSP-C-N 试样在干湿循环中有外表皮侵蚀剥落的现象, 故其质量变化率除了包含吸水和干燥的水分变化外, 还有本身结构的质量损失, 因此其质量变化率甚至吸水后的质量增长率出现一些负值。但总体来说, 两者的质量变化率比 Es-C 试样的小。Es-SSP-C 试样的质量变化率与体积变化率一样, 在各龄期中都随干湿循环保持着稳定的状态, 并且质量变化率都较小, 在 7 d 到 90 d 龄期中呈先增后减的趋势, 最大值出现在 28 d 龄期时, 而后期的 60 d 龄期和 90 d 龄期时有相近的质量变化率, 均保持在 2.0% 左右。从体积和质量的变化情况可看出, 钢渣粉的存在使改良后的膨胀土抵抗干湿循环的水分侵蚀和溶解作用的能力更强。

与体积变化率的情况相似, Es-SSP-C-N 和 Es-SSP-C 试样的质量变化率小于 Es-C 试样, 不同的是前两者的排序, 试样吸水后的质量增长率以 Es-SSP-C-N 为最小, 尤其是在 60 d 龄期以前, 三类改良土中 Es-SSP-C-N 试样总是比另外两种土体试样具有更高的强度, 在地基土改良中的作用也更大。在上述的体积变化率介绍中, Es-SSP-C-N 试样在干湿循环中体积变化率在逐渐减小, 尤其是 12 次干湿循环后减小速率更是明显增大。质量变化率与之相似, 以吸水后的质量变化率为例, 在 7~90 d 龄期中, Es-SSP-C-N 试样的质量增长率始终随干湿循环次数的增加而减小, 并且从图 5.13 中可以看出, 质量增长率随干湿循环次数的增加而减小的趋势可视为线性变化, 并且减小速率随龄期增长而逐渐增大, 90 d 龄期时达到最大值。

以上现象说明, 对膨胀土试样进行改良后, 试样的质量和体积变化率在干湿循环下都减小了, 表明改良土对干湿循环作用的承受能力有了极大的提升, 三类改良土试样中 Es-SSP-C 试样表现最好, 其体积变化率最小, 并且随干湿循环次数的增加可以保持稳定的状态, 同时其质量变化率也是最稳定的, 因此在改良土进行干湿循环后的体积和质量变化方面, Es-SSP-C 试样表现最优; Es-C 试样则是在抵抗干湿循环产生变形方面表现最差的试样; 而 Es-SSP-C-N 试样由于在水和 NaOH 的作用下受到侵蚀作用而出现表面凹凸不平,甚至表层剥落的现象,因此其质量变化率和体积变化率更多以较大的负值出现,但在次数较少的干湿循环下,其体积变化率和质量变化率更小,可推测在实际工程中受到周边约束时,该改良土体抵抗干湿循环作用的能力更强。

5.3　干湿循环下改良膨胀土无侧限抗压强度分析

5.3.1　干湿循环次数对无侧限抗压强度的影响

1. 不同龄期时无侧限抗压强度(unconfined compression strength,UCS)**的变化**

将达到养护龄期的试样从标准养护箱中取出,进行无侧限抗压强度试验,试验结果如表 5.8 所示。

表 5.8　不同龄期改良土试样的 UCS 值　　　　　　　　（单位:MPa）

改良方案	龄期			
	7 d	28 d	60 d	90 d
Es	0.395			
Es-C	0.886	1.185	1.325	1.513
Es-SSP-C	0.797	1.083	1.216	1.386
Es-SSP-C-N	1.389	1.473	1.703	1.808

纯膨胀土试样的强度与含水率相关,不会随龄期增加而变化,因此在试验中只对 7 d 龄期未改良土试样进行了强度测试以作对比,对 Es-C、Es-SSP-C 和 Es-SSP-C-N 三种试样分别进行了 7 d、28 d、60 d 和 90 d 的标准养护处理。由表 5.8 可知,不同的改良方案取得的 UCS 值有较大的差别,并且随龄期的增加试样强度都表现出不同程度的提升。

图 5.14 是水泥土(Es-C)、钢渣粉-水泥土(Es-SSP-C)和 NaOH-钢渣粉-水泥土(Es-SSP-C-N)试样在达到养护龄期且没有进行干湿循环时的无侧限抗压强度随龄期的变化情况,其中 UCS 增长率[(计算龄期的 UCS－7 d 龄期时的

UCS)÷7 d 龄期的 UCS×100%]是指 28 d、60 d 和 90 d 龄期时的无侧限抗压强度相对 7 d 龄期时的无侧限抗压强度的增长率。

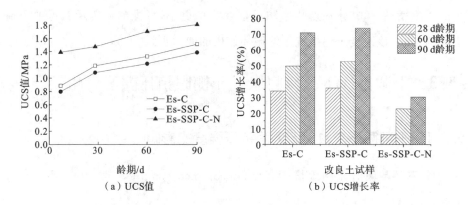

（a）UCS值 　　　　　　（b）UCS增长率

图 5.14　各种改良土试样随龄期变化的 UCS 值及其增长率

由图 5.14 可知,各类改良土试样随龄期的增加其强度都在不断提高,强度排序为 Es-SSP-C-N>Es-C> Es-SSP-C;而且 Es-C 和 Es-SSP-C 试样的强度曲线比较接近,强度相差较小,Es-SSP-C-N 试样的强度远远高于前两者。这说明在正常养护条件下,水泥对膨胀土的改良效果远远优于未激发的钢渣粉,并且混合使用钢渣粉和水泥试样的强度甚至难以达到单独使用水泥试样的强度;但在掺加 NaOH 作为激发剂后,试样强度迅速提升,并超越掺水泥的改良效果,表明钢渣粉单独与水泥使用时则对膨胀土的改良效果不佳,但经过 NaOH 激发后再与水泥同时使用则对膨胀土改良效果最好。水泥和钢渣粉的矿物成分具有很大的相似性,在固化土中都由 C_3S 和 C_2S 等物质水化来提供强度和整体性等工程特性,NaOH 在其中起催化剂的作用,有环境渲染的效果,使水溶液 pH 值升高,为钢渣粉提供碱性环境,加快水化反应的速度,但当水化反应充分时,NaOH 对试样的整体强度提升作用不明显,这是因为 NaOH 的掺入,使得其水化反应处于碱性环境中,钢渣粉中玻璃体的网络结构被破坏,其活性得以提升,开始快速进行水化反应,因此掺了 NaOH 活性激发剂的试样强度较高,但后期随着环境碱度降低,水化反应减慢,因此其整体强度增长较低。在图 5.14(a)中,各类改良土强度排序总是 Es-SSP-C-N>Es-SSP-C>Es-C,这表明在只掺加钢渣粉和水泥而没有激发剂时,两种胶凝材料不能充分反应,甚至影响水泥的水化程度,而在掺加激发剂后钢渣粉和水泥的性能均能充分表现,因此会有 Es-SSP-C-N 试样强度高于另外两种试样强度的现象。

结合图 5.14(a)和(b),发现各类改良土试样在随龄期增加的过程中强度增长速度有所不同,其中 Es-SSP-C 和 Es-C 试样的 UCS 增长率明显高于 Es-SSP-C-N 试样,并且前两者的 UCS 值增长率十分接近,Es-SSP-C 试样比 Es-C 试样高 2~3 个百分点,但由于 Es-SSP-C 试样在 7 d 龄期的强度低于 Es-C 试样,即使在强度提升速度略快的情况下其强度也始终小于后者,表明在对膨胀土改良时,水泥的水化是改良土强度的主要来源,在钢渣粉和水泥混合使用时,钢渣粉和水泥同时水化,速度比单独掺水泥的略快,但早期的劣势导致 Es-SSP-C 试样强度很难追赶上并超越 Es-C 试样;相比前两者,Es-SSP-C-N 试样的 UCS 增长率却很小,尤其从 7 d 龄期到 28 d 龄期,增长率约为 6.1%,相比 Es-SSP-C 试样的 35.8% 和 Es-C 试样的 33.9%,增长率减小了约 83% 和 82%,而且 90 d 龄期强度只增加了 30%,相比 Es-SSP-C 的 74% 和 Es-C 的 70%,增长率减小了约 60% 和 57%,这反映了 Es-SSP-C-N 试样在龄期变化过程中强度的增长幅度没有水泥土和钢渣粉-水泥土的大。由于氢氧化钠在结构中起激发催化的作用,对强度的整体提升作用不明显,因此这种现象的出现是早期强度发展迅速导致的,在总量不变的情况下,早期到达较高的强度水平致使后期的强度增幅较小。Es-SSP-C-N、Es-SSP-C 和 Es-C 试样的 7 d 龄期和 90 d 龄期强度的比值分别是 0.7682、0.5750 和 0.5856,这也反映了氢氧化钠的催化作用。

图 5.15 所示为在干湿循环作用下各类改良土试样 UCS 值随龄期的变化情况。由图 5.15 可知,改良土试样在干湿循环作用下其 UCS 值上下浮动,表示土体受到了干湿循环的影响,但强度随龄期的增加呈持续增大的现象。对比图 5.14(a)和图 5.15 可知,试样强度增长的趋势与干湿循环前相似,龄期带来的强度提升比干湿循环的劣化效应强得多,尤其是早期的折线上升速度较快,强度增长速度与干湿循环前无异,而后期的强度提升却相对平缓了,意味着后期在水化反应充分的情况下,强度也会受到干湿循环劣化效应的影响,但后期的强度总体仍然较高,表明干湿循环无法完全消除龄期带来的强度提升作用。

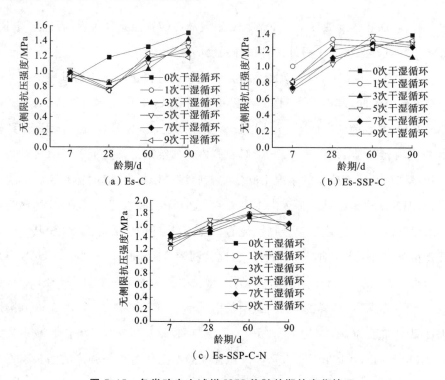

图 5.15　各类改良土试样 UCS 值随龄期的变化情况

2. 干湿循环次数对各类土体 UCS 值的影响

（1）对不同改良方案的影响。

将标准养护后的试样从恒温恒湿养护箱中取出，包裹好纱布之后放于水中（未改良土试样采用引流法），吸水 12 h 后将其取出，用干纱布再次包裹好放于室内，在室温环境下进行干燥，干燥 12 h 后完成 1 次干湿循环，之后对试样进行无侧限抗压强度试验。

图 5.16 是各类改良方案对应试样在各个养护龄期时经历干湿循环后的无侧限抗压强度变化情况，整体来看，各类改良土试样在不同龄期时的强度曲线已经没有了图 5.14 中明显的分层现象，尤其在多次干湿循环之后，试样没有正常养护时强度随龄期增长而逐步增加的现象，各龄期的强度曲线有相互交叉的现象，这是干湿循环后强度变化的结果，是改良土体对干湿循环效应承受能力的表现。

对于未改良土试样，第 1 次干湿循环对强度有突变性的作用，是干湿循环

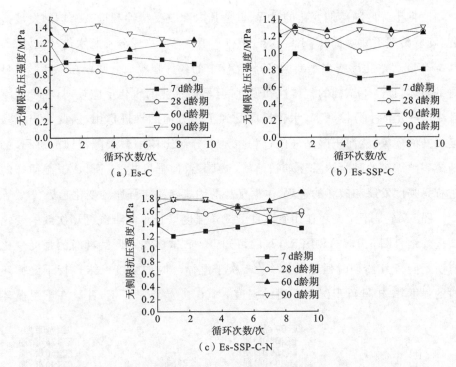

图 5.16　不同改良方案试样在各龄期随干湿循环次数变化的 UCS 值

对土体破坏最大的时候。对于改良土试样,第 1 次干湿循环时,Es-C 试样除 7 d 龄期时强度略有上升外,其他龄期强度纷纷下降,而另两种试样则大多保持平稳或上升状态;在之后的多次干湿循环中,Es-C 试样强度多呈持续降低趋势,Es-SSP-C 试样强度下降后又回升,Es-SSP-C-N 试样则大体有持续上升的趋势。这些现象表明,三种改良土试样对干湿循环作用的承受能力有所不同,其中 Es-SSP-C-N 和 Es-SSP-C 试样更具优势。

　　干湿循环对未改良土试样的破坏是明显的,这是裂隙不断发展带来的强度劣化现象,同膨胀土中的重力水渗透、毛细水迁移、离子交换[50]等水分迁移过程一样,固化土在水中浸泡时的吸水过程也经历了同样的水分迁移过程,水分填充固化土孔隙或毛细孔,然后在干燥时通过这些孔隙又挥发排出,反复操作使固化土中孔隙周边的结构遭到破坏,孔隙逐渐扩大,从而导致强度劣化,并且强度的劣化也是从外到内的过程。因此,在干湿循环过程中试样的表面首先受到影响,出现软化甚至掉落的现象,然后逐渐向深处蔓延。

改良土强度随龄期变化的过程,也是其内部胶凝特性和框架结构的发展过程,随着龄期不断增加,C_2S、C_3S、C_3A 和 C_4AF 等矿物成分不断水化,$Ca(OH)_2$ 和 C-S-H 等水化产物也不断增多,将土体中的各种颗粒成分联结在一起形成良好的整体,提高了试样的整体性和强度,但早期水泥的水化反应较弱,在干湿循环中与充足的水分接触下,水化反应受到了正方向的推进作用,因此会出现强度提升的现象,然而干湿循环的过程也是水分对土体中微裂隙侵蚀的过程,会造成裂隙周围的胶凝体系逐渐被溶解、破坏,致使强度损失,所以,干湿循环的过程是强度发展和破坏的过程,占据优势的因素将决定强度的变化趋势。

图 5.17 是干湿循环作用下改良土试样强度增长率随干湿循环次数的变化情况。结合图 5.16(a) 和图 5.17(a) 可知,Es-C 试样在不同龄期时的强度变化有所不同,7 d 龄期时强度增长率[(n 次干湿循环时的强度－未进行干湿循环时的强度)÷未进行干湿循环时的强度×100%]始终是正值,并且在干湿循环

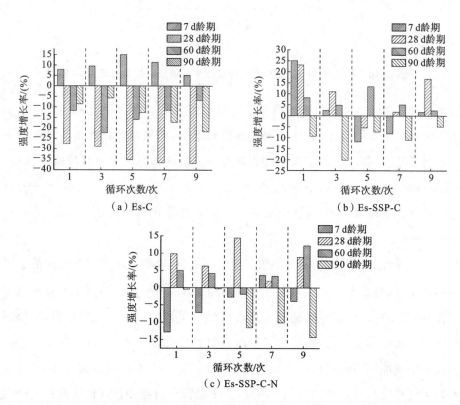

图 5.17 干湿循环作用下改良土试样强度增长率随干湿循环次数的变化情况

的作用下强度先增加后减小,转折点是第 5 次干湿循环;28 d 龄期时的强度在 1 次干湿循环时出现大幅降低,降低幅度约 27%,降幅为各龄期之最,之后的多次干湿循环中强度也有一定程度的降低,但降低幅度大大减小,到第 5 次干湿循环时基本达到稳定状态;60 d 龄期和 90 d 龄期时的强度增长率始终是负值,意味着干湿循环后强度总是小于初始值,其中 60 d 龄期时强度在降低后又有所提升,转折点是第 3 次干湿循环,90 d 龄期时强度则大体呈降低趋势。由此可见,早期水化反应不充分,胶凝材料的水化作用占据主导地位,后期胶凝材料水化反应比较充分,在 1 次干湿循环时水填充微裂隙,周边都是水化产物,强度无法继续增加,但随着裂隙的发展,胶凝体中未水化部分得到了与水进一步接触的机会,因此会有强度再提升的现象;90 d 龄期时水泥水化反应已经十分充分,很难出现随干湿循环次数增加而强度再提升的现象,但此时结构整体性和密实性也比前三个龄期强,因此强度折损率更小。

结合图 5.16(b)和图 5.17(b),Es-SSP-C 试样在干湿循环作用下强度多呈现先降低后上升的变化趋势,尤其以早期的 7 d 龄期和 28 d 龄期最具代表性,并且都以第 5 次干湿循环为转折点,其中 7 d 龄期的强度降低幅度最大为 11%,28 d 龄期时为 5%。钢渣粉的存在对水泥土抵抗干湿循环侵蚀有益,钢渣粉的颗粒直径比水泥大,在土体中形成的微观孔隙较多,导致试样在其水化程度不高的情况下强度略低,然而这些孔隙的存在也为干湿循环中水与胶凝材料的进一步接触提供了通道,可以使水化反应因素占据主导地位,因此试样强度会在多次干湿循环后再次提升,但钢渣粉的活性低造成水化反应慢,导致钢渣粉-水泥土整体强度始终比水泥土低。钢渣粉-水泥土 60 d 龄期的强度增长率都是正值,但却在第 5 次干湿循环后强度逐渐降低,表示在该龄期时,胶凝材料水化已经较为充分,结构的密实性有了很大的提高,试样对干湿循环作用的承受能力有所提升,但是在多次湿胀干缩的作用下强度也会受到影响;90 d 龄期的强度开始有所降低后又回升并保持在稳定的状态,稳定状态的强度与 60 d 龄期时比较接近,甚至略小于后者,表示试样在随龄期增大的过程中,胶凝材料不断消耗,水化反应接近完全,不再有强度回升的现象,但结构的整体性和密实性都有很好的基础,因此在干湿循环的作用下也能保持相对稳定的状态。

结合图 5.16(c)和图 5.17(c),Es-SSP-C-N 试样的强度整体高于 Es-C 和

Es-SSP-C 试样,这是由于碱性激发剂的存在,对钢渣粉中玻璃体结构造成破坏,为其水化反应的进行提供了便利的条件,同时使胶凝材料中的 SiO_2 和 Al_2O_3 等活性物质反应生成水化硅酸钙和铝酸钙等,促进水化反应的进行。一方面,早期在激发剂的促进下,Es-SSP-C-N 试样中的水化反应远远快于 Es-SSP-C 和 Es-C 试样,其早期强度提升速度更快,7 d 龄期的强度就可以达到 Es-C 试样 28 d 龄期甚至 60 d 龄期的强度,并且在干湿循环中强度的变化率也相对较小;另一方面,NaOH 作为激发剂,对胶凝材料的化学反应速度和反应程度有益,但却不能增加总体反应产生的水化产物的量,因此后期强度增长率反而有所下降,但在结构更加密实的情况下,Es-SSP-C-N 试样对干湿循环作用的承受能力也较好。

整体来讲,无论是强度的提升还是对干湿循环作用的抵抗性,Es-SSP-C-N 试样都具有最好的表现;对于 Es-SSP-C 和 Es-C 试样,强度方面是 Es-C 试样更占优势,但是在对干湿循环的抵抗性上 Es-SSP-C 试样表现更好。

（2）对不同养护龄期的影响。

在没有干湿循环时,各类改良土的强度较之未改良土均有明显的提升,三种方案得到的改良土强度（7 d 龄期）分别达到了 0.886 MPa、0.797 MPa 和 1.389 MPa,相比未改良土分别提高了 124%、102% 和 252%。可见,水泥作为常见有效的胶凝材料,对膨胀土强度的提升具有明显的作用;混掺钢渣粉和水泥对膨胀土强度同样具有提高的作用,但相较于单掺水泥效果反而较差,这是钢渣粉自身活性低导致的;在钢渣粉-水泥土中掺加激发剂后土体强度明显超越单掺水泥时的强度,激发后强度提升幅度为 74%,相比单掺水泥时也提高了 57%,表明改良方案在正常养护中强度提升效果显著。同时,在干湿循环的环境下,各类改良土也具有纯膨胀土难以企及的强度。

图 5.18 是四个养护龄期时各类改良土在干湿循环次数增加条件下无侧限抗压强度变化情况,可见在四个龄期下各类改良土受到干湿循环作用强度会有上下起伏的变化,但总体上 Es-SSP-C-N 试样强度终始最大,这表明改良方案在抵抗干湿循环作用方面具有一定的优越性。

由图 5.18(a)、(b)、(c)和(d)四图可知,无论在干湿循环作用下各类改良土试样的强度变化趋势如何,相比于未改良土都有极为突出的优化效果。由图 5.14

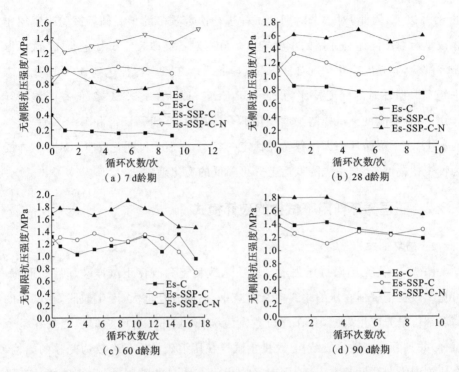

图 5.18　不同养护龄期下各改良方案试样随干湿循环次数变化的 UCS 值

可知,改良土试样的强度随着龄期增长而逐渐增大,可用 7 d 龄期的强度为例进行改良效果的对比说明。未改良土试样是由纯膨胀土进行压实加工制成的,与掺加了胶凝材料的改良土试样形成对照。由图 5.18(a)可知,未改良土试样的强度较低,在不进行干湿循环时,强度为 0.395 MPa,经干湿循环后强度降低,尤其在第 1 次干湿循环后,强度降低至 0.19 MPa,降低幅度达到 51.8%,在之后连续的干湿循环中,强度呈现出持续降低的趋势,但降低的幅度较小,曲线下降得较为缓慢,基本呈现稳定的状态。因此在试验条件下,未改良土试样的无侧限抗压强度值在第 2 次干湿循环后即可达到稳定值,稳定时的强度约为0.16 MPa,是初始强度的 41%。由此可见,在干湿循环作用下膨胀土强度出现剧烈变化,是工程中需要解决的重要问题之一。膨胀土试样经过改良形成 Es-C、Es-SSP-C 和 Es-SSP-C-N 试样,在强度上均有大幅度的提升,并且改良效果排序为 Es-SSP-C-N> Es-C>Es-SSP-C。

　　改良土试样养护 60 d 时,水化反应进行得比较充分,试样强度达 90 d 龄期的 87％以上,因此,对这个时期的试样进行次数较多的干湿循环试验来观察土体改良后对干湿循环作用的承受能力。分别对各类改良土试样进行 17 次干湿循环试验,其强度变化情况如图 5.18(c)所示。在正常养护达到 60 d 时试样未进行干湿循环时的强度排序为 Es-SSP-C-N＞Es-C＞Es-SSP-C,但在干湿循环作用下,各类改良土试样的强度变化不一。其中 Es-SSP-C-N 和 Es-SSP-C 试样在前 13 次干湿循环中大体保持在稳定的状态,之后强度明显降低;Es-C 试样的强度变化幅度较大,呈先降低后上升再降低的变化趋势。

5.3.2 干湿循环作用下试样的破坏模式

1. 破坏形态

图 5.19 为无侧限抗压强度试验中未改良土和改良土试样破坏后的形态。可见未改良土试样在压缩中纵向高度减小,横向直径增大,产生鼓胀,在试样的薄弱部位最先产生裂缝,并在此位置发生破坏,破坏处有明显的裂缝贯穿整个试样,并且颗粒松散难成结构;改良土试样在压缩破坏后仍有较为完整的结构,在压缩中纵向高度基本不变,同时径向也没有明显的鼓胀,因此其破坏具有脆性特征。从试样破坏后的外貌来看,改良土试样的破坏是剪切破坏,破坏产生的破裂带从试样的薄弱端向另一端延伸,裂隙呈大于或等于 60°分布。对两者破坏过程的分析可结合应力-应变曲线来完成。

（a）未改良土　　　　　　　　　　（b）改良土

图 5.19　无侧限抗压强度试验中破坏后的未改良土和改良土试样

2. 应力-应变曲线

各类土体试样在无侧限抗压强度试验后不仅可得到抗压强度的变化情况,

同时也能得到压缩过程中的应力-应变曲线,具体如图 5.20 所示。

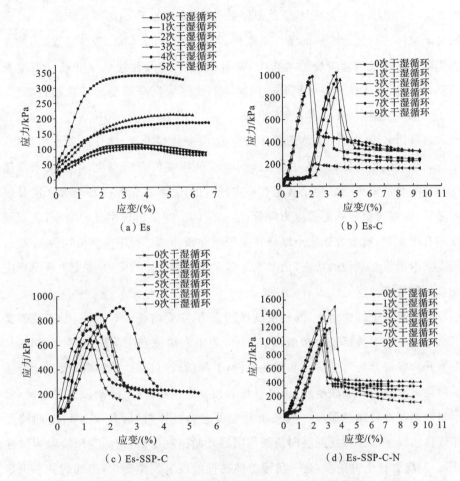

图 5.20　7 d 龄期时各类土试样的应力-应变曲线图

图 5.20 是 7 d 龄期时各类土试样经历不同次数的干湿循环后,在无侧限抗压强度试验中得到的应力-应变曲线图,从抗压强度上来说,各类改良土试样均有十分优异的表现,其中以 Es-SSP-C-N 试样的表现最优。

从应力-应变曲线的整体走势上来看,改良土和未改良土试样有很明显的区别,即未改良土试样的应力-应变关系趋势表现为应变硬化型,而改良土试样则以应变软化型为主,这是土体软硬程度的一个表现,也是其整体性和密实度的体现。在塑性理论中,应力应变现象有应变硬化和应变软化之分,应变软化过程实际上是一种不稳定的过程,有时伴随着应力的局部化——剪切带的产生而出现,其应力-应变曲线对一些影响因素比较敏感,一般应变软化的数学模型比较复杂,应力、应变之间不呈单值函数关系,难以准确表达。在膨胀土中,未改良土试样在最优含水率的条件下制作,具有合适的含水量,塑性极强,因此在无侧限抗压强度试验中变形量很大,并且其应力-应变曲线呈应变硬化型增长趋势;而改良土试样在强度提升的同时也丧失了大部分可变形特性,因此其应力-应变曲线表现为明显的应变软化型。

通过比较不同循环次数后试样的应力-应变曲线发现,弹性阶段有所缩短,塑性屈服阶段相对延长;应力值下降时对应的应变值有所变化,第 1 次干湿循环时其应变值未有明显变化甚至有一定程度的增大,在干湿循环至第 3 次及以上之后,即进入稳定状态后应力降低,所对应的应变值出现明显的减小;应变硬化率有所变化,初始纯膨胀土试样在受到压缩破坏的过程中应变值约为 2.2%,强度基本保持在平稳的状态,而 3 次干湿循环之后试样的应力-应变关系出现应变软化的特点。

与未改良土试样相比,改良土试样的应力-应变曲线大有不同,但三类改良土试样的曲线走势都较为相似,大体可分为上升阶段和下降阶段两个部分,其中上升阶段可分为弹性阶段和塑性阶段,下降阶段可以分为破坏阶段和残余强度阶段。上升阶段曲线越陡,说明材料的初始模量越大,下降阶段曲线越陡,表示材料的脆性破坏越明显。改良土是非理想弹性体材料,其应力-应变曲线是非线性曲线。试样在受到竖向荷载作用后开始出现变形,初始变形阶段为弹性变形,对应弹性上升阶段,这一阶段土体的性能没有发生变化,出现的变形也是可恢复变形,但是在压力作用下土体内部微裂隙逐渐发展,待应力值达到 $0.8q_u$ 左右时,试样内部裂隙已有较大程度的发育,甚至有部分裂隙贯通,强度增长受到影响;之后应力增长速度逐渐减小,试样呈现塑性变形,进入塑性上升阶段;在强度达到峰值后试样内多数裂隙贯通,形成破裂面,并沿着破裂面开始加剧变形,应力-应变曲线开始快速下降,视为破坏阶段;最终应力值下降至稳定值,达到残余强度,为残余强度阶段。

试样在经过屈服滑移之后,材料要继续发生变形则必须增大应力,这一阶段材料抵抗变形的能力得到提高,通常称为强化阶段,这一物理现象称为应变硬化。膨胀土在适当的含水率下纵向受到压力而变形时,径向也发生鼓胀变形,整体体积减小,土体颗粒间间距减小,因此其应力的提升仍需要通过增加压力来实现。在经历初期大约 1.5% 的应变变形后,试样的破坏脱离弹性阶段,进入塑性阶段,并很快进入破坏阶段而产生了屈服滑移,意味着试样已经产生破坏,但在压实强化作用下,材料的应变增加也需要更大的应力支持,此时塑性阶段的应力增长速率急剧减小,当压实作用无法阻止滑移面发展时,应力开始随应变的增加而减小。纯膨胀土试样的破坏呈现应变硬化型,主要是可压缩性较大、密实性欠缺和整体性较差导致的。一方面,未改良土试样土颗粒的粒径相对较大,间距也大,因此土颗粒之间能形成的力较小,从而使土体的可压缩性更强,在受力过程中土颗粒不断被压缩靠近,所以土体应力值会随着压缩过程不断增大,但土体的框架结构被破坏,因此在应变量达到一定值之后强度也会逐渐降低,这是破裂面发展的结果;另一方面,土体颗粒较为松散,土的抗剪强度可以认为由颗粒间的内摩阻力以及由胶结物和束缚水膜的分子引力所形成的黏聚力所组成,当膨胀土含水率较小时,其黏土颗粒的水膜较薄,颗粒间距小,土体的体积小,密实度大,在干燥环境下强度大,但在含水量较大时,土颗粒的水膜较厚,土体的体积大,密实度大大降低,导致土体强度迅速下降。因此在最优含水率的条件下,土体表现出较强的可压缩性。

5.3.3　干湿循环次数对破坏应变的影响

各类土体在随龄期变化的过程中,除强度峰值变化外,破坏应变和残余强度都有较大的差异。土是由破碎的固体颗粒组成的,其宏观上的变形主要不是由颗粒本身的变形带来的,而是由颗粒间的位置变化导致的,在不同应力水平下由相同的应力增量带来的应变增量就会不同,即形成非线性的应力-应变特性。改良土在胶凝材料的作用下,颗粒之间的位移受到较大的限制,因此其宏观强度提高,但其密实性的提高导致材料的可压缩性大大降低,所以其破坏应变相对较小。

破坏应变(ε_f)是改良土应力-应变关系中与极限抗压强度 q_u 对应的应变值[51]。提取不同干湿循环次数下各类土体试样应力-应变曲线的破坏应变,结果如表 5.9 所示。

压缩变形中的破坏应变是反映材料脆性和韧性程度的指标,改良土在干湿循环作用下不仅强度发生变化,脆性和韧性也会出现变化。由表 5.9 可发现,不同的改良土试样在压缩破坏的过程中,对应的破坏应变有不同的变化情况。其中,Es-SSP-C-N 试样在各个龄期中随干湿循环次数的增加其破坏应变变化量较小,尤其在前几次的干湿循环中破坏应变会有所增大,表明塑性有所提升,而且在 7 d、28 d、60 d 龄期的多组数据中少有破坏应变减小的现象,而在 90 d 龄期时多次干湿循环下出现了韧性降低的现象;相比之下,Es-SSP-C 试样的破坏应变在早期随干湿循环次数增加会有明显的先增大后减小的趋势,也就是说在多次干湿循环之后,韧性会有所下降,但在后期的数据中却能保持较为稳定的

表 5.9　各类改良土试样在无侧限抗压强度试验中的破坏应变　　（单位:%）

循环次数/次	7 d 龄期			28 d 龄期		
	Es-C	Es-SSP-C	Es-SSP-C-N	Es-C	Es-SSP-C	Es-SSP-C-N
0	3.17	1.53	3.17	2.80	3.17	2.43
1	3.73	2.37	3.17	3.36	3.73	2.99
3	3.98	1.67	2.43	1.66	3.54	2.99
5	3.73	1.11	2.61	1.96	1.74	3.36
7	2.05	1.25	2.80	2.49	2.05	2.24
9	1.86	1.25	2.80		2.05	2.80

循环次数/次	60 d 龄期			90 d 龄期		
	Es-C	Es-SSP-C	Es-SSP-C-N	Es-C	Es-SSP-C	Es-SSP-C-N
0	4.27	2.24	2.99	3.98	2.05	3.98
1	2.99	2.05	2.80	2.05	2.24	4.48
3	3.80	2.24	3.36	3.98	1.54	4.73
5	1.37	2.43	3.36	2.61	1.78	2.61
7	2.24	2.24	2.99	3.36	1.78	2.49
9	2.05	2.24	3.36	3.54	1.96	1.96
11	2.42	3.36	3.39			
13	2.24	2.80	3.45			
15	2.43	2.43	3.52			
17	6.97	1.66	3.59			

状态,意味着后期抵抗干湿循环能力略有提升;Es-C 试样的破坏应变变化量最大,并且多是在少数几次干湿循环后有降低的现象。总体来说,在四个养护龄期中,三类改良土在 60 d 龄期时破坏应变都处于较为稳定的状态,随干湿循环次数增加的变化不大,其中变化量最大的当属 Es-C 试样,其他龄期时其破坏应变变化量也相对较大。

在龄期增加的过程中,三种改良土试样的破坏应变都有一定程度的增大,其中 Es-C 试样的增量最大,其次是 Es-SSP-C-N 试样,最后是 Es-SSP-C 试样。由表 5.9 可知,三类改良土试样在前几次干湿循环中,破坏应变都有所增大,然后在之后的多次循环中又有不同程度的降低,其中 Es-SSP-C-N 和 Es-SSP-C 试样相比于 Es-C 试样较为稳定,并且龄期在其中的作用不大;而 Es-C 试样在后面多次干湿循环中的破坏应变则跟随龄期发生的变化很大,尤其是 90 d 龄期时最为突出。整体来看,相比于混合使用钢渣粉和水泥,单掺水泥改良效果较好,不仅在强度上提升较大,同时在干湿循环作用下材料的变形能力尤其是后期的变形韧性没有受到极大的损坏;而在钢渣粉和水泥中掺加激发剂后,材料的强度不仅得到了最大的提升,同时塑性变形能力也表现较好,相比于单掺水泥更为突出。

Es-SSP-C 试样相比于另外两种试样,破坏应变的变化量较小,意味着由于钢渣粉的存在,试样在干湿循环中可以更好地保持土体的变形能力,Es-SSP-C-N 和 Es-C 试样在各个龄期下随干湿循环次数的增加破坏应变变化较大,表明按胶凝材料水化程度高和速度快的改良方案制成的试样,虽然在一定的龄期下密实度更大,但在强度提升的同时也牺牲了一部分应变能力,并且在干湿循环的作用下,水不断侵蚀溶解试样中的微溶物,使结构松散化,对其破坏应变的影响也更加明显。而 Es-SSP-C 试样结构密实性较差,在水的作用下反而受到的影响更小。

改良土体是由膨胀土颗粒、水化产物和未水化的胶凝材料构成的。在颗粒直径上,膨胀土体和胶凝材料也有很大的差别,在混合后不同粒径的颗粒相互填充孔隙,使材料在密实度上有很大的改善。另外,膨胀土是对水十分敏感的特殊土体,在水的作用下,土中的黏土颗粒会有活跃的变化,导致土体的体积和强度均有很大的变化。改良土对水的敏感性大大降低,一是因为膨胀土体与胶凝材料的混合相当于降低了土体中黏性颗粒的含量,导致改良土对水的敏感性降低;二是因为胶凝材料与土体之间的相互填充使膨胀土颗粒与水的接触机会减少;三是因为胶凝材料是水硬性材料,在水的作用下会发生水化反应,生成的水化产物具有很好的胶凝性质,对改良土中的膨胀土颗粒和未水化的胶凝材料等物质进行胶结聚合,使土体中的各种物质凝聚成一个整体,不仅大大改善了结构的整体性,也使得密实性得到进一步的改良,同时水化产物对膨胀土颗粒还起到了保护的作用,进一步阻止了水分与土中活跃的黏性颗粒的接触,因此改良土对干湿循环作用的承受能力有了大大的提升。水泥和钢渣粉材料形成的水化产物使土中颗粒形成凝聚体,在稳固性和硬度上的表现都十分优异,同时也形成了新的框架结构以承受荷载,因此改良土强度也得到了明显的改善。

5.3.4 干湿循环次数对残余强度的影响

残余强度阶段是应力-应变曲线中的最后一个阶段,残余强度也是一个重要的强度指标。试样在压缩过程中分阶段发生变形,性能也分阶段有不同的表现。在弹性变形阶段,即应力-应变曲线初始上升阶段,试样应力值上升速度很快,并呈线性变化,是材料承受能力的主要组成部分,这一阶段试样变形量相对较小,是可恢复的弹性变形;之后土体发生塑性变形,是不可恢复的,也是试样最终破坏的原因,应力-应变曲线中上升阶段的塑性变形是试样性能不断变弱并产生屈服的阶段,这个阶段中试样受到纵向荷载作用,结构内原本存在的微裂隙等较薄弱的部分会产生应力集中,导致裂隙结构进一步发展,甚至产生新的裂隙,并且裂隙间相互贯通形成滑移带,意味着试样的破坏;试样屈服后,应力下降并逐渐进入残余强度阶段,这个时候试样的强度主要取决于滑裂面上的摩擦力,黏聚力的作用很小。

图 5.21 为干湿循环作用下各类改良土试样残余强度随龄期的变化情况。从图 5.21 可以看出,不同方案的改良土试样在破坏后能够保持的强度水平不同,总体上各改良土试样的残余强度排序为 Es-SSP-C-N>Es-SSP-C>Es-C,并且在龄期不断增大过程中,大部分试样的强度在提升,同时对应的屈服后残余强度值也在增大,这是在龄期增大的过程中,胶凝材料不断水化带来的效果。$C-S-H$、$Ca_2(Al,Fe)O_5$ 和 $C-A-H$ 等水化产物具有胶凝特性,使土体内土颗粒与未水化的胶凝材料等物质胶结在一起,形成直径更大的团聚体,并且团聚体之

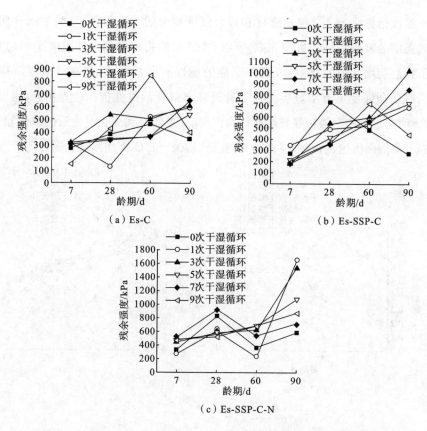

图 5.21　干湿循环作用下各类改良土试样残余强度随龄期的变化情况

间也相互胶结,因此在改良土中,胶凝材料的存在以及随龄期不断发展的水化反应,使土体中的各种松散颗粒和团聚体很好地胶结在一起,使试样的黏聚力大大提升,同时团聚体间的错位也更加困难,即摩擦阻力提升。因此,试样受压变形屈服后发展到残余强度阶段时,土体的摩擦阻力更大,所以残余强度值也会在随龄期增长而增大。另外,随干湿循环次数的增加,改良土试样的残余强度在早期以减小为主,但在后期则是以增大为主,引用脆性指标 I_B[52,53] 进行分析研究,表达式为

$$I_B = (q_f - q_r)/q_f \tag{5.1}$$

式中　I_B——脆性指标;

　　　q_f——峰值强度,kPa;

　　　q_r——残余强度,kPa。

　　脆性指标是与土体峰值强度和残余强度相关的一个指标,反映了试样屈服之后强度的衰减特性。由图 5.22 可以看出,脆性指标龄期总体呈减小的趋势,表示在龄期增大的过程中,改良土试样的脆性有所减弱,后期在峰值强度提升的同时残余强度也有明显提升。三种改良土试样的脆性指标较为相近,相差不大,表明在水泥和钢渣粉等胶凝材料的作用下,土体得到固化改良后的脆性相近,也表示峰值强度越大,残余强度越大,且仍以 Es-SSP-C-N 试样的表现最优。

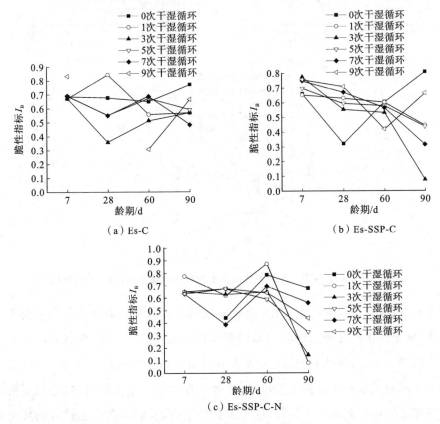

图 5.22　干湿循环作用下各类改良土试样脆性指标变化情况

　　残余强度与脆性指标在干湿循环作用下的变化情况与强度等特性一样,呈现出上下起伏的波动,变化幅度较大,而且规律性较弱,但通过对比发现,三种改良土试样的共同特点是后期试样随干湿循环次数的增加残余强度起伏更大,早期相对较为平缓,其中 Es-C 试样在早期的变化幅度最大,Es-SSP-C-N 和 Es-SSP-C 试样相对较小,而在后期,尤其在 90 d 龄期时,三类改良土试样的残余强度变化都较大,体现出水化反应在抵抗干湿循环侵蚀中的作用,早期的水化反应不充分反而对改良土试样的稳定性有利;另外,各改良土试样的脆性指标随干湿循环次数的变化趋势与残余强度的相似,都是从早期的增大趋势到后期的减小趋势,这也是水化反应的作用,早期干湿循环提供充足的水,为未水化胶凝材料的进一步水化提供助力,使土体具有更好的固化效果,稳定性更强,但土体也牺牲了部分的塑性特性,到后期水化反应充分,干湿循环促进水化的作用较弱,而侵蚀作用使土体的稳定性受到影响,但干湿循环使脆性指标减小对预防改良土突发性破坏更有利。

以上对四种土体在无侧限抗压强度试验中表现的力学特性进行了分析,重点分析了龄期和干湿循环次数对未改良土和改良土试样的破坏模式、无侧限抗压强度、破坏应变和残余强度等的影响,可得到以下结论:

(1)三种改良方案对膨胀土的无侧限抗压强度都有巨大的提升,并且随龄期增大,改良土试样强度持续上升,在提升速度方面 Es-SSP-C-N 试样略低于另外两者,但在整体强度值方面始终是 Es-SSP-C-N＞Es-C＞Es-SSP-C,表明钢渣粉在膨胀土改良中效果劣于水泥,但用 NaOH 激发其活性后试样强度有大幅度提升。

(2)随干湿循环次数的增加,未改良土试样强度出现大幅度降低,尤其是初次干湿循环时,降低幅度达 51.8%,并从第 3 次干湿循环开始趋向稳定;随干湿循环次数增加,改良土试样强度变化都有起伏。Es-C 试样从早期的先增大后减小逐渐发展为后期的先减小后上升和持续减小,表现了水化反应逐渐充分发生的过程;Es-SSP-C 试样多是保持先降低后上升,这是受到干湿循环侵蚀后未水化胶凝物质再水化的结果,也表明钢渣粉的活性较低;Es-SSP-C-N 试样强度最大,但也在 60 d 龄期之后随干湿循环出现强度降低,尤其在第 13 次循环后降低明显。

(3)在破坏模式上,未改良土试样表现为应变硬化型的塑性破坏,改良土试样则是应变软化型的脆性破坏,表示土体在强度提升的同时牺牲了部分塑性。改良土试样的破坏应变随干湿循环次数增加从早期的先增大后减小逐渐变化为后期的保持稳定,尤其是 60 d 龄期时破坏应变随干湿循环变化最小;而残余强度随龄期有先增后减再增的变化,总体呈增大趋势,表明脆性指标在降低,同时随干湿循环次数的增加,有从早期的脆性指标增大到后期的脆性指标减小的变化。

5.4 干湿循环下改良膨胀土三轴压缩试验

三轴压缩试验是指有侧限压缩和剪力试验。三轴剪力仪的核心部分是三轴压力室,并配备有轴压系统、侧压系统和孔隙水压力测读系统等。试验用的土样为圆柱形,其高度与直径之比为2.05。试验中将试样用薄橡皮膜包裹,使土样的孔隙水与膜外液体(水)完全隔开,在给定的三轴压力室周围压力作用下,不断加大轴向附加压力,直至试样被剪破,最后按照莫尔强度理论计算剪破面上的法向应力与极限剪切应力。三轴压缩试验可以确定土体的抗剪强度指标——内摩擦角(φ)和黏结力(c)。

三轴压缩试验采用不固结不排水(UU)剪试验,先对土样施加横向压力或周围压力 σ_3,随后立即施加竖向力 P 直至土样被剪坏,在施加 σ_3 和 P 的过程中,自始至终关闭排水阀门,不允许土中水排出,这样从开始加压直至试样剪坏全过程,土样含水量保持不变,从而实现了不固结不排水剪。试验中,分别对纯膨胀土(Es)试样进行了 50 kPa、100 kPa 和 200 kPa 三个围压等级的三轴压缩试验,对水泥土(Es-C)试样、钢渣粉-水泥土(Es-SSP-C)试样和 NaOH-钢渣粉-水泥土(Es-SSP-C-N)试样进行了 100 kPa、200 kPa 和 300 kPa 三个围压等级的三轴压缩试验。

5.4.1 三轴压缩试验中试样的破坏模式

1. 破坏形态

图 5.23 展示了三轴压缩试验中未改良土和改良土试样破坏时的形态,未改良土试样破坏时为矮粗状圆柱体,除低围压时有隐约可见的破裂带,其他试样表面没有任何裂缝存在,充分体现出未改良土试样作为塑性材料的变形特性,周围压力的存在有效束缚了土体,试样的破坏没有明显的界线;而改良土试样的破坏却有典型的标志——有整齐的滑移带出现,滑裂面与竖向呈 60°分布,试样的破坏更具有规律性,并符合莫尔-库仑强度理论。下面结合应力-应变曲

线进一步分析两者之间的不同以及干湿循环等作用的影响。

（a）未改良土　　　　　　　　　　（b）改良土

图 5.23 三轴压缩试验中破坏后的试样

2. 应力-应变曲线

（1）7 d 龄期时各类土体的应力-应变关系。

图 5.24 是未改良土试样在不同次数的干湿循环下经过三轴压缩试验得到的应力-应变曲线,可见曲线整体走势为应变硬化型,应变硬化型曲线主要可分为三个阶段,分别是快速上升阶段、过渡阶段和缓慢上升阶段,快速上升阶段是试样本身承受能力的体现,过渡阶段是土体逐渐破坏,并逐渐丧失承受能力的阶段。未改良土试样是一种塑性材料,在压缩过程中土体从竖向不断被压密,横向变形增大,因此试验的过程既是压缩破坏的过程,也是土体纵向压密的过程,所以土样在承受能力达到极限时应力仍缓慢上升。

由图 5.24 可知,随干湿循环次数增加,快速上升阶段对应的曲线斜率有所减小,试验中土体的抗剪强度随着干湿循环次数的增加而逐渐减小,然而快速上升阶段到过渡阶段转折处对应的应变值没有减小,甚至有一定的增大,因此曲线斜率会有肉眼可见的减小;另外,随干湿循环次数增加,应力-应变曲线在快速上升阶段出现了一段应变增大而应力不变的水平线,并且随干湿循环次数的增加此阶段有所延长,在 4 次干湿循环时达到稳定状态,这是由于未改良土试样中存在较多的黏土颗粒,对水的敏感性极高,在干湿循环的反复作用下,土体经历多次湿胀干缩的体积变化,内部存在的裂隙不断发展并呈不可恢复的增大趋势,即使在干燥的过程中土体会再次回缩,裂隙有一定的减小,但整体结构趋于松散仍是必然的结果,因此在多次干湿循环后土体在受到压缩时不仅强度有极大的降低,同时在最初受到压力时,压力更多使土体松散结构中的裂隙压密,因此试样的变形量增大,而此时应力增值却很小,曲线呈水平走势,这也从

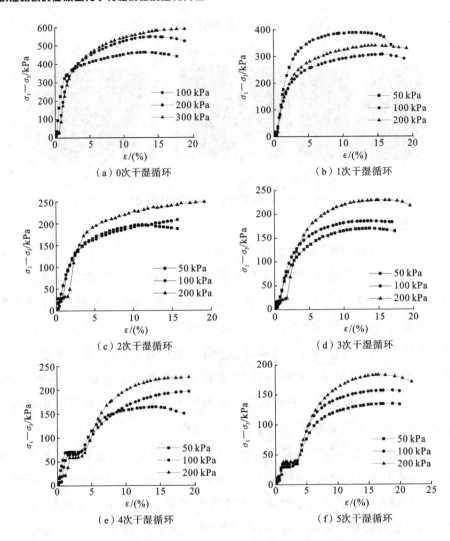

图 5.24 未改良土试样在不同干湿循环次数下的应力-应变曲线

侧面反映了膨胀土在干湿循环作用下土体体积变化带来的结构劣化效应。

在不同的干湿循环次数下,应力-应变曲线随围压有相同的变化趋势,首先抗剪强度值随围压的增大而增大,尤其在干湿循环作用后,相同围压差之间的峰值强度差值更大,显然干湿循环造成土体强度整体降低,同时可以看出随着干湿循环次数的增加,不同围压对应的应力-应变曲线分层更加明显;其次各图中在缓慢上升阶段曲线的斜率也是随围压的增大而有所增加,表明在较大的围压作用下,土体有更强变形能力的同时,也具有更高的屈服后承受荷载的能力,

128

这是因为围压大时土体受到更强的侧向约束,在纵向荷载的作用下,纵向变形使密实度提升,而横向变形小,释放的压力较小,从而具有更强的后期变形能力。

图 5.25、图 5.26 和图 5.27 是 7 d 龄期时,不同改良土试样经过不同次数

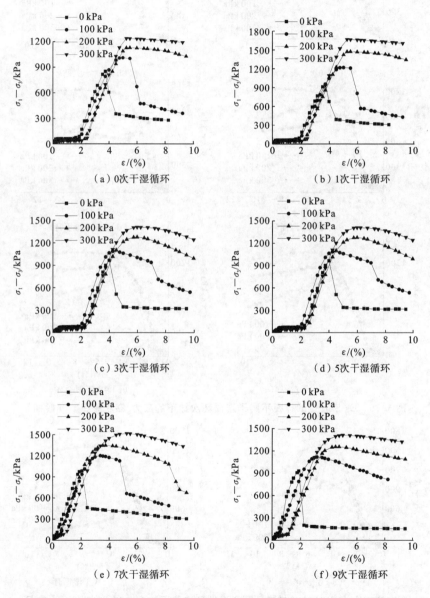

图 5.25   Es-C 试样在不同干湿循环次数下的应力-应变曲线(7 d 龄期)

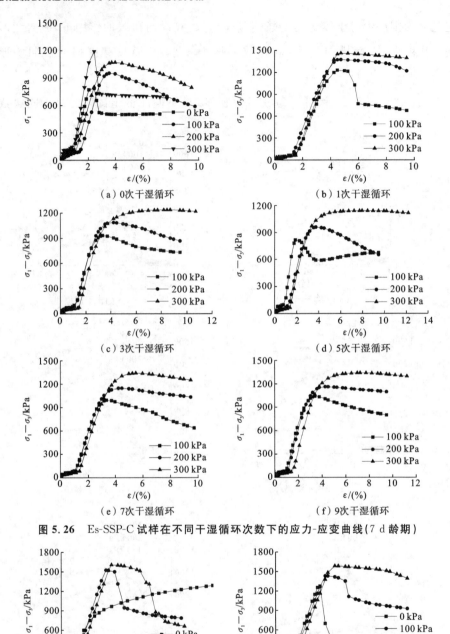

图 5.26　Es-SSP-C 试样在不同干湿循环次数下的应力-应变曲线(7 d 龄期)

（a）0次干湿循环　　　　　（b）1次干湿循环

图 5.27　Es-SSP-C-N 试样在不同干湿循环次数下的应力-应变曲线(7 d 龄期)

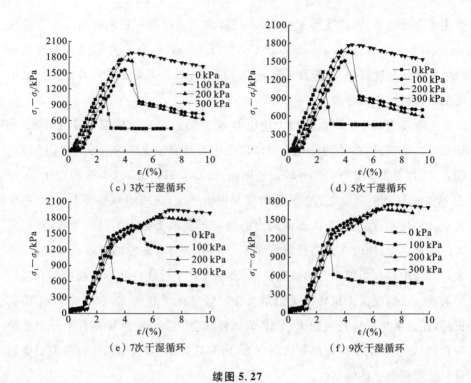

（c）3次干湿循环　　　　　　　　　　　（d）5次干湿循环

（e）7次干湿循环　　　　　　　　　　　（f）9次干湿循环

续图 5.27

干湿循环后的应力-应变曲线。对比 7 d 龄期时的改良土与纯膨胀土试样的应力-应变曲线可发现,改良土试样不仅强度有明显的提升,曲线走势的变化也最为明显,各类改良土试样的应力-应变曲线走势均是应变软化型,尤其是在零围压和较低围压的情况下,曲线在达到顶点(峰值强度)后都有较大幅度的下降,这与纯膨胀土试样的应变硬化型走势的区别是材料本质的不同,表明材料在韧性上发生变化,由原来的塑性材料变成了脆性材料,这是改良土中胶凝材料在起作用。未改良土的主要组成成分是蒙脱石、高岭石等黏土矿物,作为一种典型的高塑性黏土,其变形能力比一般的黏性土更强,因此在压缩试验中其变形量很大,并呈现应变硬化型的曲线走势;而改良土中因为存在水泥、钢渣粉这样的胶凝材料,在 C_2S 和 C_3S 等矿物质与水反应生成具有胶凝特性的 C-S-H 等产物后,土颗粒之间形成了很好的连接,将土体中的多种颗粒成分进行聚合,这在降低黏土颗粒含量的同时,也增加了各个团聚体之间的连接力,使土体内部形成更加密实的结构,因此颗粒之间的错位变形相对更为困难,自由水在其中的作用也有所减小,因此变形能力大大减弱,成了脆性更明显的材料。在三种改良土中,水化效果较好的是 Es-SSP-C-N 和 Es-C 试样,其应力-应变曲线在达到峰值后降低速度较快,是脆性更明显的表现,而 Es-SSP-C 试样在峰值强度后的降低阶段则要平缓许多。

三轴压缩试验中围压的增大使应力-应变曲线出现了明显的变化,除了峰值强度的改变外,曲线的变化主要体现在达到峰值强度后的阶段。由图 5.25、图 5.26 以及图 5.27 可见,在较高的围压,即 200 kPa 和 300 kPa 的围压下,应力-应变曲线峰值强度之后的降低阶段都较为平缓,曲线的斜率很小,甚至有应变硬化的现象,这说明土体在侧向力的约束下能承受更大的纵向荷载,具有更大的抗剪强度,同时在达到极限承受能力后也不会有突发的极速破坏现象,与实际工程中存在周围压力的情况相符,表明改良土性能在实际工程中会有很好的表现。三类改良土试样中无论是水化反应进度更快的 Es-SSP-C-N 和 Es-C 试样,还是水化反应较慢的 Es-SSP-C 试样,其应力-应变曲线都有十分明显的变化,但应变硬化型曲线都是出现在 Es-SSP-C 试样中,表明水化较慢的钢渣粉材料也可改善土体的塑性。

随干湿循环次数的增加,土体的应力-应变曲线也有不同的表现,并且主要体现在峰值强度之后的降低阶段,其中变化最为明显的仍然是 Es-SSP-C 试样,在干湿循环次数逐渐增加的过程中,其应力-应变曲线的下降阶段经历了从初始的大幅度陡降,逐渐发展为小幅度陡降再到整体缓慢下降的过程,但在多个围压值中 100 kPa 围压时曲线的变化最突出,零围压以及更高围压时曲线的变化变化相对较小。这个现象表明改良土在干湿循环作用下,结构受到了不同程度的影响,并且作用的部位主要是结构的外表面,试样放在水中吸水时,外表面是与水接触面积最大的部位,此处的水多以自由水的形态存在,并且与外界的水连通,因此这个部位的土体中存在的难溶物质以及水化产物更多被溶解侵蚀掉,从而使结构显得松散;但土体内部结构与水的接触是通过毛细作用来实现的,同时因为改良土的密实性较好,内部存在的微裂隙少,所以土体内部结构受到水分的影响相对较小。因此在压缩试验中土体强度会受到影响,但没有出现很大的变化,而且应力-应变曲线的走势在零围压时也变化不大。在有围压对表面较为松散的结构进行压密后,在纵向荷载的作用下,试样塑性变形能力得到改善,从整体上看,土体内部结构提供强度,外部结构提供变形空间,形成改良土在不同干湿循环次数下的应力-应变曲线走势。另外,高围压时曲线的走势变化不明显也表明了围压对试样的影响大于干湿循环作用。

（2）不同龄期时各类土体应力-应变关系。

从早期到后期的时间推进中,Es-C、Es-SSP-C 和 Es-SSP-C-N 三类改良土试样中的胶凝材料经历了初始水化到充分水化再到完全水化的过程,土体的抗剪强度得到提升,结构的密实度、整体性等性能都得到了不同程度的改善,同时在干湿循环作用下,改良土对吸水时的侵蚀溶解以及干燥带来的松散作用也有

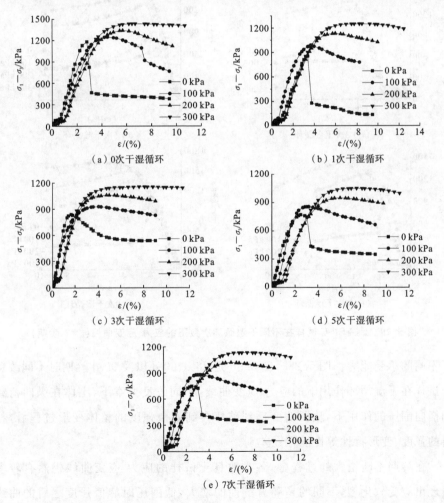

图 5.28　Es-C 试样在不同干湿循环次数下的应力-应变曲线(28 d 龄期)

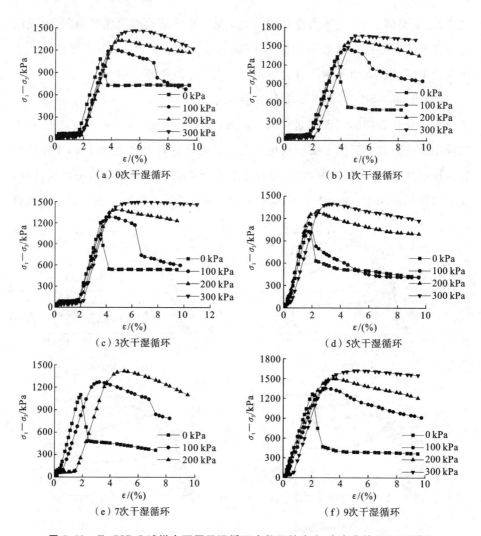

图 5.29 Es-SSP-C 试样在不同干湿循环次数下的应力-应变曲线(28 d 龄期)

了不同的承受能力。图 5.28~图 5.36 是 28 d、60 d 以及 90 d 龄期时不同改良土试样在干湿循环作用下的应力-应变曲线,不同改良方案下,土体在纵向荷载和横向围压的作用下,从压缩变形到破坏再到残余强度的整体变形过程看,材料的强度、变形特性等性能存在差别。

在龄期不断增大的过程中,各类改良土试样的应力-应变曲线仍然有较多呈现出应变软化型,不同的是随着龄期的增大,低围压时峰值强度之后的曲线下降阶段的大幅度陡降现象在减少,取而代之的是缓慢下降,并且随干湿循环

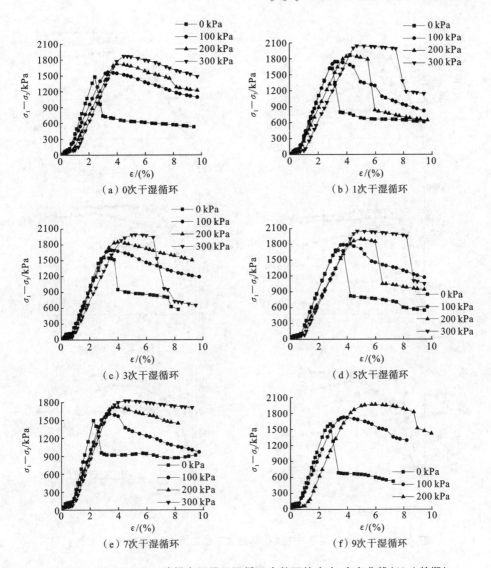

图 5.30　Es-SSP-C-N 试样在不同干湿循环次数下的应力-应变曲线（28 d 龄期）

次数增加，尤其在后期土体试样中，零围压曲线下降阶段的陡降现象也在减少，各条曲线都显得更加圆滑，这是压缩试样中结构变形更加稳定、突变性破坏减少的结果，表明胶凝材料水化反应随龄期逐渐充分，使试样强度提升，同时也使塑性特性在围压作用下的表现更好。

与张凯等[54]、Ma Linjian 等[55]和彭俊[56]对岩石破坏过程研究的结果相似，胶凝材料改良膨胀土形成的水泥土材料在压缩试验中的破坏过程也可描述为：

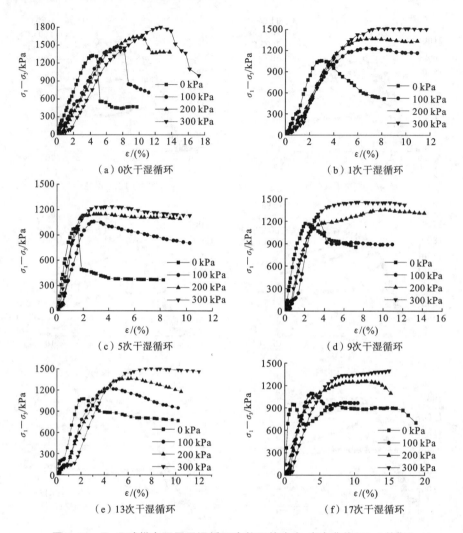

图 5.31　Es-C 试样在不同干湿循环次数下的应力-应变曲线(60 d 龄期)

初始压密阶段,试样内部存在的裂隙结构在荷载作用下不断被压密,此时试样的整体性良好,结构密实,黏聚力在强度中起到重要的作用;随着进一步的压缩破坏,被压密的微裂隙结构进一步发展并产生新的裂隙,削弱了试样的整体性,使黏聚力的作用减弱,同时微裂隙面的发展增大了摩擦力的作用;随着微裂隙的发展、贯通,试样上形成了较为明显的破坏带,意味着材料被破坏,在应力逐渐减小的过程中,结构黏聚力的作用再度减小,摩擦力的作用显著增大;当强度达到残余强度时,剪切带附近的错动,使土颗粒之间的黏聚力变得十分微小,而

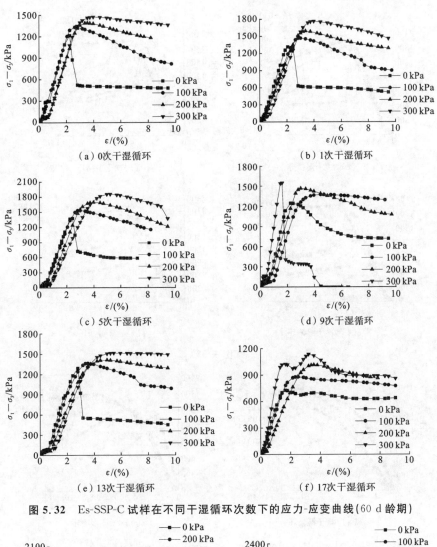

图 5.32　Es-SSP-C 试样在不同干湿循环次数下的应力-应变曲线(60 d 龄期)

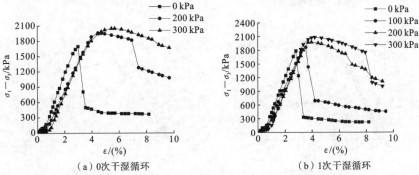

图 5.33　Es-SSP-C-N 试样在不同干湿循环次数下的应力-应变曲线(60 d 龄期)

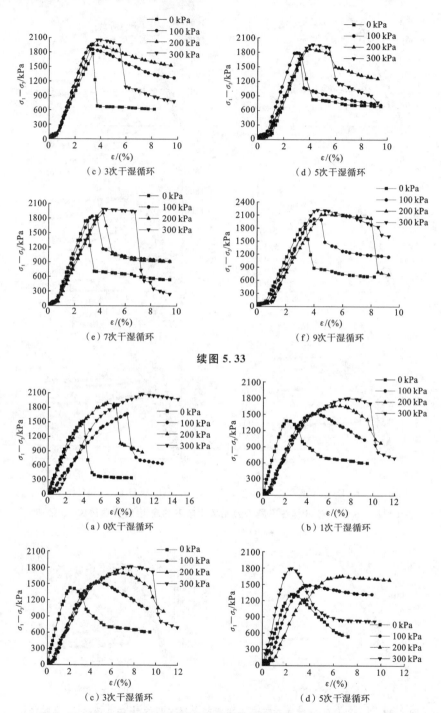

（c）3次干湿循环

（d）5次干湿循环

（e）7次干湿循环

（f）9次干湿循环

续图 5.33

（a）0次干湿循环

（b）1次干湿循环

（c）3次干湿循环

（d）5次干湿循环

图 5.34　Es-C 试样在不同干湿循环次数下的应力-应变曲线（90 d 龄期）

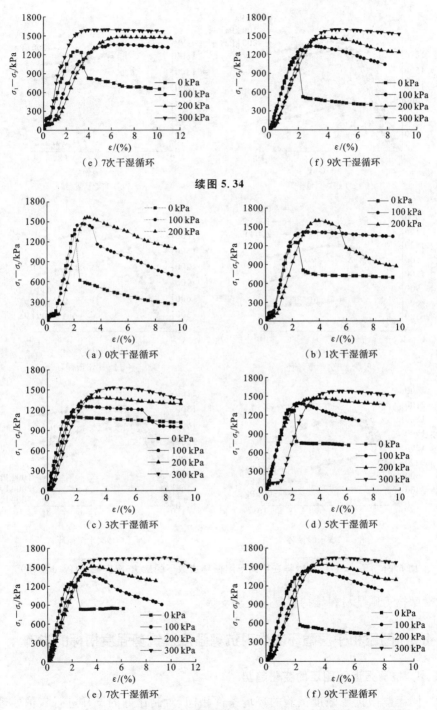

（e）7次干湿循环　　　　　　　　　　（f）9次干湿循环

续图 5.34

（a）0次干湿循环　　　　　　　　　　（b）1次干湿循环

（c）3次干湿循环　　　　　　　　　　（d）5次干湿循环

（e）7次干湿循环　　　　　　　　　　（f）9次干湿循环

图 5.35　Es-SSP-C 试样在不同干湿循环次数下的应力-应变曲线（90 d 龄期）

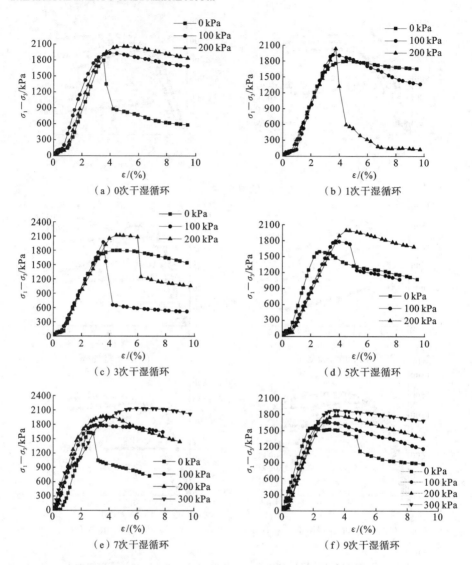

图 5.36　Es-SSP-C-N 试样在不同干湿循环次数下的应力-应变曲线(90 d 龄期)

此时摩擦力则是材料维持强度的主要支撑。

5.4.2　围压和干湿循环次数对抗剪强度及抗剪强度指标的影响

1. 抗剪强度随围压的变化趋势

同无侧限抗压强度试验的环境条件相同,对制作好的试样进行养护处理,养护龄期达到设计期时对土体进行各项试验,包括直接进行三轴压缩试验、干湿循环试验,并对干湿循环后的试样再进行三轴压缩试验。将不同围压下试样的抗剪强度值进行统计分析,并绘制成图 5.37 所示的折线图。

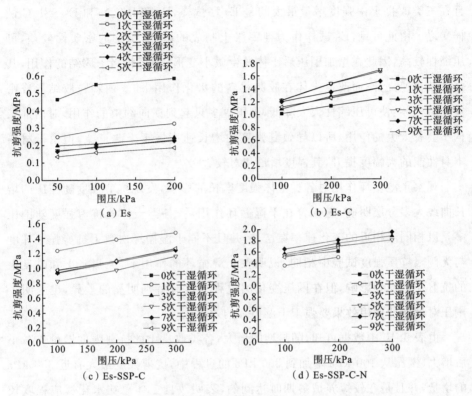

图 5.37　7 d 龄期各类土体在不同围压下的抗剪强度值

图 5.37 是 7 d 龄期时各类土体包括未改良土和三种改良土试样的抗剪强度与围压的关系图,由图 5.37 可以看出,首先抗剪强度随着围压的增加而增大,并且各类改良土的强度对围压的敏感性不同,围压从 100 kPa(未改良土是 50 kPa)增加到 300 kPa(对于未改良土是 200 kPa)的过程中,Es、Es-C、Es-SSP-C 和 Es-SSP-C-N 四类土体的抗剪强度增长率分别为30.8%、29.9%、30.5%和18.4%,表示在四类土体中 Es-SSP-C-N 试样对围压的敏感性最弱。抗剪强度增长量随围压的增速分别是 0.449 kPa/kPa、1.729 kPa/kPa、1.442 kPa/kPa和 1.455 kPa/kPa,从增量的角度来看,Es 试样的增量最小,因为未改良土的抗剪强度增长速度最快,仍可认为纯膨胀土对围压的变化最为敏感,但其本身的抗剪强度最低,在围压的作用下强度即使提升较快,总增量仍很小,这才有强度

增量最小却增长最快的现象。相比之下,三类改良土的抗剪强度增长率较小,但改良后土体结构密实性大大提升,其抗剪强度值更是 Es 试样难以达到的,并且在三类改良土中强度增量最大的是 Es-C 试样,Es-SSP-C-N 和 Es-SSP-C 试样次之。由此可见,Es 试样作为纯膨胀土制成的试样,结构的密实性较差,可压缩性较高,因此在增加围压后土体发生微小变形,甚至相当于固结的作用,其强度就快速提升;而改良土体在胶凝材料的水化作用下,土内颗粒胶结形成密实的结构体,使可压缩性大大降低,围压更多只起到横向约束的作用,对内部结构不会有太大的作用,所以导致其强度的增长速度慢于未改良土,但由于材料本身性能的大幅度提升,其强度增量相对较大。

观察干湿循环作用对各类土体强度增长的影响,发现抗剪强度随围压的增长曲线大多分层明确,意味着在干湿循环作用后,各类土体的抗剪强度随围压多是以相同或相近的变化速率在增长,并且不同干湿循环次数下抗剪强度梯度与无侧限抗压强度试验中相同,说明在干湿循环的作用下,纯膨胀土和改良土的抗剪强度受到影响,但在围压变化的过程中没有特别明显的差异,也表明了围压对试样的作用效果要强于干湿循环的效果。

由表 5.10 中数据可知,随龄期的增大,各类改良土的抗剪强度增量先减小后增大,围压从 100 kPa 增加到 300 kPa 的过程中,抗剪强度最大有近 350 kPa 的增量,并且是在较短养护龄期时达到的,表明改良土体总在水化反应程度较弱的早期对围压的变化更敏感,随着水化反应不断发展,龄期越长,试样的密实度就越大,在 60 d 龄期之前,试样在干湿和水化的对抗中都能保持更稳定的结构,抗剪强度随围压的增值是随着龄期的增加而减小,60 d 龄期之后,干湿循环

表 5.10 抗剪强度随围压的增长情况

龄期	Es-C		Es-SSP-C		Es-SSP-C-N	
	强度增量/kPa	平均增速	强度增量/kPa	平均增速	强度增量/kPa	平均增速
7 d	345.700	1.729	288.318	1.442	291.033	1.455
28 d	227.266	1.136	254.820	1.274	267.017	1.335
60 d	267.603	1.338	211.023	1.055	184.890	0.924
90 d	296.940	1.485	256.388	1.282	298.517	1.493

注:平均增速是指每单位围压(1 kPa)下的抗剪强度增量,单位是 kPa/kPa。

带给试样的负面作用超过了水化反应的修补效果,致使抗剪强度随围压的增加又有所增大。另外,对比三类改良土发现,Es-C试样总是有较大的抗剪强度增量,说明水泥土对围压变化最敏感。

2. 抗剪强度指标的变化规律

抗剪强度是决定土体工程性质的主要依据,其决定性因素是抗剪强度指标,即黏聚力和内摩擦角,其中以黏聚力为主。黏聚力是土联结的反映,包括水联结、胶结联结和毛细联结,大多细粒土都是以结合水联结为主,且未改良土试样的强度大多来源于土体之中结合水带来的分子间作用力,因为土体中有对水十分敏感的黏性矿物成分,所以膨胀土的强度随水分增加而急剧降低。

对 UU 试验中得到的黏聚力(c)和内摩擦角(φ)数据进行统计处理,绘制成图 5.38 和图 5.39。从这两图可以看出,除未改良土试样的黏聚力在持续减小外,改良土的黏聚力总是有降低后再提升的变化,总体来说,黏聚力随干湿循环的变化趋势与抗剪强度相同,表明了抗剪强度与黏聚力的直接相关性;内摩擦角的变化则比较杂乱,规律性较弱。相比之下,黏聚力的变化幅度是 Es-SSP-C 试样的最大,其次是 Es-SSP-C-N 试样,Es-C 试样的变化最小,而内摩擦角变化幅度则刚好相反,Es-C 试样的最大,Es-SSP-C 试样的最小。由图 5.38 可知,未改良土试样的内摩擦角和黏聚力与抗剪强度一样,在干湿循环作用下有较大程度的减小,这是因为膨胀土在湿胀干缩的反复作用下,裂隙不断发展,使土体颗粒之间的联结作用逐渐减弱,土体结构松散,黏聚力自然会减小,同时土颗粒之间的相互交错形成的内摩擦角也急剧减小;经过胶凝材料的改性之后,土颗粒被不同的水化产物所包裹,形成较大的团聚体,团聚体之间的交错也阻碍了土

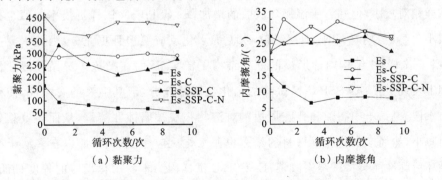

(a) 黏聚力　　　　　　　　(b) 内摩擦角

图 5.38 抗剪强度指标随干湿循环次数的变化情况(7 d 龄期)

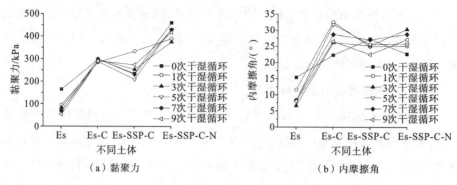

（a）黏聚力　　　　　　　　　　　（b）内摩擦角

图5.39　不同土体的抗剪强度指标对比（7 d 龄期）

体受压后的错位变形,因而内摩擦角明显增大,但在干湿循环作用下,土体之中存在的微小孔隙也会受到水分的侵蚀,孔隙和裂隙周边的结构受到影响,同时胶凝材料与水发生的水化反应也同步进行,故内摩擦角也会随干湿循环作用有一定的变化,但总体是在某个水平上上下浮动。

　　不同干湿循环次数下土体黏聚力与未进行干湿循环时土体黏聚力相比形成的折损率[（n 次干湿循环时的土体黏聚力－未进行干湿循环时土体黏聚力）÷未进行干湿循环时土体黏聚力×100%]见图5.40,图中显示未改良土的黏聚力在初次干湿循环时有突变性的增大,并随着循环次数的增加呈递增发展趋势,然后在多次干湿循环后逐渐趋于稳定;改良土黏聚力变化幅度很小,虽然规律性较差,但也可以看出黏聚力折损率大多呈正值出现,只有 Es-SSP-C 试样的负值较多,表示 Es-SSP-C 试样黏聚力有一定程度的增大,而其他土体则是在减小;另外,在折损率为正值的两种改良土试样中,Es-SSP-C-N 试样数值稍大,Es-C 试样相对较小,但随着干湿循环次数的增加,Es-SSP-C-N 试样折损率数值也在减小。7 d 龄期时,相比于钢渣粉,水泥的水化反应更快且更充分,因此水泥土（Es-C 试样）在结构内部形成的框架结构更密实,从而在抵抗干湿循环侵蚀作用上表现更好;Es-SSP-C-N 试样的水化反应最充分,但其强碱的腐蚀性,使得在水侵入后,土中裂隙和孔隙周边的难溶物很快被腐蚀并溶解,从而导致黏聚力减小,然而未水化胶凝材料的暴露也使水化反应速度加快,所以在多次干湿循环后其性能会持续缓慢改善;Es-SSP-C 试样因为本身水化反应的程度最低,结构密实性较差,在有充足的水分时水化反应加剧,性能有所提升,但没有激发

144

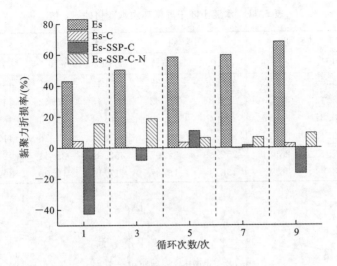

图 5.40　黏聚力折损率(7 d 龄期)

剂,其水化反应始终较慢,因此在持续的干湿循环中性能变差。

　　膨胀土在干湿循环作用下反复经历湿胀干缩的体积变化,土体颗粒在水的作用下联结作用不断减弱,同时裂隙发展并逐渐贯通甚至形成裂缝,导致土体强度降低,这是未改良土黏聚力减小的原因。在改良土中,土体是土颗粒、水化产物和未水化胶凝材料等形成的团聚体联结而成的固体,水化产物将土颗粒包裹,相互之间连接紧密,各种组成成分在胶凝物质的作用下形成很好的联结,从而使试样的黏聚力大幅度提升,同时团聚颗粒的交错分布也使土体在压缩变形中颗粒的错位难度增大,因此内摩擦角同步增大。但是胶凝材料和土颗粒的分布不均匀以及胶凝材料水化程度的不平均,导致结构内部存在微裂隙,在干湿循环过程中,当试样吸水时,水分通过表面与内部的裂隙联系,进出试样内部形成干湿循环水的流动路径,使裂隙周围的胶凝材料与水化产物等物质受到侵蚀,并伴随着发生进一步的物理化学反应,从而使黏聚力和内摩擦角发生变化。水泥土随干湿循环次数变化的 c、φ 值如表 5.11 所示。

　　3. 不同龄期改良土体抗剪强度变化规律

　　图 5.41 是不同龄期下不同改良土试样的抗剪强度随围压的变化情况,由图可知,首先,在不同的改良方案下,土体的抗剪强度值有较大的差距,整体梯度为 Es-SSP-C-N＞ Es-SSP-C＞ Es-C,与无侧限抗压强度试验有相同的结论;

表 5.11 水泥土随干湿循环次数变化的 c、φ 值

循环次数/次	7 d 龄期		28 d 龄期		60 d 龄期		90 d 龄期	
	c/kPa	φ/(°)	c/kPa	φ/(°)	c/kPa	φ/(°)	c/kPa	φ/(°)
0	296.60	22.23	436.90	16.87	403.49	27.02	434.88	30.00
1	283.42	32.50	265.84	25.32	334.45	25.82	441.68	24.66
3	295.87	26.10	279.43	21.80	239.71	29.04	461.30	24.11
5	286.46	31.75	263.59	19.97	357.52	17.28	411.48	26.63
7	297.43	28.61	252.59	22.97	352.32	22.41	421.02	22.05
9	288.89	26.45	436.90	16.87	417.13	19.03	392.25	23.35

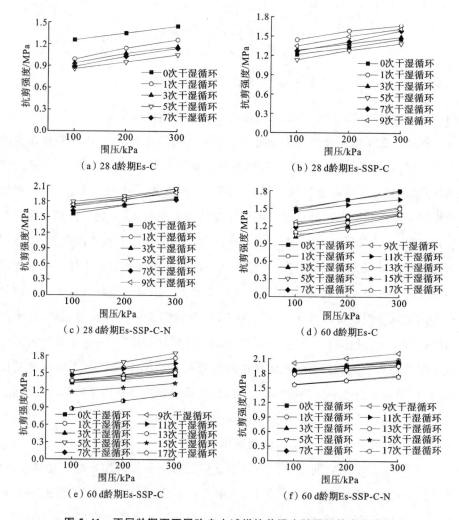

图 5.41 不同龄期下不同改良土试样抗剪强度随围压的变化情况

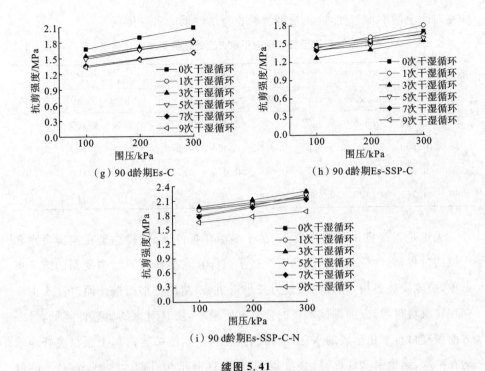

（g）90 d龄期Es-C

（h）90 d龄期Es-SSP-C

（i）90 d龄期Es-SSP-C-N

续图 5.41

其次，抗剪强度值随干湿循环次数的增加有不同的升降趋势，表现为层次分明的折线，折线之间的间距是干湿循环作用次数造成的强度变化幅度，并且干湿循环和改良方案对土体的作用与围压的作用同步存在，从这 9 个折线图中可以看到相同的变化趋势，即抗剪强度随着围压的增加呈线性增长的变化趋势。

不同土体试样在干湿循环作用下的抗剪强度上下起伏变化，形成明显的折线间距，而变化幅度也是判断干湿循环作用的依据，表 5.12 是在干湿循环影响下改良土抗剪强度的变化幅度。首先，抗剪强度变化幅度随龄期的变化中，不同改良方案有相似之处，共同点是在 60 d 龄期时达到最大值，即在 60 d 龄期时抗剪强度受干湿循环的影响变化最大；另外，随围压的变化，Es-C 试样的抗剪强度变化幅度总体呈增大的趋势，Es-SSP-C-N 和 Es-SSP-C 试样多保持平稳或略有提升；在抗剪强度变化幅度的数值上，Es-SSP-C-N 和 Es-C 试样相近，而Es-SSP-C-N 试样略小，Es-SSP-C 试样变化最大。三种改良土的抗剪强度随围压的增大而增大，因此从表 5.12 来看，Es-C 和 Es-SSP-C-N 试样具有更加稳定的状态，Es-SSP-C 试样在不同龄期受干湿循环影响的程度不同，表明其水化反应在时间上的不均匀性,这也是钢渣粉本身活性低的劣性体现。

表 5.12　在干湿循环影响下改良土的抗剪强度变化幅度　　（单位：MPa）

龄期/	Es-C			Es-SSP-C			Es-SSP-C-N		
d	100 kPa	200 kPa	300 kPa	100 kPa	200 kPa	300 kPa	100 kPa	200 kPa	300 kPa
7	0.208	0.346	0.447	0.406	0.409	0.233	0.293	0.305	
28	0.399	0.400	0.394	0.315	0.305	0.278	0.232	0.180	0.215
60	0.483	0.506	0.577	0.649	0.675	0.716	0.450	0.460	0.480
90	0.343	0.429	0.480	0.214	0.209	0.257	0.319	0.347	0.422

　　无论是未改良土还是改良土,在干湿循环条件下,试样总是在经历吸水和干燥的过程,黏性颗粒比例高的未改良土试样在水分作用下结构受到的破坏更严重,裂隙发展更快,颗粒间凝聚力减小得更快,结构更加松散。而改良土由于存在胶凝材料,一方面黏性颗粒的含量有所减小,使其对水的敏感性降低,另一方面胶凝材料水化形成的水化产物具有胶凝特性,使结构内部土颗粒更好地联结在一起,结构密实性提高,强度得到改善,同时结构孔隙大大减小,对水的敏感性再次降低。但在多次干湿循环作用下,改良土表面存在的裂隙始终会受到水的侵蚀作用,微溶和难溶物也会溶解分离,导致试样又从密实状态向松散状态发展。也就是说在早期的干湿循环中,改良土中水化反应较快,可以与干湿循环带来的劣化作用相互抵消,甚至持续改善,但在多次干湿循环后,当水化反应较充分时,干湿循环的劣化效应占主导地位,从而导致强度受到更大影响。试样在干湿循环作用后,结构松散,在高围压的压缩下更容易产生变形,所以才有在高围压时强度变化更明显的现象。在三种改良土中,Es-C 试样水化反应程度较高,但其内部结构密实度略差。

　　4. 不同龄期改良土体抗剪强度指标变化规律

　　抗剪强度指标在不同改良土中随干湿循环和龄期有不同变化,图 5.42 和图 5.43 中从龄期、改良方案和干湿循环次数三个方面展示了抗剪强度指标的变化情况。上文已介绍改良土的干湿循环过程除了是水分侵蚀试样结构的过程外,也是胶凝材料进一步水化的过程,即劣化和改良同步进行的过程,因此改良土试样在干湿循环过程中黏聚力和内摩擦角的变化曲线总是上下起伏,通过非线性拟合可以得出相应的走向趋势。由图 5.42(a)、(b)、(c)可知,在干湿循环次数较少时,黏聚力 c 值上下浮动,基本保持在稳定的状态,从 60 d 龄期的 c 值变化趋势来看,黏聚力随干湿循环次数的变化可用幂函数来表示,其中 Es-C 和 Es-SSP-C 试样的用三次幂函数表示,并且前者相比于后者的波动更大,因此三次项的系数也更大,而 Es-SSP-C-N 试样的则比较稳定,可用二次幂函数进行拟合,表达式如下。

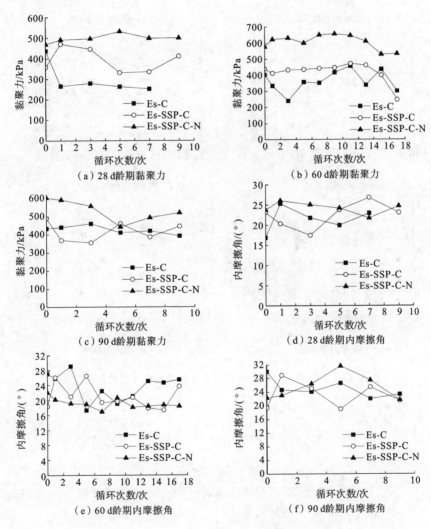

图 5.42　抗剪强度指标随干湿循环次数的变化情况

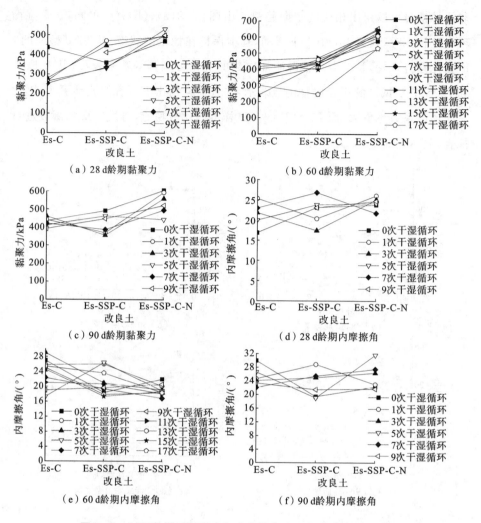

图 5.43 不同龄期时黏聚力和内摩擦角随改良方案的变化情况

Es-C：

$$y=-2.5366x^3+40.618x^2-175.43x+532.33 \tag{5.2}$$

Es-SSP-C：

$$y=-1.9623x^3+26.985x^2-99.532x+521.04 \tag{5.3}$$

Es-SSP-C-N：

$$y=-4.6784x^2+45.379x+535.45 \tag{5.4}$$

在图 5.43 中,黏聚力大体走势是整体上升,其中始终以 Es-SSP-C-N 试样的黏聚力值最大。

从图 5.42 和图 5.44 中可看出,各类土体在不同龄期时受到干湿循环作用的影响不同,其中 Es-C 试样是稳定性较差的材料,黏聚力在龄期变化时升降不一,60 d 龄期时达到变化幅度的最大值;Es-SSP-C 试样表现出规律性的变化,黏聚力变化幅度随龄期的增长先减小后增大,早期土体黏聚力在干湿循环作用下有一定程度的增大,后期黏聚力增幅逐渐减小,甚至在 60 d 龄期和 90 d 龄期黏聚力折损率呈正值出现,因此在龄期的变化过程中其变化幅度最大;Es-SSP-C-N 试样仍然是三类改良土体中稳定性最好的,激发剂的存在使胶凝材料的水化反应加快,改善了土体结构,因此在干湿循环作用下黏聚力变化幅度总是以较小的值出现,其中 90 d 龄期时黏聚力受干湿循环的影响最大,表明在水化反应十分充分时,即使结构密实性很好,也不可能形成完全致密的结构,在劣化和改良中当劣化占主导地位时,干湿循环的劣化效应会逐渐显现,所以土体黏聚力随龄期的变化也是胶凝材料水化程度的变化。

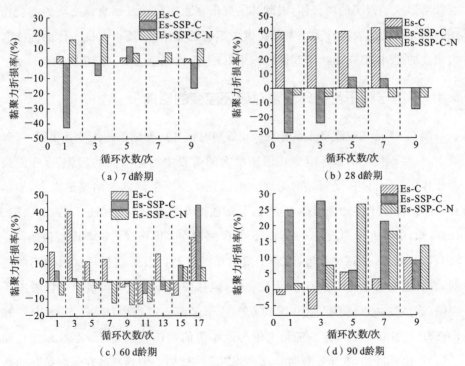

图 5.44　不同龄期时黏聚力折损率

相比黏聚力,土体内摩擦角的变化幅度小很多,由图 5.42(d)、(e)、(f)可知,在不同龄期试样随干湿循环次数的变化中,内摩擦角主要是在线性拟合线下变化,因此整体处于平稳的状态。通过线性拟合关系来看,φ 值随干湿循环次数的变化经历了从早期的增大到后期的减小的过程,说明随龄期增长,土体的内摩擦角也受到干湿循环的影响。在早期的 7 d 龄期和 28 d 龄期中,三类改良土的 φ 值大多呈现增大的趋势,只有 Es-SSP-C-N 试样的 φ 值在 28 d 龄期时已有一定程度的减小,到后期的 60 d 龄期和 90 d 龄期,尤其在 60 d 龄期时,三类改良土的 φ 值总体呈下降趋势,并且下降斜率相近,到 90 d 龄期时又有了不同程度的降低,其中 Es-C 试样的 φ 值变化最大。

无论是未改良土还是改良土试样,抗剪强度指标 c 和 φ 值都是结构内部颗粒之间形成的结合力以及颗粒相互滑动需要克服的咬合力的体现,不同的是未改良土试样颗粒之间主要依靠黏土颗粒之间的分子间作用力以及土颗粒之间的交错摩阻作用,而改良土试样在胶凝材料和水化产物的作用下土颗粒之间相互胶结形成了密实的团聚体,因此其主要依靠土颗粒以及团聚体之间的胶凝作用。水化产物的胶凝性为土颗粒提供了足够的联结力,所以改良土体的性能有大幅度的提升,但在多次干湿循环作用下,土体性能也会受到严重影响。

5.4.3　围压和干湿循环次数对破坏应变的影响

图 5.45 是三种改良土试样在 7 d 龄期时破坏应变随围压的变化情况,可以看出,三类改良土的破坏应变在围压增大的过程中均呈增大的趋势,意味着高围压作用下,土体在受到纵向荷载时引起强度急剧下降的纵向变形更大,表示在实际工程中土体的变形能力更强,是塑性提升的表现。对比图 5.45(a)、(b)、(c)可知,正常养护的改良土中,Es-SSP-C 试样在零围压时的破坏应变最小,Es-SSP-C-N 和 Es-C 试样相近,随着干湿循环的进行以及干湿循环次数的不断增加,破坏应变的变化起伏不定,无规律性,但从破坏应变变化幅度上可以看出干湿循环对它的影响程度,从 0 次到 9 次的干湿循环过程中,Es-C、Es-SSP-C 和 Es-SSP-C-N 试样破坏应变的最大值与最小值的差值分别是 2.12％、1.26％和 1.11％,由此可知,在 7 d 龄期时,Es-SSP-C-N 试样的塑性特性在干湿循环的影响下能保持稳定,而 Es-C 试样则是变化幅度最大的。三类改良土试样在干湿

循环次数逐渐增加的过程,在不同围压条件下,其破坏应变大部分呈减小趋势;Es-C 和 Es-SSP-C 试样的破坏应变先升后降,转折点分别为第 5 次和第 1 次干湿循环,而 Es-SSP-C-N 试样的变化值不大,呈先降后升,拐点出现在第 5 次干湿循环中,且变化缓慢,表明干湿循环作用下状态稳定。由此来看,对于破坏应变,三类改良土试样均受到干湿循环作用的影响,从变化幅度上来看,改良效果可视为 Es-SSP-C-N>Es-SSP-C>Es-C;但从其随干湿循环次数的变化趋势来看,Es-C 试样的是在多次干湿循环后出现下降,而 Es-SSP-C 试样的是在 1 次干湿循环后就降低,Es-SSP-C-N 试样的则是先降低后逐渐回升至初始值,因此改良效果为 Es-SSP-C-N> Es-C> Es-SSP-C。

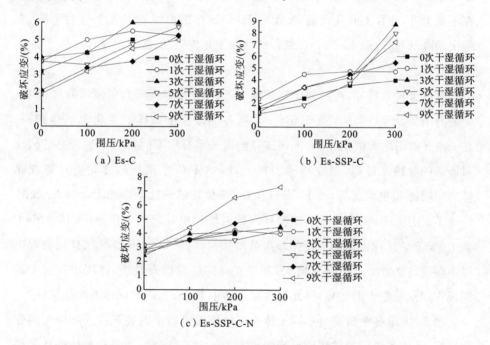

图 5.45　三种改良土试样破坏应变随围压的变化情况(7 d 龄期)

在围压从 0 增大到 300 kPa 的过程中,破坏应变呈现逐步增大的现象,三类改良土试样的破坏应变变化最大的是 Es-SSP-C 试样,为 7.04%,并且在 300 kPa 围压下其破坏应变达到最大值,其次是 Es-SSP-C-N 试样,最小的是 Es-C 试样。从图 5.45 可以看出,Es-C 试样在围压不断增大过程中破坏应变基本呈线性增加;Es-SSP-C 试样则是在围压较大时变化更大;而 Es-SSP-C-N 试样在低围压下增长较快,高围压时增长减慢,这是 7 d 龄期时独有的现象,是改良土试样中胶凝材料水化反应不充分的反映。在不同的围压作用下,三类改良土试样的破坏应变随干湿循环次数有不同的表现,首先在变化幅度上,每一个围压下,各类土体对应的破坏应变随循环次数的变化范围不一样,其中除 200 kPa 之外,其他围压下变化幅度最大的都是 Es-SSP-C 试样,并且其在围压从 100 kPa 增加到 300 kPa 的过程中,破坏应变 ε_f 的变化幅度随干湿循环次数的增加在增大,由 2.63% 增到了 4.73%,而 Es-SSP-C-N 和 Es-SSP-C 试样的 ε_f 变化幅度随干湿循环次数的增加在减小;在变化趋势上,Es-SSP-C-N 和 Es-C 试样随干湿循环次数的增加 ε_f 变化趋势比较统一,其中 Es-SSP-C-N 试样对应的曲线在不断上升,并且上升速度逐渐增大,Es-C 试样的曲线则是先上升后下降,有一定的降低趋势,而 Es-SSP-C 试样的曲线变化较杂乱,随干湿循环次数增加,ε_f 上下起伏。

从以上现象可知,在三轴压缩试验中,试样在压缩变形直至破坏的过程中 ε_f 会随着围压、干湿循环次数而变化,并且各类改良土试样的变化也不尽相同。在 ε_f 随着围压增大的变化中,不同试样的增长率有所不同,其中 Es-SSP-C 试样对围压的敏感度最高,但在整体表现上,Es-SSP-C-N 试样的变化更具有规律性,并且其 ε_f 值更具优势,而 Es-C 试样在 ε_f 所体现的塑性变形能力上较 Es-SSP-C 试样更优良;另外,ε_f 随着干湿循环次数的增加也是起伏变化不定,其中 Es-C 和 Es-SSP-C 试样大多随干湿循环次数增加而降低,Es-SSP-C-N 试样则表现出随干湿循环次数增加而不断增大,并且在高围压时提升最快,体现出其对干湿循环作用承受能力的优势,因此在改良土体中 Es-SSP-C-N 试样的性能最好。

图 5.46 是各个龄期时不同土体在三轴压缩试验中的破坏应变随围压的变化情况,并将各龄期的破坏应变列于表 5.13～表 5.16 中,可见在整体变化趋势上破坏应变随围压呈线性增长,并且增长速率随龄期的变化也大有不同,不仅同种试样在不同龄期时的增速不同,不同试样的增速随龄期变化也不同。三类改良土中除 Es-SSP-C-N 试样随龄期增大 ε_f 增速有所减小外,另外两种改良土试样的 ε_f 均有所增大,并且后期以 Es-C 试样的增速最大,这与 7 d 龄期时有所不同。随龄期增大,其 ε_f 增长速率先增大后减小,在 60 d 龄期时增长速率最大,Es-SSP-C 试样的 ε_f 则是先减小后增大,在 28 d 龄期时为最小值,但整体都是以

上升为主要趋势。

受到干湿循环作用的影响,破坏应变的变化也有明显的不一样,明显的共同趋势是破坏应变随着围压的增大而增大,但也可以看出随着干湿循环的进行,图5.46中代表不同干湿循环次数时破坏应变曲线的上升幅度即上升速度不尽相同,导致线条间的距离有所变化,这是干湿循环作用造成的材料变形能力的劣化表现。干湿循环的作用下,土体内部裂隙的周边水化物和未水化胶凝材料在水化作用下进行了一系列物理化学反应,在劣化和水化双重作用下,材料的性能发生变化,因此随干湿循环的变化破坏应变曲线总有上下浮动的现象,这是裂隙的存在和水化产物分布不均匀导致的,但随围压的增加破坏应变

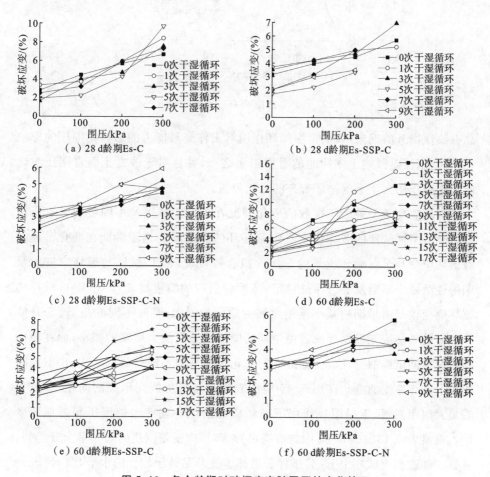

图 5.46　各个龄期时破坏应变随围压的变化情况

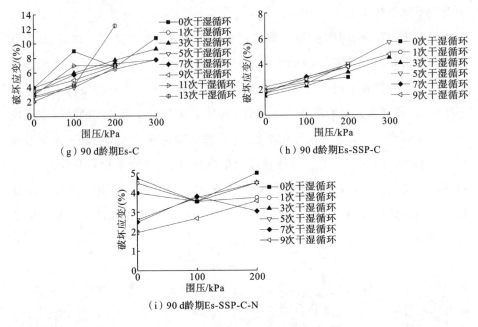

（g）90 d龄期Es-C

（h）90 d龄期Es-SSP-C

（i）90 d龄期Es-SSP-C-N

续图 5.46

总有线性提升的现象,表明干湿循环作用对土体变形能力的影响比围压的影响小,因此围压是影响土体性能的重要因素之一,并且对于改良土而言围压对性能的提升作用大于干湿循环带来的劣化效应。

　　破坏应变随干湿循环次数的变化情况在不同土体以及不同龄期时有所区别,同时,不同试样的破坏应变受干湿循环的影响程度也随龄期在变化。通过对破坏应变与干湿循环次数的非线性拟合可发现,Es-C 试样的破坏应变由早期的逐渐减小不断发展为保持稳定,然后到后期的缓慢增加,Es-SSP-C 试样的破坏应变也是由早期的减小慢慢发展为后期的增加,唯一不同的是 Es-SSP-C-N 试样的破坏应变随循环次数由早期的增加逐渐发展为后期的减小;而在相同围压时不同试样的破坏应变随龄期的变化也体现出不同材料的区别;干湿循环作用下破坏应变的变化在图 5.46 中的表现是各条折线间形成的间距,通过比较最大间距发现,干湿循环作用下破坏应变的变化幅度也随围压和龄期而变化。观察表 5.13~表 5.16 中的数据可知,破坏应变随围压的增大呈上升趋势,并且三种改良土试样中 Es-C 试样的破坏应变总是处于较大的水平,而 Es-SSP-C-N 试样的破坏应变则多处于较低的水平,表示在干湿循环下 Es-SSP-C-N 试样的破坏应变变化最小。同时,不同试样的变化幅度随龄期的变化差别也较大,其中 Es-C 试样的破坏应变变化幅度在 300 kPa 和 200 kPa 围压时,随龄期先增大后减小,并在 60 d 龄期时达到最大值,100 kPa 围压时则是呈持续上升态势;Es-SSP-C 和 Es-SSP-C-N 试样却是随着龄期增大,破坏应变变化幅度有所减小,并且前者呈线性关系减小,后者以对数函数关系减小,表明随着龄期的增加,干湿循环对 Es-SSP-C-N 和 Es-SSP-C 试样的破坏应变造成的影响逐渐

表 5.13　破坏应变值(7 d 龄期)　　　　　　　　　(单位:%)

循环次数/次		0	1	3	5	7	9
100 kPa	Es-C	4.23	4.98	4.23	3.54	3.36	3.17
	Es-SSP-C	2.43	4.48	3.36	1.86	3.36	3.36
	Es-SSP-C-N	3.54	3.54	3.98	3.54	3.54	4.42
200 kPa	Es-C	4.98	5.48	5.97	4.73	3.73	4.48
	Es-SSP-C	3.54	4.73	4.23	3.73	4.48	4.23
	Es-SSP-C-N	3.98	4.23	4.10	3.54	4.73	6.57
300 kPa	Es-C		5.23	5.97	5.72	5.23	4.98
	Es-SSP-C	3.98	4.73	6.71	5.96	5.48	6.22
	Es-SSP-C-N		3.98	4.48	4.23	5.48	7.33

表 5.14　破坏应变值(28 d 龄期)　　　　　　　　(单位:%)

循环次数/次		0	1	3	5	7	9
100 kPa	Es-C	4.48	3.73	4.04	2.24	3.20	
	Es-SSP-C	3.98	4.23	4.23	2.24	3.17	2.99
	Es-SSP-C-N	3.36	3.17	3.54	3.73	3.17	3.73
200 kPa	Es-C	5.72	5.97	4.75	4.30	5.94	
	Es-SSP-C	4.48	4.98	4.73	3.36	4.98	3.54
	Es-SSP-C-N	3.98	4.23	3.98	4.98	3.73	4.98
300 kPa	Es-C	6.72	8.46	7.60	9.74	7.36	
	Es-SSP-C	5.72	5.23	6.97			
	Es-SSP-C-N	4.48	4.73	5.23	4.73	4.73	5.97

表 5.15　破坏应变值(60 d 龄期)　　　　　　　　　(单位:%)

循环次数/次		0	1	3	5	7	9
100 kPa	Es-C	7.22	6.72	5.22	2.81	3.54	3.36
	Es-SSP-C	2.61	2.99	3.17	2.99	2.99	4.48
	Es-SSP-C-N	3.54	3.54	3.17	2.99	3.36	3.98
200 kPa	Es-C	9.74	7.22	8.79	3.74	4.73	10.2
	Es-SSP-C	2.54	3.36	4.73	3.98	4.23	2.99
	Es-SSP-C-N	4.48	3.98	3.36	3.98	4.23	4.73
300 kPa	Es-C	12.69	8.46	8.31	3.74	6.47	7.46
	Es-SSP-C	3.98	3.98	3.98	5.23	4.73	4.12
	Es-SSP-C-N	5.72	4.23	3.73	4.23	4.23	4.23

表 5.16　破坏应变值(90 d 龄期)

循环次数/次		0	1	3	5	7	9
100 kPa	Es-C	8.96	4.48	5.97	3.98	5.72	4.98
	Es-SSP-C	2.61	2.99	2.31	2.49	3.03	2.85
	Es-SSP-C-N	3.54	3.54	3.54	3.73	3.80	2.67
200 kPa	Es-C	6.72	6.47	7.71	6.72	7.22	6.97
	Es-SSP-C	2.99	3.98	3.38	4.04	3.80	3.80
	Es-SSP-C-N	4.98	3.73	4.48	4.48	3.03	3.56
300 kPa	Es-C	10.70	7.72	9.21		7.71	
	Es-SSP-C			4.51	5.70	9.50	4.75
	Es-SSP-C-N						

减小,而 Es-C 试样的破坏应变则有一定的增加。因此相比来说,掺加了钢渣粉的材料对干湿循环的承受能力有所提升。

　　对于未改良土,干湿循环下其体积湿胀干缩,主要是土中的蒙脱石和高岭石等黏土矿物在吸水膨胀与失水收缩的过程带来了裂隙不断发展的结果,造成强度和变形能力的变化;对于改良土,干湿循环就是水分经过裂隙和孔隙等结构借助渗透、毛细作用等进出试样的内部,吸水阶段试样吸收水分,水分在裂隙和孔隙中存在,并通过毛细作用不断向试样内部扩散,在这个过程中水分不断与孔隙和裂隙周围的土体和胶凝材料以及水化产物接触反应。一方面,水分子自由进入颗粒之间的间隙,削弱了颗粒之间的联结力;另一方面,多次干湿循环作用使得水分能够慢慢地溶解、分离材料中的难溶和微溶物质,虽然在干燥过程中水分不断挥发,使难溶物又重新结晶,但这些物质也难以与原有结构很好地联结,因此导致结构的裂隙不断发展,并使强度受到影响。同时,土体中存在的未水化的胶凝材料也在不断地水化,相比正常养护提供的水分,在干湿循环的吸水阶段有更加充分的水分,这会加速水化反应的正向进度,从而也会改善土体的性能,所以会有强度等性能随干湿循环起伏变化的现象。而试样的塑性变形能力也与试样内部的反应密切相关,因此在不同龄期和围压下破坏应变的变化复杂。

5.4.4 围压和干湿循环次数对残余强度的影响

未改良土试样在纵向荷载作用下不断变形,在逐渐破坏的过程中,荷载增长速度渐渐减缓直至达到试样承受能力的极限,即达到增长速度最小值,应力-应变曲线始终在增长;而改良土试样,尤其在干湿循环次数较少和围压较小时,应力-应变曲线在达到峰值后有一个大幅度陡降,之后慢慢进入一个相对稳定的状态,即残余强度阶段。对于胶凝材料改性后的土体来说,由抗压强度试验得到的残余强度实际就是试样剪切破坏后剪切面上的摩擦应力。

从应力-应变曲线中可以看出,各类土体的残余强度的变化随着围压的变化都有一个相同的趋势,那就是随围压增大而增大,因此在应力-应变曲线的下降阶段残余强度随围压增大而降低速度在逐渐减小,接近理想弹塑性材料的特点,甚至在干湿循环作用后可以具备理想弹塑性材料的变形特点,其中最明显的变化出现在 Es-SSP-C 试样上。现以 7 d 和 60 d 龄期的试样为例进行研究,观察早期和后期不同土体在干湿循环条件下以及不同围压约束下残余强度的变化情况,并应用脆性指标进行分析。

图 5.47 是 7 d 龄期时脆性指标随干湿循环次数和围压的变化情况,以展现早期时不同试样残余强度的变化特性。从图 5.47 中可以看出,三类改良土试样的脆性指标总体上都随围压增大而减小,尤其在 300 kPa 围压时,三类改良

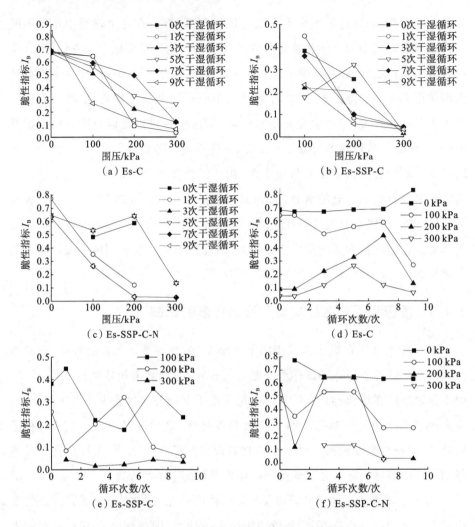

图 5.47　脆性指标的变化情况(7 d 龄期)

土试样的脆性指标都接近零值,印证了土体在较高围压时应力-应变曲线接近理想弹塑性体的特性。在干湿循环的作用下,各类改良土试样的性能都受到了较大的影响,脆性指标也随着干湿循环出现较大变化,不同改良方案对应的脆性指标的变化趋势相对较为杂乱,无法形成规律性的表达,共同的特点在于零围压时脆性指标的变化量最小,在干湿循环次数逐渐增加过程中,脆性指标的曲线几乎为水平线,并且其值在各围压中最大,表明在单轴压缩试验条件下试样的脆性更加明显,并且干湿循环作用对试样屈服后的残余强度影响较小。试样在有围压时的脆性被大幅减弱,且在干湿循环次数增加过程中曲线的变化幅度更大,规律性也更差,曲线基本上都是随循环次数呈增减交替变化,表明在干湿循环的作用下,在水分不断增加和减少的过程中,试样内部结构受到影响,尤其是土体存在微裂隙的部位,在水的反复作用下,试样内的微溶物会逐渐溶解,并在干燥的过程中重新结晶,使原有的整体土体松散化。并且在残余强度阶段,试样承受荷载的能力主要源于摩擦力,而干湿循环使残余强度降低,使土体的脆性指标更大,但是水化反应也可以迅速补充摩擦力的不足,因此脆性指标在干湿循环次数的变化中总是起伏不定。另外也可看出,脆性指标在随循环次数变化时起伏的幅度会随围压增大而减小,因此可以说,适当的围压对改良土脆性指标特性的影响比干湿循环的影响大。

从早期到后期,三种改良土试样的脆性指标在数值上变化不大,但随围压和干湿循环次数的变化有所不同。以 60 d 龄期为代表进行后期材料的脆性指标分析。如图 5.48 所示,与早期相似的是脆性指标随着围压增大而总体在减小,但也有差异之处,即在围压较大(300 kPa)时,有些脆性指标却有所增大,其中尤以 Es-SSP-C-N 试样最为突出,其次是 Es-C 试样,而 Es-SSP-C 试样是变化最有规律的。脆性指标是应力-应变曲线中残余强度的体现,是材料屈服之后应力降低幅度的表现,脆性指标越大,表示残余强度越低。图 5.48 中,Es-SSP-C-N 试样在较大围压时脆性指标的增大体现了应力-应变曲线中的大幅度陡降变化,这是一种突变情况,意味着在 300 kPa 围压时,试样屈服破坏后围压可将试样进一步破坏,造成极大的变形,从而使其强度降到最低值。但这与实际工程情况不符。试验中试样体积太小,烧碱作为强碱,具有强腐蚀性,在干湿循环的作用下,试样的外表面容易受到侵蚀而脱落,但内部结构因为与水接触机会较少,所以在强度上仍具有很高的水平,而其塑性变形能力受到很大的影响;实际工程中这种现象很难存在,土体在高围压下的脆性指标会比试验中的低,与 Es-C 试样的相近。在随干湿循环的变化中,试样后期的脆性指标,尤其在有围压存在时,都比较平稳,虽然也有上下起伏,但变化幅度相对减小了。

对 UU 试验中的现象进行分析,包括围压、干湿循环和龄期等因素对抗剪强度、破坏模式、破坏应变和残余强度等特性的影响,得出以下结论:

(1) 三轴压缩试验中未改良土的破坏模式仍是应变硬化型,改良土在低围

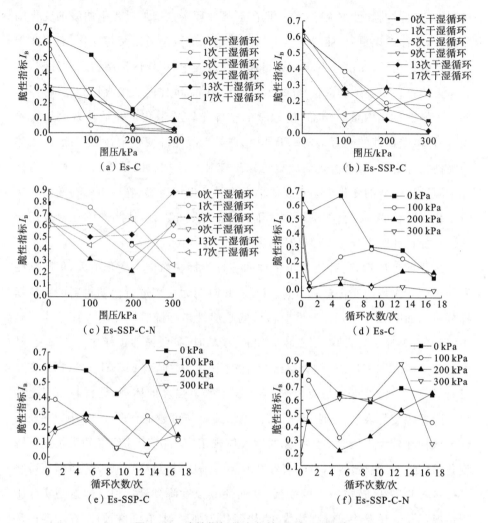

图 5.48 脆性指标的变化情况(60 d 龄期)

压到高围压的变化过程中破坏模式由应变软化型向应变硬化型转变,并且干湿循环次数的增加有助于其向应变硬化型转变。

(2)抗剪强度会随围压增大而增大,并受干湿循环的影响,但却不随循环次数单调变化。从抗剪强度变化幅度分析干湿循环的影响程度,发现随龄期增大抗剪强度变化幅度先增大后减小,并在 60 d 龄期时达到最大值,其中以 Es-C 试样的变化幅度最大,说明 Es-C 试样受到的影响最大。

(3)破坏应变随围压增大而增大,表明在实际工程中会有比试验中更好的塑性体现,同时也受干湿循环的影响而有不同程度的降低,但相比而言,围压的作用强于干湿循环的作用;脆性指标随围压增大而减小,表明了围压使土体表现出更好的塑性变形能力,并且脆性指标随干湿循环次数也非单调变化,从变化幅度来看,Es-SSP-C-N 试样受到的影响最大。

5.5　干湿循环下改良膨胀土微观结构及机理分析

膨胀土的胀缩特性在微观上主要表现在土体颗粒排列方式以及单元体的组成方式和组成土体的矿物成分方面。膨胀土中的黏性颗粒一般呈片状结构,多以稍曲状和平片状存在,在基质的裂隙和孔隙等密度小、边缘不规则的地方连通性好。膨胀土结构的单元体多以微叠聚体或黏片以面对面或面对边的叠加形式而存在,这些叠聚体多呈水平排列,并且排列紧密。这样的结构形式是膨胀土的基础构架,也是其容易产生胀缩变化的根本原因。其中微裂隙和孔隙是水分经过的良好通道,同时水的渗入使得膨胀土中的蒙脱石和伊利石等黏土矿物形成的面对面和面对边的叠聚体和黏片吸水膨胀,水膜增厚[57]。

采用水泥和钢渣粉等胶凝材料对膨胀土进行改良处理,其作用机理是通过胶凝材料的水化反应,包括离子交换、硬凝反应和结晶等,改变膨胀土的微结构,使其中的黏土矿物在结构成分比例和分布上产生变化,从而改良膨胀土的工程性质。

硅酸盐水泥所含的主要矿物是硅酸三钙(C_3S)、硅酸二钙(C_2S)、铝酸三钙(C_3A)、铁铝酸四钙($4CaO \cdot Al_2O_3 \cdot Fe_2O_3$,简式 C_4AF),其主要化学成分是氧化钙(CaO)、二氧化硅(SiO_2)、三氧化二铁(Fe_2O_3)、三氧化二铝(Al_2O_3)。由此可见,水泥材料是一种由多种氧化物混合组成的矿物。当这些物质处于水环境中时,它们会发生水解和水化反应,生成大量的晶体,如水化硅酸钙凝胶(C-S-H)、水化铁酸钙凝胶(C-F-S)、氢氧化钙晶体[$Ca(OH)_2$,简式 CH]、水化铝酸钙晶体(C-A-S)、水化硫铝酸钙晶体等,并且存在大量的游离的金属阳离子,如 Ca^{2+} 和 Al^{3+} 等。不同的晶体分别由一种或多种水泥矿物水化产生,其中 C_3S 和 C_2S 的水化反应会生成 $Ca(OH)_2$ 和水化硅酸钙(C-S-H),C_3A 水化产生 C-A-S,C_4AF 水化生成 C-F-S 和 C-A-S 等,化学反应方程式如下:

$$3CaO \cdot SiO_2 + H_2O \longrightarrow CaO \cdot SiO_2 \cdot YH_2O(凝胶) + Ca(OH)_2 \quad (5.5)$$

$$2CaO \cdot SiO_2 + H_2O \longrightarrow CaO \cdot SiO_2 \cdot YH_2O(凝胶) + Ca(OH)_2 \quad (5.6)$$

$$3CaO \cdot Al_2O_3 + 6H_2O \longrightarrow 3CaO \cdot Al_2O_3 \cdot 6H_2O(水化铝酸钙,不稳定) \quad (5.7)$$

$$3CaO \cdot Al_2O_3 + 3CaSO_4 \cdot 2H_2O + 26H_2O \longrightarrow 3CaO \cdot Al_2O_3 \cdot 3CaSO_4 \cdot 32H_2O(钙矾石,三硫型水化铝酸钙) \quad (5.8)$$

$$3CaO \cdot Al_2O_3 \cdot 3CaSO_4 \cdot 32H_2O + 2(3CaO \cdot Al_2O_3) + 4H_2O \longrightarrow 3(3CaO \cdot Al_2O_3 \cdot CaSO_4 \cdot 12H_2O)(单硫型水化铝酸钙) \quad (5.9)$$

$$4CaO \cdot Al_2O_3 \cdot Fe_2O_3 + 7H_2O \longrightarrow 3CaO \cdot Al_2O_3 \cdot 6H_2O + CaO \cdot Fe_2O_3 \cdot H_2O \quad (5.10)$$

生成钙矾石的化学反应方程式如下:

$$3C_3A + 3(CaSO_4 \cdot 2H_2O) + 26H_2O \longrightarrow 3CaO \cdot Al_2O_3 \cdot 3CaSO_4 \cdot 32H_2O \quad (5.11)$$

$$C_3A + 3(CaSO_4 \cdot 2H_2O) + 2Ca(OH)_2 + 24H_2O \longrightarrow 3CaO \cdot Al_2O_3 \cdot 3CaSO_4 \cdot 32H_2O \quad (5.12)$$

$$3C_3A \cdot CaSO_4 + 8CaSO_4 + 6CaO + 96H_2O \longrightarrow 3(3CaO \cdot Al_2O_3 \cdot 3CaSO_4 \cdot 32H_2O) \quad (5.13)$$

水泥的水解和水化将生成碱性环境,碱性环境有利于水泥水化反应的进行,伴随着胶凝材料的水化和水解,水泥土中存在大量的 Ca^{2+} 和 Al^{3+} 等高价阳离子,它们在土中与黏土颗粒中的 K^+ 和 Na^+ 进行离子交换,使土体的双电层结构厚度减薄,减小土体颗粒表面吸附水的厚度,使土颗粒之间的吸附力更大,土颗粒之间形成絮凝作用,聚合成小团粒,从而使结构更加稳定,并且高价阳离子的存在使膨胀土的渗透压力减小,能抑制渗透膨胀量的发展。水泥水化生成的各种水化产物各有用途,其中 C-S-H 是水化反应中最主要的构成部分,它具有一定的强度,并且具有胶结作用,在土体中可以将膨胀土颗粒包裹住并胶结土颗粒团粒和各种团聚体颗粒,增加土体的强度;CH 在水泥土中作为难溶于水的结晶体而存在,在提高土体强度的同时也有胶结土颗粒的作用,能提高土体的整体性,并且还会与空气中的二氧化碳发生碳化反应,生成方解石($CaCO_3$),进一步提高土体的强度和整体性。正是因为存在这些硬凝反应、火山灰反应和碳化反应等,膨胀土的强度和胀缩特性都有了极大的改善。

钢渣粉的组成成分与水泥相似,在矿物成分上也以 C_2S 和 C_3S 为主,不同的是钢渣粉中 C_2S 比 C_3S 多,同时钢渣粉的生成温度较高($1600\ ℃$),甚至高于硅酸盐水泥熟料($1450\ ℃$),并且要经过急冷处理,致使其矿物成分结晶更加致密,晶粒粗大,故其水化反应缓慢[58,59],因此其没有水泥活性高,在水化反应中早期的作用较小。钢渣粉的化学成分会因炼钢材料的不同以及制作工艺的差别而产生较大的差别,其主要成分是 CaO、SiO_2、Al_2O_3、Fe_2O_3、MgO、FeO、P_2O_5 和 RO 相等[8],钢渣粉的水化反应产物也与水泥的相似。

5.5.1　SEM 试验方法

为了对膨胀土的微观结构进行观察,并分析经水泥和钢渣粉等胶凝材料改良后土体的微观特性,我们进行了电镜扫描试验(SEM 试验),试验主要包括三个步骤,即制样、装样和电子显微镜扫描。

制作试样:制作试样时采用三轴压缩试验中被压缩破坏的试样,主要取已破坏试样的剪切破坏面附近的土体,试样是尺寸约为 $1cm \times 1cm \times 2mm$ 的薄板。

装样:分为两个步骤,首先将制作好的试样用导电胶粘在金属板上,并将之放入高压喷射涂布机中进行喷铂,目的是使土体试样具有导电性;然后将喷铂后的试样安装在主机中,并调整好镜筒与试样之间的间距。

电子显微镜扫描:用电脑控制,对试样的不同位置进行不同倍数的放大观察,并拍摄图片以供分析。

5.5.2　膨胀土改良前后的微观结构变化分析

首先对膨胀土干湿循环前后的试样进行 SEM 扫描,在低倍镜(2000 倍,简写为 2k 倍)下观察试样结构的整体性和裂隙情况。由图 5.49(a)可知,在干湿循环前,土体颗粒之间的联结更加紧密,观察面也比较平整,但是上面也存在着一些小的孔洞以及细小的裂隙,表明采用压实制样法,未改良土试样的土颗粒间联结得很好,密实度也较高;从图 5.49(b)可以看出,干湿循环后土体试样显得更加疏松,土颗粒之间的联结明显较弱,颗粒之间的间隙增大,整体上结构比较松散,并且在观察面可以看到很多孔隙和裂隙,还都较大,这表明在干湿循环过程中,膨胀土经历了吸水和失水的反复作用,土颗粒之间的联结作用明显减弱,同时土体中的孔隙不断发展,造成结构松散和裂隙发育。

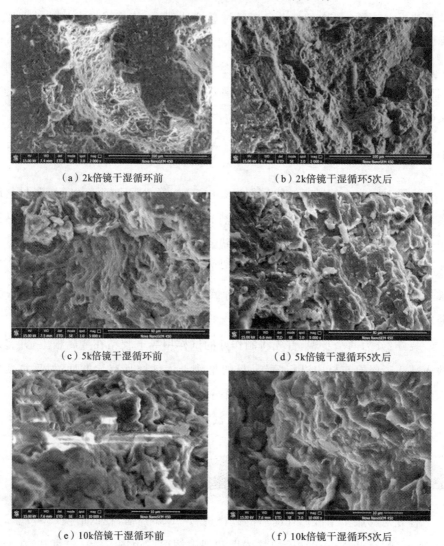

（a）2k倍镜干湿循环前 （b）2k倍镜干湿循环5次后

（c）5k倍镜干湿循环前 （d）5k倍镜干湿循环5次后

（e）10k倍镜干湿循环前 （f）10k倍镜干湿循环5次后

图 5.49　Es试样在干湿循环前后的微观结构

在电子显微镜的 5000 倍（5k 倍）和 10000 倍（10k 倍）的放大倍数下观察,发现未改良土试样中土体颗粒更多呈层状结构,边缘呈不规则形状,黏土矿物之间的联结以面对面居多,干湿循环前后的变化主要体现在干湿循环后土体中单独存在的黏土颗粒增多,并且层状矿物之间的间距有所加大,从而使土颗粒间的联结力降低。从图 5.49(c)和(e)中可以看出,土中以块状和层片状颗粒为主,土体微结构单元的排列定向性相对较好,其中有些矿物呈棉絮状分布,这是伊蒙混层[60],而且成分较多,这是会吸水发生膨胀的物质;在图 5.49(d)和(f)中,土颗粒多以粒状和扁片状为主,颗粒之间的联结减弱,形成松散的结构。

5.5.3 各类改良土干湿循环前后的微观结构变化分析

1. 7 d 龄期时改良土干湿循环前后的微观结构

用水泥和钢渣粉这样的胶凝材料对膨胀土进行改良,膨胀土在土体结构上产生变化,微观结构也有了较大的差别。

图 5.50 为 7 d 龄期时各类改良土在 2k 倍镜下的 SEM 图像,可看出在结构上三类改良土相比未改良土颗粒之间分布更加均匀,并且颗粒排列更加紧密。水泥和钢渣粉作为胶凝材料,初始时填充在膨胀土中,使多种材料在干拌的过程中充分接触,在加水拌和中胶凝材料相对分布均匀,水泥和钢渣粉水化反应中产生的 C-S-H 和 CH 等物质具有凝胶作用,将胶结膨胀土颗粒并填充颗粒之间的缝隙,同时水化反应产生的大量 $Ca(OH)_2$ 作为微溶物也会以结晶的形式出现在土颗粒表面,增加土体的强度。这时在微观结构上我们可以观察到相对紧密的结构,但在 2k 倍的放大倍数下难以看到水化产物的结构形态,只能观察到外貌特征。通过比较发现,在三种改良土体中,Es-SSP-C-N 和 Es-C 试样的观察面上颗粒分布更加均匀,而且颗粒之间的联结较为紧密,孔隙中也填充了胶凝材料和水化产物。而 Es-SSP-C 试样结构比较疏松,如图 5.50(b)所示,土体的颗粒经过水化产物的胶结团聚,颗粒较为粗大,但在大的团聚体之间还有

（a）Es-C　　　　　　　（b）Es-SSP-C　　　　　　（c）Es-SSP-C-N

图 5.50　7 d 龄期时各类改良土在 2k 倍镜下的 SEM 图像

明显的裂隙,构成试样的缺陷,致使其强度比另外两种土体的强度略低。

图 5.51 为 7 d 龄期时各类改良土经 9 次干湿循环后在 2k 倍镜下的 SEM 图像,可见在干湿循环之后,土体的微观形貌变化不大,没有明显的劣化痕迹,甚至可以看到大颗粒裂隙在进一步弥合,尤其是 Es-SSP-C 试样。这表明在早期的干湿循环中,土体裂隙部分被水填充,但由于结构在受到水侵蚀的同时仍进行着胶凝材料的水化反应,并且早期胶凝材料的水化反应并不充分,所以在更加充足的水环境中水化反应快速完成,水化产物进一步填充孔隙结构并胶结土体颗粒,使土体结构更加密实。

(a) Es-C   (b) Es-SSP-C   (c) Es-SSP-C-N

图 5.51 7 d 龄期时各类改良土经 9 次干湿循环后在 2k 倍镜下的 SEM 图像

图 5.52 为 7 d 龄期时各类改良土在 10k 倍镜下的 SEM 图像。在高倍(10k倍)镜下,改良土的土体单元排列紧密,定向性较好,颗粒之间的胶凝物质清晰可见,其中以板状分布的 $Ca(OH)_2$ 和形状不规则却具有胶凝特性的 C-S-H 为常见物质,反映水化反应的程度。在图 5.52 中可以看到,Es-SSP-C-N 试样和 Es-C 试样的土颗粒胶结得更加密实,黏土颗粒与 C-S-H 连接紧密,并且有 $Ca(OH)_2$ 结晶体分布其中,其中 Es-C 试样的 SEM 图像中胶凝材料的水化产物以无定型结构存在,将未水化的水泥和钢渣粉材料以及黏土颗粒包裹并连接在一起。在图 5.52(a) 中可以看到棱角比较分明的未水化的水泥颗粒,但黏土矿物颗粒则不太明显,只能看到大颗粒之间的联结。由此可见,膨胀土在水泥的掺和下,黏土颗粒被具有胶凝性质的水化产物保护着,水化产物在性能上较为稳定且对水的敏感性较低,在干湿循环作用下使对水分较为敏感的黏土颗粒与水接触的机会大大降低,同时胶凝材料的胶结作用还可以承受黏土颗粒遇水膨胀产生的膨胀力,对土体颗粒形成约束,因此在干湿循环环境中,土体的胀缩

特性大幅削弱,并且强度有了质的提高。另外在 C-S-H 的表面有零星分布的片状的 Ca(OH)$_2$ 结晶体,表明了水化反应不充分。

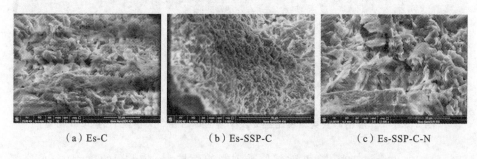

（a）Es-C　　　　　　　　（b）Es-SSP-C　　　　　　　（c）Es-SSP-C-N

图 5.52　7 d 龄期时各类改良土在 10k 倍镜下的 SEM 图像

对于另外两种改良土体,它们反应机理相似,只是有了钢渣粉的参与,一方面钢渣粉的活性较低,尤其在早期的试样中,水化反应较慢,并且在与水泥和膨胀土拌和均匀后占了一定的土体空间,在与水进行水化反应后也吸收了一部分的水,导致水泥水化反应时水不足,因此它们水化反应的程度不如单独掺加水泥的 Es-C 试样。在图 5.52(b)中可以看到,在无定型的水化产物中有较多棱角平滑的钢渣粉颗粒以及少量的水泥颗粒,未水化的胶凝材料颗粒镶嵌于 C-S-H 和 C-A-H 等水化产物中,与黏性土颗粒进行胶结,试样的强度得到了提升,并且在干湿循环中也会有较稳定的性能表现,但由于其水化反应的程度较低,性能终究会弱于另外两种试样。

由图 5.52(c)可知,在早期的相同龄期时,Es-SSP-C-N 试样具有更加紧密的结构,土体颗粒被团絮状的水化产物所包裹,形成密实的团聚体,其中大量的片状 Ca(OH)$_2$ 堆叠在一起,表征水化反应的充分性,在未水化的胶凝材料和黏土颗粒上存在大量 C-S-H 和 C-A-H 等胶结矿物,并且两者连接处有很多针状物存在,形成空间框架结构,起到很好的联结作用,对土体中存在的微裂隙进行填充,并且也使孔隙周边的颗粒联结良好。

对比图 5.52 和图 5.53,即对比干湿循环前后 SEM 图像可知,物质的组成没有较大的差别,并且颗粒排列仍然十分密实,但是在土颗粒或团聚体颗粒之间的微裂隙中胶凝状况略有区别。在干湿循环条件下,水的不断侵入,使试样中部分微溶物质如 Ca(OH)$_2$ 溶解,并且在多次干湿循环中不断被溶解、侵蚀,

（a）Es-C　　　　　　　（b）Es-SSP-C　　　　　　（c）Es-SSP-C-N

图 5.53　7 d 龄期时各类改良土经 9 次干湿循环后在 10k 倍镜下的 SEM 图像

部分胶结物也会被破坏，微裂隙部位受到影响而扩大；在干燥的过程中，水分挥发，部分溶解物随即重新结晶，因此在裂隙周边存在一些零散分布的片状物质，且结合不牢固；在整个干湿循环中，水在侵蚀土体结构的时候胶凝材料的水化反应仍在进行中，因此胶结性能还在正常的范围内，但即使如此，土体强度仍受到影响而有所降低。

2. 60 d 龄期时改良土干湿循环前后的微观结构

由图 5.54 可知，60 d 龄期时土体的微观结构中颗粒排列更加紧密，与 7 d 龄期的试样对比可以发现，在相同的倍数下观察，此时试样的整体性更强，更多作为一个整体单元而存在，土颗粒间或土颗粒与胶凝材料间形成的团聚体之间的分界更加模糊，表示在龄期增长的过程中，伴随着一系列的硬凝反应、碳酸化反应以及火山灰反应的进行，形状各异的具有胶结性质的产物不断产生，水化产物不断增多，在土颗粒表层形成一层保护膜。这个保护膜不仅可以提高强度，还可以隔绝黏性颗粒与水的接触，并且可以提高土体的密实性和整体性。同时，颗粒和团聚体之间的孔隙也逐渐被水化产物所填充，微裂隙结构进一步

（a）Es-C　　　　　　　（b）Es-SSP-C　　　　　　（c）Es-SSP-C-N

图 5.54　60 d 龄期时各类改良土在 2k 倍镜下的 SEM 图像

减小,因此 60 d 龄期时试样有较高的密实度和较小的孔隙比例,在强度上也有一定幅度的提升。

三种改良土的 SEM 图像中,Es-SSP-C-N 和 Es-C 试样的结构更加致密一些,从图 5.54(a)和(c)可以看出,在观察面上两者均具有更大的表面平整度,微裂隙较少,土颗粒被胶凝材料包覆得更加彻底,大量的片状和团絮状的物质相互堆叠和覆盖,膨胀土中的黏土颗粒基本已经看不到,只有少量的零散片状的结构点缀在团聚体上,且微裂隙更多的是相互堆叠的水化产物层与层之间的缝隙;Es-SSP-C 试样在 60 d 龄期时也具有密实的结构,从图 5.54(b)可以看出,结构的整体性十分好,土体颗粒与试样中存在的各种其他颗粒都牢固地连接在一起,形成一个整体,颗粒之间的缝隙也被胶结物质填充和覆盖,密实性与前两者试样相同,只是在结构的表面有较多碎小的颗粒影响了结构的整体性。值得注意的是,在 Es-SSP-C 试样团聚体之间的孔隙中存在着不同的结构与连接方式。

如图 5.55 所示,在高倍镜下观察可发现,Es-SSP-C 试样中有大量的神经网络状的结构连接着周边的团聚体,其特点是有一个中间的连接点,然后通过它向周边发射条状结构与周边的团聚体连接,这些条状物除以中间的连接点为汇聚中心外,相互之间也交错排列,形成空间网络,这种结构在填充微裂隙结构的同时也有联结周边聚合物的作用,在干湿循环过程中有阻止水分进入的功能,在强度和整体性上也会有正向的影响。通过 EDS 对这种条状物进行定点分析,如图 5.56(a)所示,发现这种物质是由大量的 C、Ca、Si 和 O 元素,以及少量的 Fe 和 Al 元素构成,没有 S 元素表示不是 AFt,比较元素原子百分比发现,这是水化产物的组合体,主要是 C-S-H。这种物质具有很好的胶凝性,并且有网状结构,另外还存在 C-A-F-H,这是其中有 Fe 和 Al 元素存在的缘故,而大量的 C 元素是 $CaCO_3$ 的组成元素。在胶凝材料的水化反应中会生成大量的 $Ca(OH)_2$,但是其微溶于水并且稳定性较差。$Ca(OH)_2$ 这种结晶物,一方面在龄期增大的过程中会与空气中的 CO_2 反应,转化成更加稳定的方解石($CaCO_3$),另一方面试样在压缩试验中破坏后产生破坏面,使试样内部与空气接触,进一步加快了碳化反应的速度,因此在试样中总会有较多的 $CaCO_3$ 存在,这也从侧面反映了水化反应的程度。通过以上分析,可以得出如下结论:这

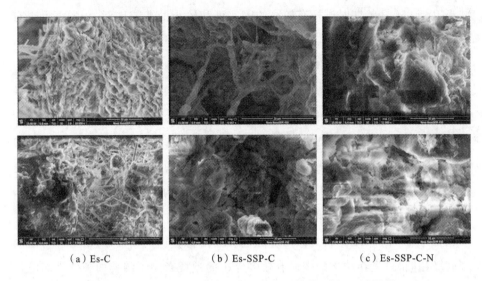

（a）Es-C　　　　　　（b）Es-SSP-C　　　　　　（c）Es-SSP-C-N

图 5.55　60 d 龄期时各类改良土在 10k 倍镜下的 SEM 图像

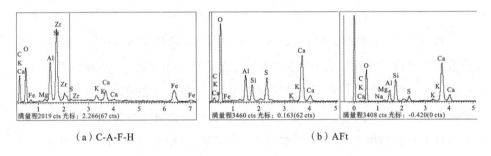

（a）C-A-F-H　　　　　　　　　　　　　（b）AFt

图 5.56　EDS 能谱图

种神经网络似的空间网状结构是以方解石为连接点,通过 C-S-H 和 C-A-F-H 等具有胶凝性的水化产物与周围结构连接,以提高试样的整体性和强度。这表明即使在孔隙结构较为发达的 Es-SSP-C 试样中,水化产物也会充分发挥胶结作用来增强结构的整体性,为试块的强度做出贡献。

在 Es-SSP-C-N 和 Es-C 这两种更加密实的试样中同样存在着微裂隙结构,不同的是前者更多的是大的团聚体之间的缝隙以及层状分布的水化产物之间的裂隙,而后者则是较为细小的颗粒之间的连接孔洞,两者有相同的填充空隙的物质,即呈短棒状和针状物质。如图 5.56(b)所示,通过 EDS 能谱分析,该物质主要由 Ca、Al、Si 和 O 元素以及少量的 S 元素组成,结合元素的成分比例以及物质的形状,极可能是钙矾石(AFt)。在 Es-C 试样中,AFt 以短棒状和针状混合存在,并且以短棒状为主填充于团聚体之间的空隙中,使团聚体连接起来,细小的针状钙矾石填充于更狭窄的缝隙之中。在 Es-SSP-C-N 试样中,AFt 以细小的针状为主,连接着堆叠在一起的胶结物。AFt 是水泥和钢渣粉在 S 元素参与下水化反应生成的水化产物,以结晶物存在,在整个水化反应中占有一定的比例,但土体中 S 元素含量较少,在逐渐水化反应过程中 S 元素逐渐被消耗完,此时 AFt 就会逐渐转化为单硫型硫铝酸钙(AFm),直至最终转化为稳定的 C-A-F-H,因此结构中针状和棒状物质会逐渐减少,这种现象的出现也意味着在 Es-SSP-C-N 和 Es-C 两种试样中前者的水化反应更充分。

60 d 龄期是水泥和钢渣粉等胶凝材料水化比较充分的时长,在这个龄期时三种改良土试样均具有比早期更大的强度,同时在多种水化产物以及二次水化产物等矿物的结合下,土体密实度和整体性也有很大的提升,这表明在土体本身密实的情况下,干湿循环作用对试样的强度以及变形的影响将会更加微弱,此时土体的强度在相同干湿循环次数下变化幅度小于早期时的变化值,但在胶凝材料充分水化反应使结构更加密实的同时,试样中的水泥以及钢渣粉也消耗极大,在土体中未水化的胶凝材料所占的比例极大减小,此时组成土体的物质是大量的 C-S-H 和 $Ca(OH)_2$ 等水化产物,以及原有的膨胀土黏土颗粒,还有少量的未水化的胶凝材料。当然随着龄期逐渐增大,有一部分 $Ca(OH)_2$ 与空气中的 CO_2 反应生成 $CaCO_3$,虽然这种反应较慢,但在时间充足以及与空气充分接触的情况下也会有大量的碳化反应发生,而此时干湿循环的过程仍然是水的侵蚀作用与水化反应的强化作用互相抵消的过程,但此时水化反应的强化效果弱于干湿循环的侵蚀效果。然而在结构较为密实的土体中,试样的表面以及内部所存在的微裂隙比早期时更加细小,干湿循环中水的侵蚀作用将会更加费力,一方面在作用时间上,需要更加长的时间才能对表面的结构进行破坏,然后作用在更深层次的结构中;另一方面在干湿循环次数上,需要更多的循环次数才会产生明显的强度劣化作用。因此,此时的改良土试样在干湿循环中的强度变化具有更加稳定的表现,然而在水化作用较弱的情况下,经过较多次的干湿循环后干湿循环带来的影响仍有所体现,即出现明显的强度曲线降低的现象。

图 5.57 所示为三类改良土体在 9 次干湿循环后的微观结构,首先在物质成分上与干湿循环前没有较大的差别,仍然是以呈团絮状分布的 C-S-H 和 C-A-H 凝胶物质为主要部分,然后是较多的呈片状堆叠的 $Ca(OH)_2$ 结晶体,水化物之间形成紧密的连接,并且在颗粒之间的缝隙中存在 AFt 来连接周边的团聚体,提高了土体的整体性。值得注意的是,AFt 是一种不溶于水的晶体,其强度很高,但是却没有胶凝性,在改良土结构中更多是以一种中间物质存在,会随着水化反应的进行逐渐转化为更加稳定的 C-A-F-H,但它的存在对强度有很好的作用,尤其是在干湿循环过程中。试样吸水或者说水分进入试样的内部主要依靠外表面的渗透作用以及内部的毛细作用,但由于裂隙细小以及毛细作用微弱,能够与试样内部结构接触的水十分少,因此干湿循环的作用主要对试样外表面产生影响,而其内部结构的强度将保持得很好,这才有干湿循环后试样的外表面破坏严重但强度仍然很高的现象。AFt 结构作为针状物质填充于空隙之中,又不溶于水,除可以支撑和联结土颗粒之外,还具有阻水的作用,可以有效地削弱干湿循环中水对裂隙周边矿物的破坏作用。

（a）Es-C　　　　　　　（b）Es-SSP-C　　　　　　　（c）Es-SSP-C-N

图 5.57　60 d 龄期时各类改良土经 9 次干湿循环后在 10k 倍镜下的 SEM 图像

对比图 5.57 和图 5.58 可知,相比 9 次干湿循环后,15 次干湿循环后试样中的物质状态有了变化,首先在 Es-C 试样中,孔隙周边出现了一些碎小的片状的且有些透明的物质,经过 EDS 测定是 $Ca(OH)_2$,同时其中的针状结构物 AFt 更加细小,并且排列更加无序,只有一端连接在团聚颗粒内,碎小的片状物显然是干湿循环中溶解和重结晶的难溶物质,使土体更加松散,同时也扩大了微裂隙;钙矾石在水化反应中不断减少,并且随着裂隙周边结构被侵蚀,其附着点也遭到破坏,从而出现更加无序的排列,这也是土体强度降低的原因。相比而言,拥有钢渣粉的 Es-SSP-C-N 和 Es-SSP-C 试样结构变化则更加细小,尤其是前者,在图 5.58 中,其结构仍然显得十分密实且碎小的颗粒很少,表明其内部结构受干湿循环的影响小。这也印证了在变形特性方面,Es-SSP-C-N 试样在干湿循环中体积和质量变化只是外表面受到侵蚀、剥落造成的,内部结构仍然较为密实。

(a) Es-C　　　　　　　　(b) Es-SSP-C　　　　　　　(c) Es-SSP-C-N

图 5.58　60 d 龄期时各类改良土经 15 次干湿循环后在 10k 倍镜下的 SEM 图像

3. 90 d 龄期时改良土干湿循环前后的微观结构

图 5.59 为 90 d 龄期时各类改良土在干湿循环前的微观结构图,此时改良土中难以看到未水化的胶凝材料以及黏土颗粒,在观察面上能够看到的都是水化产物形成的覆盖层,水泥等胶凝材料的水化过程会随时间逐渐反应充分,意味着在后期能够进行水化的胶凝物质逐渐减少,因此试样的强度也将进入增长速度减缓的阶段,印证了在 60 d 到 90 d 龄期时改良土强度增长慢于前期的结论。在高倍镜下进行观察,Es-SSP-C-N 试样仍然是片状和团絮状的水化产物相互胶结形成的团聚体,是一种密实度很高的材料;而 Es-C 试样中有大量的球状和细棒状物质聚集在一起,经过 EDS 能谱分析可知,这种物质由大量的 C 和 O 元素以及少量的 Ca、Si、Al 和 N 元素构成,具体物质难以推测,形状类似于生物固氮的根系结构。由图 5.59(a) 和 (d) 可以看出,这种球状物质聚集在水化产物之上,但明显又没有胶凝特性,不能使团聚体颗粒之间形成联系,反而使结构更加松散,在干湿循环中强度更易受到影响。这印证了在 90 d 龄期时 Es-C 试样在干湿循环前强度高于 Es-SSP-C 试样的情况下,干湿循环后的强度却低于后者的现象。

由图 5.60 可知,此时干湿循环的作用类似于 60 d 龄期时,水的侵入和挥发

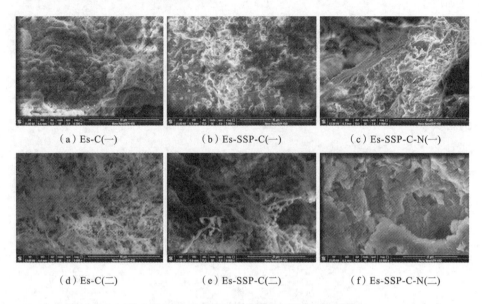

（a）Es-C（一）　　　　　（b）Es-SSP-C（一）　　　　　（c）Es-SSP-C-N（一）

（d）Es-C（二）　　　　　（e）Es-SSP-C（二）　　　　　（f）Es-SSP-C-N（二）

图 5.59　90 d 龄期时各类改良土的 SEM 图像

是造成试样性能减弱的主要作用力,而且改良土的水化反应的强化作用也几乎不存在了,但由于本身所具有的密实性,且取样时采用的破裂面部位更靠近试样的内部,因此其 SEM 图像在干湿循环前后没有明显的变化。在失去了自我保护的能力时,干湿循环对试样外表面的作用将更加明显,因此在干湿循环过程中,改良土试样,尤其是 Es-SSP -C-N 试样表皮严重破坏并且脱落,虽然内部结构较为完整,使试样的强度仍然能够保持较大的值,但表面的凹凸不平导致其吸水更严重,从而变形量相对较大。

（a）Es-C　　　　　（b）Es-SSP-C　　　　　（c）Es-SSP-C-N

图 5.60　90 d 龄期时各类改良土经 9 次干湿循环后在 10k 倍镜下的 SEM 图像

对三个养护龄期及干湿循环前后的土样进行了电镜扫描和能谱分析,从微观结构和物相组成角度对膨胀土改良机理做出解释,得出以下结论:

（1）在干湿循环条件下，未改良土颗粒之间的联结力进一步减小，层状分布的颗粒之间有明显的间隙，同时伴随有结构松散以及裂隙发展，因此会有性能减弱的表现；改良土颗粒排列得更加紧密，在水化产物的胶结作用下有更强的整体性表现，在干湿循环的作用下，相比未改良土的变化更小。

（2）在龄期增加的过程中，各类改良土的微观结构，由早期的黏土颗粒、未水化胶凝材料和水化产物同时可见，逐渐变为只能看到形状不一的水化产物，反映了水化反应的深入进行，表明了水化反应对黏土颗粒的保护作用，这也是试样性能提升的原因之一。

（3）在早期，相比干湿循环前，干湿循环后改良土的结构中，呈不定形态分布的 C-S-H 和板状分布的 $Ca(OH)_2$ 等水化产物增多，尤其以 Es-SSP-C 试样最为明显；但在后期，试样在经历干湿循环后虽然仍能保持完好的结构，但在 15 次干湿循环后会出现大量散乱分布的 $Ca(OH)_2$ 等物质，这是干湿循环侵蚀作用下微溶物溶解并重结晶的结果，尤以 Es-C 试样受到的影响最大。

（4）在 Es-SSP-C 试样中存在一种特殊结构，它以方解石为连接点，以 C-S-H 和 C-A-F-H 等具有胶结性的物质为线，形成空间网络结构，保障试样的整体性和强度，也起到阻碍干湿循环时水通过的作用，这是其干湿循环承受能力更强的原因之一。

5.6 本章小结

干湿循环下，膨胀土的湿胀干缩是很多实际工程遇到的重要问题，本章使用钢渣粉和水泥作为固化剂，NaOH 作为激发剂对膨胀土进行改良，以室内试验的方法验证改良膨胀土在干湿循环中的性能。研究的内容主要包括 Es、Es-C、Es-SSP-C 和 Es-SSP-C-N 四种试样在 7 d、28 d、60 d 和 90 d 四个养护龄期时，在 0～9(17) 次干湿循环中的物理力学特性。设计的试验有无荷载膨胀率试验、体积/质量监测试验、无侧限抗压强度试验、三轴压缩试验。根据试验结果，得出以下结论：

（1）在变形特性上，改良方案对膨胀土有极大的改良效果，无荷载膨胀率的数值减小了 90% 以上，尤其是 Es-SSP-C-N 试样的膨胀率最小；随干湿循环次数的增加,Es 试样膨胀率呈跳跃式增大,分别在第 1 次、第 3 次干湿循环时,而改良土的膨胀率保持得更为稳定,总体保持在较低的水平上,但也有小幅度的变化,早期是先增大后减小,到后期以增大为主,表明干湿侵蚀作用逐渐大于水化作用。在体积、质量变化率上,改良土同样只有很小的变化值,是干湿循环过程中土体性能优化的体现,并且由曲线形式可以判断出,未改良土在干湿循环中的变形具有不可恢复性,而改良土则具有更好的保持整体性的能力,但也会在多次干湿循环后出现变形增大的现象。

(2) 在强度上,四种试样无侧限抗压强度和三轴压缩下抗剪强度均有 Es-SSP-C-N>Es-C>Es-SSP-C>Es,一方面表现出改良方案对膨胀土强度的改良效果,另一方面也可看出 Es-SSP-C-N 方案具有性能优势。从改良方案角度来看,随龄期的增大,三种改良土体强度均呈上升趋势,但 Es-SSP-C-N 增长速度相对落后于另外两者,这是其早期强度发展迅速的结果,也是 NaOH 作为激发剂,能加快水化反应进度,却无法加深反应程度的体现。

在干湿循环次数增大过程中,未改良土缓慢积累损伤并有突变性强度降低,而改良土更多以缓慢变化为主,并且干湿循环过程中随干湿侵蚀和水化强化两者主导地位的转换,改良土强度随循环次数增大,由早期的先减小后增大,逐渐变为后期的逐渐减小,但后期导致强度出现较大变化的循环次数也相应增大,如 60 d 龄期时在 13 次干湿循环后才出现明显降低,可见龄期带来的试样密实性提升有助于抵抗干湿循环的侵蚀作用。

土体的残余强度与峰值强度存在相关性,随龄期增长和围压增大,峰值强度提升,残余强度也增大,另外在干湿循环作用下,残余强度受到影响而起伏变化,其中变化幅度最大的是 Es-SSP-C-N 试样,土体在强度提升的同时会以丧失一部分塑性变形能力为代价;破坏应变随围压增大而增大,在实际工程中改良土将有更好的塑性表现,但破坏应变随干湿循环次数增加而有一定的减小,从整体来看,围压具有更强的作用效果。

(3) 从微观机理出发,膨胀土在干湿循环过程中裂隙发育,并且土体松散化严重,颗粒间作用力进一步减小;改良土在水泥和钢渣粉的水化作用下,产生大量的 $C-S-H$、$Ca(OH)_2$ 和 $C-A-H$ 等物质,这些物质对膨胀土中较大孔隙进行填充的同时,也将土颗粒胶结联系,增强整体性和密实性,阻碍了干湿循环中水与黏土颗粒的接触。另外,在团聚体颗粒之间的缝隙中发现有 AFt,这种水化产物可起到框架支撑的作用,同时也有防止水分侵蚀的效果;并且在 Es-SSP-C 试样中发现了一种以方解石为连接点,以 C-S-H 和 C-A-H 等胶凝物质为连线的空间网络结构,形成了独有的连接方式,为土体整体性做出贡献。

第6章
冻融循环下钢渣粉改良膨胀土试验研究

在高寒地区开挖路堑、新修边坡和修建路基等时,膨胀土往往直接暴露于自然的冻融环境中,这将导致膨胀土冻胀、融沉以及冻融前后土的物理力学性质发生变化,进而对冻土地区的工程结构造成巨大的影响。因此,冻融作用对膨胀土力学性质的影响是现代冻土工程中亟待解决的问题。在对膨胀土相关变形和稳定性进行分析时,必须考虑冻融作用对膨胀土物理力学性质的影响以及冻融循环前后土体力学参数的变化。

在膨胀土地区进行工程施工,地质环境往往是复杂多变的,如何处理好膨胀土的体积变化是工程建设中的重中之重。在工程性质上,膨胀土与一般黏性土有很大的差异,膨胀土富含膨胀性黏土矿物,含蒙脱石、伊利石、高岭石较多,且在冻融循环作用下容易发生体积胀缩和强度衰减,导致工程结构产生变形而破坏。一般地基很少考虑气候变化与土中含水量变化对结构的影响,但对于膨胀土地基而言,大量降雨和严重干旱都足以引起建筑物的变形破坏。土中水分的变化不仅与气候有关,还受植被和热源等因素的影响[61],变化过程和性质是极其复杂的。

工程中常用的地基处理方法有换土法、土性改良法、灰土桩法、水泥桩加固法等。对于膨胀土地基,应做好:① 通过地表的防渗和排水工作来控制地基的含水量;② 可适当增加基础与地基的接触面积和基础深度来增强结构的稳定性;③ 提高建筑物的刚度并设置沉降缝来强化结构;④ 挖除持力层范围内的膨胀土,用砂或其他非膨胀土回填来增加地基的强度。水泥混凝土对固体颗粒有着吸纳量大、适应性强的优势,在水泥混凝土中掺入钢渣微粉、磨细矿渣粉和粉煤灰等,可节约水泥用量,降低工程造价,减少环境污染;掺入上述掺合料也可以改善混凝土性能[62-64],比如降低混凝土绝热温升,提高混凝土工作性能和后期强度,增强混凝土的密实性,提高其抗腐蚀能力等[65-67]。矿物掺合料的掺入符合现代土木工程的设计理念,可以在很大程度上提高混凝土路面的耐久性能,因此被称为高性能混凝土的第六组分[68,69]。因此,研究钢渣微粉等工业废弃物对道路混凝土路用性能的影响,进而采取措施延长混凝土路面的使用寿命以及减少后期的维修费用,可以经济有效地改善混凝土性能。

在冻融过程中,一旦土体的物理力学性质发生变化,就会直接影响地基及其上部结构的稳定性,会产生道路路基破坏和路面凹凸不平整等现象。寒冷地区的工程结构破坏了冻土区原有的水热收支平衡,使冻土的温度场、水分场、应力场发生变化,加速地基土体的冻融过程从而造成更严重的破坏[70]。因此,在寒冷地区进行工程活动时,必须充分考虑冻土性质的差异及其外界冻融状态的变化。此外,随着社会经济和科学技术的发展、人口数量的增长以及土地使用压力的增加,人类开始通过开发地下空间来扩大生存和生活范围。因冻土墙具有止水性好、强度高等优点,越来越多的城市地下工程结构都通过采用人工冻结法来隔绝地基与地下水的联系以加固软弱地基。但人工冻结法也存在一些不足:冻结施工会使土层原有温度场的分布发生变化,引发一定范围内地层的冻胀和融沉,对城市地下工程和周围建筑物产生不良影响,导致结构出现不同程度的隆起或沉降。综上,研究各种因素与土体变形之间的关系是预测人工冻结技术对周围土体环境影响的关键,而冻融作用对于寒区工程结构影响的研究既是重点又是难点。

膨胀土对外界环境变化表现出反复胀缩性和敏感性,使得其上建筑物发生的破坏往往具有反复性和多发性,且不易修复。据不完全统计,在 20 世纪 80 年代以前,全世界每年因膨胀土造成的损失在 50 亿美元以上,中国每年因膨胀土造成的各类工程建筑物破坏的损失也在数亿元以上[71-73]。为了减少膨胀土地基因自身性能差而产生的经济损失,开展在冻融循环过程中膨胀土物理力学特性变化的研究显得尤为重要,对膨胀土进行改性处理是国内外研究的重大课题。

鉴于冻融循环作用对膨胀土物理力学性质产生影响的研究收效尚浅,而冻融作用在寒区岩土工程和人工冻结法分析中又起着举足轻重的作用,本章通过一系列试验研究了不同温度、不同养护龄期以及不同改良方案下,冻融循环作用对膨胀土物理力学性质的影响。试验结果对寒区工程的稳定性研究具有重要意义:一方面可提供较为准确的物理力学参数,有利于进一步确定和细化其他物理力学参数;另一方面也为寒区计划工程的建设和已建结构的维护提供理论依据。

6.1 试验材料

试验所用膨胀土为临沂膨胀土,其物理力学性质见 5.1 节的介绍,钢渣粉由石家庄某钢铁厂废弃钢渣研磨而成,呈黑色粉末状固体,化学成分包括 MgO、Fe_2O_3、Al_2O_3、MnO 等,在矿物成分上与水泥相似,都含有大量的 C_2S 和 C_3S;另外,采用 $NaOH$ 作为钢渣粉的激发剂,所用 $NaOH$ 采购于天津市北联精细化学品开发有限公司,纯度为分析纯。

1. 膨胀土最大干密度

对膨胀土进行击实试验,击实试验结果如表 6.1 所示,击实曲线如图 6.1 所示。由图 6.1 可知,膨胀土试样最大干密度为 1.5 g/cm³,最优含水率为 28.2%。

表 6.1 土样击实试验结果

含水率/(%)	23.07	26.4	27.91	29.8	32.23
干密度/(g/cm³)	1.374	1.463	1.496	1.487	1.468

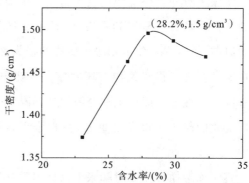

图 6.1 击实试样以及击实曲线

2. 膨胀土自由膨胀率试验实施方法

测定土体处于非结构化状态下膨胀特征的试验即为自由膨胀率试验。试验步骤按《土工试验方法标准》（GB/T 50123—2019）[74]进行，具体操作如下：

(1) 取代表性风干土,磨细并过孔径为 0.5 mm 的筛。将土样放在 105～110 ℃烘干箱内烘干,然后冷却至室温。

(2) 将无颈漏斗放在支架上,漏斗下口对准量土杯中心并保持 10 mm 距离。

(3) 用取土匙取适量土样倒入漏斗中,取土匙应与漏斗壁紧密贴合,边倒边用细铁丝轻轻搅动,当量杯装满土样并溢出时,停止倒土,刮去杯口多余土,称取土样质量并记录。本步骤应进行两次平行测定,两次测定的差值应不得大于 0.1 g。

(4) 在 50 mL 量筒内先注入 30 mL 纯水,再加入 5 mL 浓度为 5%的分析纯氯化钠(NaCl)溶液,将土样倒入量筒内,用玻璃棒上下搅拌悬液各 10 次,用纯水冲洗玻璃棒和量筒壁至悬液达 50 mL。

(5) 待悬液澄清后,每隔 2 h 测读 1 次土面读数(估读至 0.1 mL)。直至两次读数差值不超过 0.2 mL,认为土样膨胀稳定。

试验结果计算公式为

$$F_s = \frac{V_1 - V_0}{V_0} \times 100\% \tag{6.1}$$

式中　F_s——自由膨胀率,%,计算至 1%;

　　　V_1——土样在水中膨胀稳定的体积,mL;

　　　V_0——土样原体积,mL。

试验需进行平行量测,量测结果取算术平均值,平行量测的误差:$F_s < 60\%$时为 5%;$F_s \geqslant 60\%$时为 8%。平行量测的差值超出允许差值时,需要重新进行试验量测。试验照片如图 6.2 所示。

自由膨胀率试验结果见表 6.2。由表 6.2 可知,该土样的自由膨胀率为 66.5%,结合膨胀土的界限含水率和塑性指数,根据表 6.3,试验用土属于中等膨胀土。

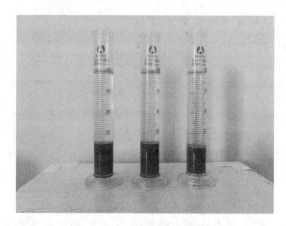

图 6.2　自由膨胀率试验照片

表 6.2　土样自由膨胀率试验结果

量筒编号	土样原始体积/mL	土样最终体积/mL	体积增量/mL	自由膨胀率/（%）	平均值/（%）
1	10	16.6	6.6	66	66.5
2	10	16.7	6.7	67	

表 6.3　膨胀土的膨胀潜势分类

分级标准	级别			
	非膨胀土	弱膨胀土	中等膨胀土	强膨胀土
自由膨胀率 $F_s/$（%）	$F_s < 40$	$40 \leqslant F_s < 65$	$65 \leqslant F_s < 90$	$F_s \geqslant 90$
塑性指数	$I_P < 15$	$15 \leqslant I_P < 28$	$28 \leqslant I_P < 40$	$I_P \geqslant 40$

3. 膨胀土自由膨胀比试验实施方法

自由膨胀比是指 10 g 过孔径为 0.425 mm 筛的烘干土样在分别盛有蒸馏水和煤油（或 CCl_4）的标准量筒（容积为 50 mL）中沉积稳定时的体积比[75]。《公路土工试验规程》(JTG 3430—2020)[76]规定进行自由膨胀率试验的土样粒径为 0.5 mm。为了与国内自由膨胀率试验结果以及查甫生等[77]的研究结果相对照,本书定义土的自由膨胀比为 10 g 过孔径为 0.5 mm 筛的烘干土样在分别盛有 NaCl 溶液和煤油（或 CCl_4）的标准量筒（容积为 50 mL）中沉积稳定时的

体积比,公式如下:

$$F_r = \frac{V_d}{V_k} \tag{6.2}$$

式中 F_r——自由膨胀比(无量纲);

V_d——过孔径为 0.5 mm 筛的烘干土样在 NaCl 溶液中膨胀稳定后的体积,mL;

V_k——过孔径为 0.5 mm 筛的烘干土样在煤油(或 CCl_4)中膨胀稳定后的体积,mL。

自由膨胀比试验步骤同自由膨胀率试验,第四步中采用煤油溶液时,先在量筒内注入 30 mL 煤油,将土样倒入量筒内,用玻璃棒上下搅拌悬液各 10 次,用煤油冲洗玻璃棒和量筒壁至悬液达 50 mL。图 6.3 为自由膨胀比试验照片,每 2 个量筒为一组,每组左边量筒装有 NaCl 溶液,右边量筒装有煤油,并用塑料薄膜密封,防止煤油挥发。

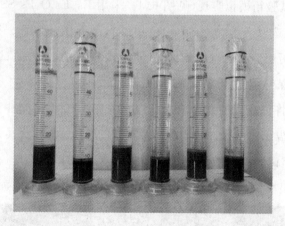

图 6.3 自由膨胀比试验照片

自由膨胀比试验结果见表 6.4,可知该土样的自由膨胀比为 1.55。根据表 6.5,试验用土膨胀性为中等,主要黏土矿物成分为蒙脱石族。

表 6.4 土样自由膨胀比试验结果

指标	V_d/mL	V_k/mL	F_r
数值	16.6	10.7	1.55

表 6.5　膨胀土的膨胀性分类[78]

自由膨胀比	膨胀性	黏土类型	主要黏土矿物成分
≤1.0	无	非膨胀土	高岭石族
>1.0~1.5	低	膨胀性与非膨胀性黏土混合物	高岭石与蒙脱石族
>1.5~2.0	中等	膨胀土	蒙脱石族
>2.0~4.0	强	膨胀土	蒙脱石族
>4.0	很强	膨胀土	蒙脱石族

6.2　冻融循环试验方案及试样制备

1. 冻融循环试验方案

本试验研究的是膨胀土在冻融循环条件下的物理力学特性,冻融循环条件由 DWX 低温试验箱模拟实现,见图 6.4。采用 Es、Es-C、Es-SSP-C、Es-SSP-C-N 四组试样,共选取 7 d、28 d、60 d、90 d 四个龄期,在 −5 ℃、−10 ℃、−15 ℃ 三个温度下进行膨胀土冻融循环试验研究。以 7 d 龄期的 Es 试样在 −10 ℃ 下为例说明。用保鲜膜包裹试样,采取平行试验,一组包裹 3~4 个试样,一个试样作为备用。将包裹好的试样放入低温试验箱 −10 ℃ 环境中冷冻 12 h,而后将试样放在室温下融化 12 h,记为一次冻融循环。本试验共进行 12 次冻融循环,完成一组试验需连续进行 12 d。60 d 龄期试样要进行 −5 ℃、−10 ℃、−15 ℃ 三个温度的冻融循环试验,以期能够形成温度上的强度损失率对比、

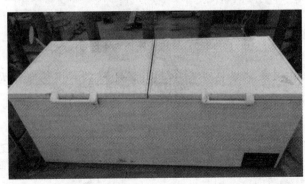

图 6.4　DWX 低温试验箱

变形情况对比等。7 d、28 d 和 90 d 龄期的试样均只进行－10 ℃的冻融循环试验对比。

试验前对纯膨胀土以及改良土试样的初始质量、高度和直径进行测量,冻融循环过程中 12 h 冷冻结束和 12 h 融化结束后同样测量相关物理量,计算试样体积和质量变化情况。将尺寸为 $\phi 3.91\ \text{cm} \times 8\ \text{cm}$ 的试样经过冷冻之后放到室温下进行融化,待 12 h 之后分别进行无侧限抗压强度试验、三轴压缩试验;将强度试验之后破损的试样磨细,过孔径为 0.5 mm 的标准筛后烘干,进行自由膨胀率和自由膨胀比试验,研究冻融循环对膨胀土膨胀性的影响。用尺寸为 $\phi 6.18\ \text{cm} \times 2\ \text{cm}$ 的试样进行无荷载膨胀率试验,试验中将冷冻 12 h 后的试样安装于 WZ-2 型膨胀仪中进行一维无荷载膨胀率试验,研究冻融循环对膨胀土工程力学特性的影响。

2. 试样制备

扰动土试样的制备,应按下列步骤进行:

(1) 将碾碎的风干土样通过孔径为 2 mm 的筛,取筛下足够试验用的土样,充分拌匀,测定风干土含水率,装入保湿缸或塑料袋内备用。

(2) 根据击实试验测得的最优含水率和最大干密度,计算制备试样所需的加水量,公式如下:

$$m_w = \frac{m_0}{1+0.01\ w_0} \times 0.01(w_1 - w_0) \tag{6.3}$$

式中　m_w——制备试样所需要的加水量,g;

$\quad m_0$——风干土质量,g;

$\quad w_0$——风干土含水率,%;

$\quad w_1$——制样要求的含水率,%。

(3) 称取过筛的风干土样平铺于搪瓷盘内,将水均匀喷洒于土样上,充分拌匀后装入盛土容器内盖紧,润湿一昼夜。

(4) 测定润湿土样不同位置的含水率,应不少于两点,含水率差值不得大于 $\pm 1\%$。

(5) 根据试样筒容积及所需的干密度,计算制样所需的湿土量,公式如下:

$$m_0 = (1+0.01\ w_0)\rho_d V_2 \tag{6.4}$$

式中 ρ_d——试样的干密度,g/cm^3;

V_2——试样筒容积,cm^3。

(6)采用击样法制样,根据式(6.4)计算出湿土所需质量,分 5 份倒入试样筒中,用击实器每次击实 25 下,每层击实完后均须刮毛。

(7)取出试样,立即存放在恒温恒湿的养护箱中养护备用。

注:含水率与干密度均取试验测定的最优含水率和最大干密度。对于掺加钢渣粉、水泥、氢氧化钠的试样,相应提高其含水率。

本试验需制备两种尺寸的试样,分别为 $\phi 3.91$ cm×8 cm、$\phi 6.18$ cm×2 cm,前者用于无侧限抗压强度试验、三轴压缩试验,后者用于一维无荷载膨胀率试验。

图 6.5、图 6.6 分别为浸润土样图和冻融循环试样图。土样浸润时用保鲜膜封存,冻融循环试验进行中试样用保鲜膜包裹以减少水分散失,并给每组冻融循环试样编号,分别为第 1、2、3、6、8、10、11、12 次 F-T 循环(即冷融循环)。7 d 龄期时冻融循环选取 8 个 F-T 循环次数(即 1 次、2 次、3 次、6 次、8 次、10 次、11 次、12 次)进行试验,28 d、60 d、90 d 龄期时只选取 1 次、3 次、6 次、8 次、10 次、12 次 F-T 循环次数进行试验。

图 6.5　浸润土样图

图 6.6　冻融循环试样图

3. 试样分组

表 6.6 是试验选取的各试样掺量配比,该配比是本试验团队根据 7 d 龄期试样的强度情况选取的最优掺量。为了方便比较,现将纯膨胀土的试样称为 Es 试样,单掺水泥的试样称为 Es-C 试样,掺加钢渣粉和水泥试样称为 Es-SSP-C 试样,掺加钢渣粉、水泥、氢氧化钠试样称为 Es-SSP-C-N 试样。

表6.6　各组别试样掺量配比

试验组别	简称	水泥/(%)	钢渣粉/(%)	氢氧化钠/(%)
纯膨胀土	Es	0	0	0
水泥土	Es-C	10	0	0
钢渣粉-水泥土	Es-SSP-C	10	15	0
氢氧化钠激发 钢渣粉-水泥土	Es-SSP-C-N	10	15	1.5

（1）土体塑性指数为 37.1，因 $I_P > 17$，故该土体为黏土；该膨胀土的自由膨胀率为 66.5%；由于膨胀比为 1.55，黏土矿物成分为少量蒙脱石族，故试验用土属于中等膨胀土。

（2）土样最大干密度为 1.5 g/cm³，最优含水率为 28.2%，制备试样的含水率采用最优含水率，用土量由最大干密度确定。制作的试样尺寸分别为 ϕ3.91 cm×8 cm、ϕ6.18 cm×2 cm。

（3）采用 Es、Es-C、Es-SSP-C、Es-SSP-C-N 四组试样，共选取 7 d、28 d、60 d、90 d 四个龄期和 −5 ℃、−10 ℃、−15 ℃ 三个温度。将保鲜膜包裹好的试样放入低温试验箱中冷冻 12 h，而后将试样放在室温下融化 12 h，记为一次冻融循环，本试验共进行 12 次冻融循环，一组试验完成需连续进行 12 d。

6.3　冻融循环下钢渣粉改良膨胀土物理特性

膨胀土是由蒙脱石、伊利石和高岭石等亲水性矿物组成的高塑性黏土，有极强的吸水性，并且对水的敏感度十分高。膨胀土具有失水收缩、遇水膨胀的显著的胀缩性。在冰冻过程中，黏土矿物除了会因水分冻结成冰而体积膨胀外，还会因为失水发生体积收缩；在融化过程中，黏土矿物除了会因冰融化成水而体积减小外，还会因为遇水吸收发生体积膨胀。当膨胀土的胀缩性在冻融过程中起主导作用时，其体积就会呈现"冻缩融胀"的变化规律；当水的物理性（水冻成冰，体积增大；冰化为水，体积减小）在冻融过程中起主导作用时，其体积就会呈现"冻胀融缩"的变化规律。本书将"冻缩融胀"转化为"冻胀融胀"或"冻缩融缩"的冻融循环次数作为分割点，又称冻融点。随着冻融循环次数的增多，膨胀土试样从不稳定态向动态稳定态转变,其冻缩量和融胀量渐趋稳定[79]。

由图6.7(a)可看出,冻结后Es试样表面布满冰晶,且试样直径和高度均有一定程度的鼓胀,尤其是高度,还可看出试样两端表面呈圆鼓状,且表面有不规则形状的裂纹,有深有浅,这就是膨胀土的冻胀融缩现象。由图6.7(b)可看出,试样完成融化后,表面冰晶大部分被重新吸入试样中,试样表面出现大量鱼鳞状裂纹,且试样两端明显疏松,说明冻融循环作用对试样的破坏是由外向内扩展的。

（a）　　　　　　　　　　　（b）

图6.7　冻融循环条件下冻结及融化后Es试样图

6.3.1　冻融循环作用下体积变化率试验及分析

1. 纯膨胀土和改良土的体积变化率

试验中,对每次冻融循环中12 h冻结和12 h融化完成后的试样立即进行直径和高度的测量,数据由游标卡尺量测。为减小测量误差,对每个试样的不同位置进行5组直径和3组高度的数据采集,以其平均值作为相应的直径和高度;每组取3个平行试样的平均值作为最终的直径与高度,计算试样的体积,见式(6.5)。图6.8为各组别膨胀土试样体积变化率(膨胀为正值,收缩为负值)随冻融循环次数的变化情况,体积变化率计算公式见式(6.6)、式(6.7)。为了更直观表达冻融循环中膨胀土试样冷冻和融化后体积的变化关系,引用两者体积变化率差值进行分析,见式(6.8)。

$$V_a = \pi d^2 h_a / 4 \tag{6.5}$$

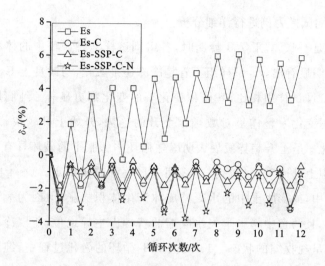

图 6.8　各组别试样冻融循环的体积变化率(－10 ℃,7 d)

(横坐标的循环次数中,0.5、1.5……代表 1 次冷冻、2 次冷冻……,1、2……代表 1 次融化、2 次融化……)

$$\delta_{V1} = \frac{V_b - V_a}{V_a} \times 100\% \qquad (6.6)$$

$$\delta_{V2} = \frac{V_c - V_a}{V_a} \times 100\% \qquad (6.7)$$

$$\Delta_V = |\delta_{V1} - \delta_{V2}| \qquad (6.8)$$

式中　V_a——试样初始体积,cm^3;

$\quad\quad$ V_b——冷冻后试样体积,cm^3;

$\quad\quad$ V_c——融化后试样体积,cm^3;

$\quad\quad$ d——试样初始直径,cm;

$\quad\quad$ h_a——试样初始高度,cm;

$\quad\quad$ δ_{V1}——冷冻后试样体积变化率,%;

$\quad\quad$ δ_{V2}——融化后试样体积变化率,%;

$\quad\quad$ Δ_V——冷冻和融化后试样体积变化率差值,%。

因试样制备是以最大干密度确定土量和以最优含水率为标准,同时以含水率作为膨胀土膨胀性能的主导因素,故将制作好的 Es 试样放于阴凉环境下进行养护,以减少水分散失,养护龄期为 7 d,各改良土试样置于恒温恒湿养护箱(温度为 20 ℃,湿度为 95%)中进行养护,为与纯膨胀土形成对比,以下部分均

191

选取 7 d 龄期试样为例进行详细分析。

图 6.8 是 −10 ℃ 下 7 d 龄期时,各组别试样冻融循环中的体积变化率走势。可以很明显看出,Es 试样组不管是冷冻还是融化,与改良土 Es-C、Es-SSP-C、Es-SSP-C-N 试样组相比,其体积变化率的变化都更显著。纯膨胀土冻融循环时,其体积变化率整体呈对数函数上升的趋势,开始上升较快,之后趋于平缓,体积变化率呈上升趋势发展表明冻融循环中膨胀土的破坏具有积累性和不可恢复性,但上升速度先快后慢也表明变形逐渐趋于稳定。1～4 次 F-T 循环的冷冻过程中,纯膨胀土中的水凝结成冰产生体积膨胀,但因为大量失水而出现体积收缩,且两者中膨胀土失水收缩的特性占主导地位,所以冷冻体积与初始体积相比呈现收缩的状态。1～4 次 F-T 循环的融化过程中,纯膨胀土中的冰融化成水造成体积减小,但又因吸收水分产生膨胀使得体积相对增大。在第 5 次 F-T 循环的冷冻过程中,体积变化率为 0.55%,出现冻胀融胀现象,即出现了冻融点。由此来看,冻融循环造成纯膨胀土试样体积变化的原因主要来源于两个方面:一是水的固液态转化,二是膨胀土黏土颗粒的吸水膨胀和失水收缩特性。初始时试样完整性高,在压实制样法下,结构较为致密,水分因温度变化产生的固态液态转化作用相对较弱,但在反复的冻融循环作用下,试样内裂隙不断发育,结构松散化严重,此时导致试样体积变化的两个因素主次地位互换,因此才会出现第 5 次 F-T 循环的冷冻过程中体积变化呈不一样的结果。而从第 8 次 F-T 循环开始,冻缩量和融胀量都渐趋稳定,并在 8～12 次 F-T 循环中,膨胀土进入动态稳定态。

由图 6.8 可知,改良土 Es-C、Es-SSP-C、Es-SSP-C-N 试样在整个冻融循环过程中融化时体积没有出现膨胀的现象,反而收缩了。这是因为钢渣粉和水泥中的胶凝材料发生水化反应致使体积收缩,同时消耗黏粒间的吸附水从而引起干燥收缩和开裂。Es-C 和 Es-SSP-C 试样在第 1 次 F-T 循环时,体积变化幅度是最大的,因为此时膨胀土冻缩融胀的特性最明显;从第 1 次 F-T 循环开始,膨胀土就进入动态稳定态,且没有出现膨胀的现象,说明单掺水泥和掺钢渣粉＋水泥的膨胀土均较好地改良了纯膨胀土性能。从图 6.8 可看出,Es-C 试样在第 1～6 次、第 12 次 F-T 循环中冻缩量和融胀量都要大于 Es-SSP-C 试样;第 7～11 次 F-T 循环中,Es-C 试样却优于 Es-SSP-C 试样,冻缩量和融胀量都小于

Es-SSP-C 试样。表 6.7 为 Es-C 和 Es-SSP-C 试样在冷冻和融化时的体积变化率对比情况。

表 6.7　Es-C 和 Es-SSP-C 试样在冷冻和融化时的体积变化率平均值

试样组别	1～6 次冻融循环		7～11 次冻融循环	
	冻缩量/(％)	融胀量/(％)	冻缩量/(％)	融胀量/(％)
Es-C	−2.305	−0.843	−1.162	−0.504
Es-SSP-C	−1.645	−0.533	−1.668	−0.842

在掺加钢渣粉、水泥的基础上又掺加氢氧化钠,形成 Es-SSP-C-N 试样。由图 6.8 可知,与 Es-SSP-C 试样相比,Es-SSP-C-N 冷冻时的体积变化率更大些,但融化时体积也没有出现膨胀的现象,且冻融循环下整体态势仍趋于稳定。NaOH 遇水放热,并为钢渣粉和水泥水化提供碱性环境,且游离的 Na^+ 进入蒙脱石的层间结构内,使得体积增大。

图 6.9 是 −10 ℃下 7 d 龄期时,四组别试样冷冻与融化时体积变化率差值。由图 6.9 可以看出,Es 试样组别对应的体积变化率差值曲线随冻融循环次数增加整体呈下降趋势,并且下降速度先快后慢,第 1～4 次 F-T 循环的冷冻与融化时体积变化率差值的平均值为 4.93％,第 5～12 次 F-T 循环的冷冻与融化时体积变化率差值的平均值为 2.84％。这反映了试样在冻融循环中的破坏虽然具有积累性和不可恢复性,但也会在反复的冻融循环中趋于稳定,并且在第 8 次 F-T 循环之后,曲线大体保持平稳,表明膨胀土体积变化进入动态稳定状态。冷冻体积变化率最大值可达 4.82％,融化体积变化率最大值可达 6.12％,这在实际工程中都会造成严重破坏。比较图 6.9 中 Es-C 和 Es-SSP-C 试样组别,可发现两者在冷冻与融化时体积变化率差值随着冻融循环次数增加的升降走势大致相同。试样组别 Es-C 和 Es-SSP-C 的体积变化率最大差值分别为 2.39％、1.51％,最小差值分别为 0.25％、0.51％,而 Es 试样的体积变化率最大差值可达 5.38％,表明改良土在冻融循环中对体积变化有了极大的控制力,在实际工程中将极大地减小对建筑物的影响。

图 6.10(a) 和 (b) 分别是 −10 ℃环境下各龄期的 Es-C 试样第 1、6、12 次 F-T 循环时的体积变化率曲线以及冷冻和融化两种状态下体积变化率差值曲

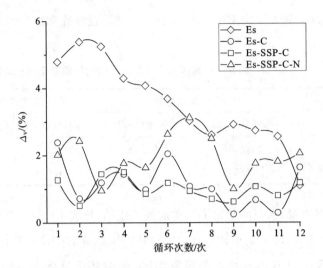

图 6.9　各组别试样冷冻与融化时体积变化率差值(−10 ℃,7 d)

线。图 6.10(a)中,7 d 和 28 d 龄期时试样随着冻融循环次数的增加,冷冻和融化时的体积变化率都在增加。但从图 6.10(b)中可知,两种状态下的体积变化率差值却是不变的。这说明 7 d、28 d 龄期的 Es-C 试样在整个冻融循环过程中,膨胀态势是稳定的,势必导致体积增大,土体破坏严重。反观 60 d、90 d 龄期的 Es-C 试样,随着循环次数的增加,冷冻和融化时体积变化率在减小,但两种状态下的体积变化率差值却在减小,说明膨胀态势在减弱,表明龄期的增大

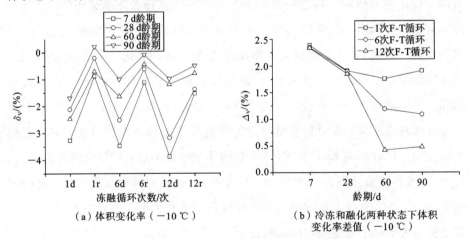

（a）体积变化率（−10 ℃）　　　　（b）冷冻和融化两种状态下体积
　　　　　　　　　　　　　　　　　　　　变化率差值（−10 ℃）

图 6.10　Es-C 试样体积变化率及其差值曲线

(注:d 表示冷冻,1 d 表示一次冷冻;r 表示融化,1 r 表示一次融化。)

对改良土试样膨胀潜势具有控制效果。

图 6.11(a)和(b)分别是−10 ℃环境下各龄期 Es-SSP-C 试样第 1、6、12 次 F-T 循环时的体积变化率曲线以及冷冻和融化两种状态下体积变化率差值曲线。图 6.11(a)中,随着龄期的增长,试样冷冻和融化两种状态下的体积变化率都在减小,且 90 d 龄期的 Es-SSP-C 试样冷冻和融化时的体积变化率均在零值上下微小浮动,说明土样膨胀态势得到控制,但随着冻融循环次数增加,体积变化率有所增大。图 6.11(b)中,各龄期下 Es-SSP-C 试样第 1、6、12 次 F-T 循环的体积变化率差值几近相同,而 Es-C 试样在后期三个冻融循环次数下体积变化率差值分化严重,这说明钢渣粉的掺入可以降低冻融循环对试样的破坏程度,且随着龄期的增加,各冻融循环次数下试样体积变化率差值在逐渐减小,且最小值在 0.3% 左右,表明土样膨胀态势已经得到良好控制。

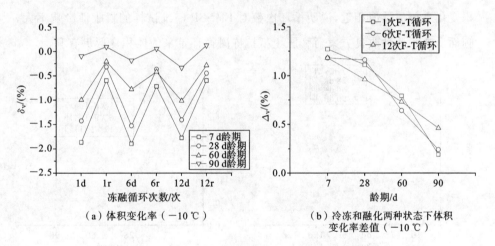

（a）体积变化率（−10 ℃）　　（b）冷冻和融化两种状态下体积
变化率差值（−10 ℃）

图 6.11　Es-SSP-C 试样体积变化率及其差值曲线

对比图 6.10 和图 6.11,7 d 龄期时从体积变化率上比较,Es-C 试样冷冻时均值为−3.5% 左右,融化时均值在−1.2% 上下;Es-SSP-C 试样冷冻时均值为−1.8%,融化时均值为−0.7%,两者与初始试样相比,各冻融循环次数下体积均呈收缩趋势,并且 Es-SSP-C 试样的体积变化率小于 Es-C 试样的,体现了钢渣粉的加入对保持体积稳定有利。90 d 龄期的试样在冷冻时体积收缩,融化时出现体积膨胀现象,Es-C 试样冷冻时体积收缩了 1.2%,融化时收缩了 0.3%,Es-SSP-C 试样冷冻时体积收缩 0.2%,融化时膨胀了 0.1% 左右。综上,龄期增长对改良土的稳定性有提升作用,以及掺加钢渣粉有助于抑制膨胀土的膨胀潜势,这是钢渣粉具有耐低温开裂特性的表现,对于改良膨胀土承受冻融循环作用的研究具有重大意义。

图 6.12(a)和(b)分别是－10 ℃环境下各龄期 Es-SSP-C-N 试样第 1、6、12 次 F-T 循环时的体积变化率曲线以及冷冻和融化两种状态下体积变化率差值曲线。从图 6.12(a)中可看出,28 d、60 d、90 d 龄期试样冻融循环时的体积变化率在－1%～0.5%之间,7 d 龄期试样冻融循环时的体积变化率在－3.5%～－0.5% 之间,由此可知,随龄期增大,试样承受冻融循环能力更强。图 6.12 (b)中,7 d、28 d、60 d 和 90 d 龄期试样的体积变化率差值曲线呈钝角形状,说明掺加 NaOH 可加快钢渣粉和水泥水化以稳固膨胀土,且 28 d 龄期时试样的膨胀态势已开始趋于稳定,然而各龄期下 1 次、6 次、12 次 F-T 循环下试样的体积变化率差值数值相近,说明循环次数对 Es-SSP-C-N 试样的膨胀性影响不大,侧面反映了此种改良方案对膨胀土抵抗冻融循环带来的体积变形更有利。

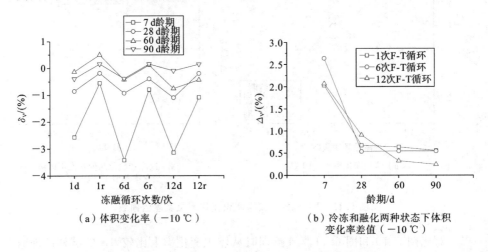

（a）体积变化率（－10 ℃）　　　（b）冷冻和融化两种状态下体积
变化率差值（－10 ℃）

图 6.12　Es-SSP-C-N 试样体积变化率及其差值曲线

水泥发生水化反应致使体积收缩,同时消耗黏土颗粒的吸附水而引起干燥收缩和开裂,对于膨胀土这一特殊土体而言,这具有很大的破坏性,且水泥掺量越多,膨胀土的收缩性能越差。对比图 6.10 至图 6.12 可知,Es-C、Es-SSP-C 和 Es-SSP-C-N 三种试样在 7 d 龄期时的体积变化都是各龄期中最大的,不同的是 Es-SSP-C 试样体积变化率低于另外两种。但随着龄期的增大,三种改良土的体积变化率都有一定程度的减小，且不同改良土之间的差异也逐渐显现，在体积变化率的减小程度上，Es-SSP-C-N 试样远远大于另外两种试样，从 28 d 龄期开始体积变化率已经在 1% 以内浮动；Es-C 试样体积变化率数值虽然也随龄期有所减小，但减小量不大，即使 60 d 龄期时，体积变化率也在 2% 左右，单独掺加水泥的改良方法劣势明显；另外 Es-SSP-C 试样的体积变化率整体上处于较小数值，随龄期增大体积变化率也在持续减小，但减小速度慢于 Es-SSP-C-N 试样，直至 90 d 龄期时才有了质的突破。由此可见，钢渣粉的掺入对改良土冻融循环中体积的稳定有利，但也表现了钢渣粉本身活性低的缺陷。综上，在承受冻融循环作用的能力上，有 Es-SSP-C-N＞Es-SSP-C＞Es-C。

2. 不同温度冻融循环下纯膨胀土与改良土的体积变化率

图 6.13(a) 为 Es 试样 60 d 龄期时各温度冻融循环下的体积变化率曲线。由层次分明的曲线可以看出，膨胀土有冻缩融胀特性，随着温度的降低，体积变

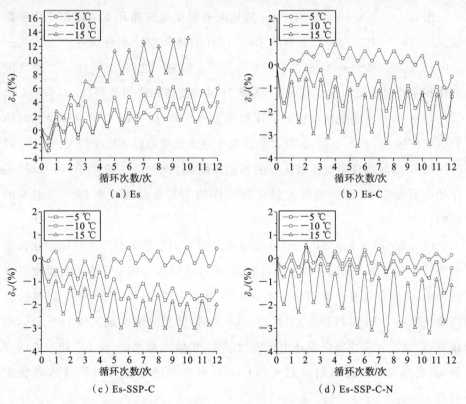

图 6.13　不同温度的冻融循环下各组别试样体积变化率(60 d)

化率增大,可见与常温差距越大的低温环境对膨胀土的损坏越大。表 6.8 为 60 d 龄期时 Es 试样在-5 ℃、-10 ℃、-15 ℃三种温度下冷冻收缩和融化膨胀状态的体积变化率最大值。Es 试样在-5 ℃、-10 ℃、-15 ℃冷冻时收缩最大值分别为2.19%、2.91%、1.22%,并且均发生在第 1 次 F-T 循环时,而融化膨胀最大值分别为 3.94%、6.12%、13.13%,大约呈 2 倍关系递增,且-15 ℃条件下 Es 试样在进行第 10 次 F-T 循环时已破碎,由此可见较低温度的冻融环境对纯膨胀土的破坏成倍加重。

表 6.8 Es 试样冷冻收缩与融化膨胀时体积变化率最大值(60 d)

温度/℃	-5	-10	-15
冷冻收缩最大值/(%)	2.19	2.91	1.22
融化膨胀最大值/(%)	3.94	6.12	13.13

图 6.13(b)为 Es-C 试样 60 d 龄期时各温度冻融循环下的体积变化率曲线。-5 ℃、-10 ℃和-15 ℃时 Es-C 试样的体积变化率分别在-2.26%~-0.17%、-0.98%~0.88%和-3.49%~-0.62%之间浮动,且-10 ℃环境下体积主要以膨胀为主。相比于纯膨胀土试样整体膨胀的趋势,Es-C 在-5 ℃和-15 ℃的整个冻融循环过程中体积均发生收缩,且-15 ℃下试样冷冻时体积收缩率远大于-5 ℃时,由此可见改良土在更低的温度下产生较大的变形,同时-15 ℃冻融循环中试样融化后的体积收缩率大于-5 ℃冻融循环中试样融化的体积收缩率,得出更低的温度对试样的变形及恢复变形都产生更大的影响。

图 6.13(c)为 Es-SSP-C 试样 60 d 龄期时各温度冻融循环下的体积变化率曲线。由三条曲线的起伏幅度可以看出,此时试样的体积变化率仍与温度有直接关系,同样在温度更低时出现更大的体积变化率;另外,Es-SSP-C 试样的体积变化率小于 Es-C 试样的,尤其是-15 ℃时,体积收缩率最大值小于 3%,相比 Es-C 试样在多次冻融循环中出现大于 3%的收缩量来说,有了一定程度的改善,表明钢渣粉的掺入对改良土体在更低温度的冻融循环中保持体积稳定有益。

图 6.13(d)为 Es-SSP-C-N 试样 60 d 龄期时各温度冻融循环下的体积变化

率曲线。与其他组别试样相同的是，−15 ℃低温时试样体积变化率仍最大，说明在所有改良土中更低温度的冻融循环都会带来更大的体积变形，尤其是收缩变形。但相比于 Es-C、Es-SSP-C 试样，此时试样在−5 ℃和−10 ℃时的体积变化率更小了，分别在−1.48％～0.27％、−0.54％～0.5％之间，体现了在整体性和密实性更高的改良土中，更低温度的冻融循环虽然也会使土体产生较大的变形，但在未超越此温度时，土体结构仍具备较高的自控能力。Es-SSP-C-N 试样与 Es-SSP-C 试样一样，体现出−10 ℃为最优冻融循环温度，但钢渣粉具有耐低温开裂的特性，两者体积变化率的值均略小于 Es-C 试样。

整体而言，三种改良膨胀土在冻融循环中的体积变化率都远小于纯膨胀土，均表现出良好的低温改良特性。

6.3.2　冻融循环作用下质量变化率试验及分析

膨胀土具有很高的膨胀潜势，这与它的含水率及其变化密切相关，当膨胀土的含水率不再发生变化时，体积就不会变化。当施工过程中遇到膨胀土时，如果黏土含水率不再发生变化，则不会对建筑物造成影响，但当黏土含水率发生变化时，则会引起水平和垂直两个方向的变形，且含水率仅发生 1％～2％的变化就足以引起有害变形。在某些雨季来临的膨胀土地区，土中含水率增加引起地板翘起、开裂等现象时有发生。

一般来讲，越是很干的黏土危险性越高，因为这类黏土更易吸收水分，结果是对构筑物产生破坏性膨胀。反之，比较潮湿的黏土，含水率已基本达到饱和，吸水后产生的膨胀变形不会很大，但在水位下降或其他条件变化引起土体含水率减小时，黏土收缩变形，仍会对建筑物造成下沉破坏。在冻融循环中，无论是纯膨胀土还是改良土，试样性能的变化都与水的作用分不开，也将伴随着质量的变化，故可从质量变化来分析试样的优劣性。在室内试验的冻融循环过程中，在每次冻融循环的 12 h 冻结和 12 h 融化完成时，立即使用精度为 0.01 g 的电子秤对试样的质量进行跟踪监测，冷冻和融化后的质量损失率公式见式(6.9)、式(6.10)。

$$\delta_{m1} = \frac{m - m_a}{m} \times 100\% \tag{6.9}$$

$$\delta_{m2} = \frac{m-m_b}{m} \times 100\% \qquad (6.10)$$

$$\overline{\delta_m} = \frac{|\delta_{m1}+\delta_{m2}|}{2} \qquad (6.11)$$

$$\Delta_m = |\delta_{m1}-\delta_{m2}| \qquad (6.12)$$

式中　m——试样初始质量,g;

　　　m_a——试样冷冻后质量,g;

　　　m_b——试样融化后质量,g;

　　　δ_{m1}——试样冷冻后质量损失率,%;

　　　δ_{m2}——试样融化后质量损失率,%;

　　　$\overline{\delta_m}$——试样冷冻和融化后质量损失率平均值,%;

　　　Δ_m——试样冷冻和融化后质量损失率差值,%。

　　冻融循环是常温和低温交替变化的过程,会使土体内部水分发生相变,并进行迁移。若将试样直接与空气接触,土体在冻融过程中就会发生水分变化,如在冬天因空气干燥会散失水分,而在夏天因空气潮湿又会吸收水分,进而影响膨胀土的胀缩变形与强度。所以本试验中将试样用保鲜膜包裹以减少水分的变化。

　　图 6.14 为 -10 ℃下 7 d 龄期时各组别试样的质量损失率情况。由图 6.14 知,无论何种组别试样,质量都有不同程度的损失,随着冻融循环次数增加,各组别试样质量损失率逐渐增大,即含水率逐渐减小,并且冷冻时质量损失率比融化时的大。这主要是因为试样在冷冻的过程中,内部水分向外迁移,具体表现为试样表面附着许多冰晶,有部分冰晶粘在保鲜膜上与试样分离,融化时保鲜膜上的水分又被试样所吸收。相比而言,纯膨胀土的质量损失率最大,最高可达 1.72%;其次是 Es-SSP-C 试样,最高为 1.24%;然后是 Es-C 试样,最高为 1.17%;最小是 Es-SSP-C-N 试样,质量损失率最高仅为 0.47%。由此顺序可以看出,试样中胶凝材料的水化反应程度与试样的保水性有极大的关系,因此水化反应最快的 Es-SSP-C-N 试样具有最小的质量损失率。现将各组别各循环次数下冷冻和融化后的质量损失率取平均数[参见公式(6.11)]并绘制成图(见图 6.15)。

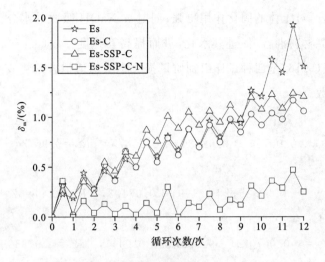

图 6.14　各组别试样的质量损失率($-10\ ℃$,7 d)

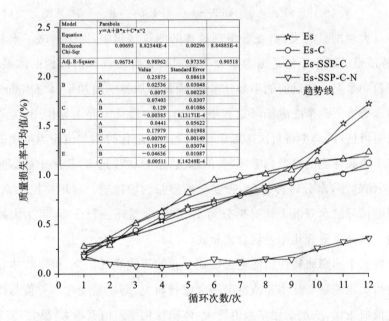

图 6.15　各组别试样的质量损失率平均值及其趋势线($-10\ ℃$,7 d)

由图 6.15 可知,Es 试样的质量损失率呈小开口向上的抛物线趋势;Es-C、Es-SSP-C 试样质量损失率呈开口向下的抛物线趋势;而 Es-SSP-C-N 试样的质量损失率呈现大开口向上抛物线趋势。值得注意的是,Es-SSP-C-N 试样质量损失率是极低的,原因是 NaOH 可激发钢渣粉和水泥发生水化反应,使得水分无法大量挥发,对土体的固化作用更强;同时被 NaOH 吸收的水分又与钢渣粉和水泥的胶凝材料混合,促进其水化,进而提高其强度。式(6.13)、式(6.14)、式(6.15)、式(6.16)是四种试样组别质量损失率平均值拟合趋势线的二次方程式及拟合系数。

Es:

$$y = 0.0075x^2 + 0.02536x + 0.25875, \quad R^2 = 0.96734 \tag{6.13}$$

Es-C:

$$y = -0.00385x^2 + 0.129x + 0.07403, \quad R^2 = 0.98962 \tag{6.14}$$

Es-SSP-C:

$$y = -0.00707x^2 + 0.17979x + 0.0441, \quad R^2 = 0.97336 \tag{6.15}$$

Es-SSP-C-N:

$$y = 0.00511x^2 - 0.04636x + 0.19136, \quad R^2 = 0.90518 \tag{6.16}$$

经过大量的试验发现,在各组别试样的测量过程中,因为忽略了水分的散失,试样质量的减小不仅是因为水分冷冻时转化为粘在保鲜膜内的冰晶,还有供钢渣粉和水泥水化反应的小部分水分,而试样质量的增加是因为冰晶态的水转化为液态水。整个冻融循环过程中,水分的物理反应起主导作用,为了使试验结果更可信,试验中将每次冻融循环中冷冻和融化时的差值作为本次冻融循环膨胀土膨胀性能的参考标准,即差值越大,水分转移越多,膨胀土的膨胀性能越强;差值越小,水分转移越少,膨胀土的膨胀性能越弱。运用单位元原理,将整个冻融循环的水分散失情况拆分为 12 次冻融循环进行分析,可大大减小试验误差。试样质量变化率差值公式见式(6.12)。

而膨胀土的膨胀特性也能通过体积变化的形式表现出来,可以将体积变化率差值情况跟质量变化率差值情况结合进行研究,即质量变化率差值与体积变化率差值成正比,质量变化率差值越大,体积变化率差值就越大;反之,就越小。

为方便对比研究,选取各龄期下 1 次、6 次、12 次 F-T 循环的试样数据进行分析。Es-C、Es-SSP-C、Es-SSP-C-N 试样在冷冻和融化两种状态下质量损失率差值如图 6.16(a)、(b)、(c)所示。冻融循环次数不同时,随着龄期的增长,质量变化率差值整体呈减小趋势,说明养护龄期越长,膨胀土的膨胀性能越弱,而且随循环次数增加,质量变化率差值也在减小,表示体积变化趋于稳定。

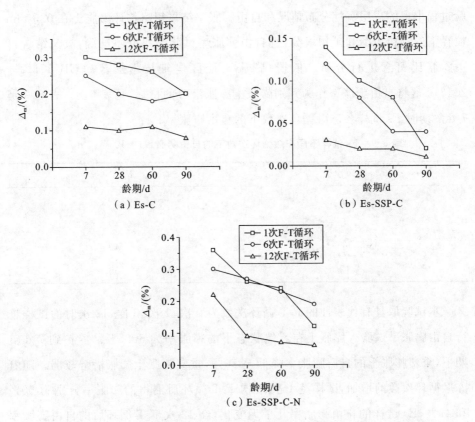

图 6.16 不同龄期、不同冻融循环次数时改良土试样冷冻和

融化两种状态下质量损失率差值(−10 ℃)

对比图 6.16(a)和图 6.10(b)可知,Es-C 试样随着养护龄期和冻融循环次数的增加,体积变化率差值和质量变化率差值总体成正比,均呈下降趋势。从数值上看,Es-SSP-C 试样冻融循环过程中各龄期、各循环次数下质量变化率差值最小,与图 6.11(a)、(b)中 Es-SSP-C 试样的体积变化率以及体积变化率差值最小相对应。这说明在冻融循环中试样质量变化率差值与体积变化率差值成正比。

6.3.3 冻融循环作用下自由膨胀率试验及分析

自由膨胀率是指人工制备的松散干燥的粒径小于 0.5 mm 的土样在 5% 浓度 NaCl 溶液中膨胀稳定后的体积增量与原始体积之比。由于此种情况下膨胀土处于松散的无结构状态,即不考虑外加荷载和侧限条件,因此只能根据其试验过程中土的成层沉淀分布情况和自由膨胀率结果粗略估计膨胀土在 0.5 mm 粒径下的颗粒级配和矿物成分,且自由膨胀率试验结果并不准确,故又结合自由膨胀比概念进行分析。依据《膨胀土地区建筑技术规范》(GB 50112—2013)[61],将自由膨胀率作为判别膨胀土膨胀潜势的指标,见表 6.3。表 6.9 是 7 d 龄期时 Es 试样各冻融循环次数下的自由膨胀率。

表 6.9　Es 试样不同冻融循环次数下的自由膨胀率(－10 ℃,7 d)

循环次数	$F_s/(\%)$
0	50
1	50
6	49
12	55

本试验取具有代表性的 F-T 循环次数为 0 次、1 次、6 次、12 次时的试样进行自由膨胀率试验。膨胀土在天然状态下的膨胀率为 66.5%。养护到 7 d 龄期下,重塑膨胀土的自由膨胀率降低至 50%,重塑膨胀土膨胀潜势较弱。随着冻融循环次数的增加,试样经 1 次、6 次 F-T 循环后测得的膨胀率分别为 50% 和 49%,Es 试样的自由膨胀率几乎无变化,经 12 次 F-T 循环后的自由膨胀率为 55%,膨胀潜势仍较弱,但自由膨胀率有所增加,说明循环次数较多时可提升膨胀土的自由膨胀率。可见,纯膨胀土的膨胀潜势与养护龄期无关,只与含水率有关,故此处只做 7 d 龄期时试样的自由膨胀率试验。

图 6.17 为各类改良土试样在最低温度为－10 ℃条件下进行不同次数的冻融循环的自由膨胀率曲线。图 6.17(a)为 Es-C 试样 7 d、28 d、60 d、90 d 龄期时,经 0 次、1 次、6 次、12 次 F-T 循环后的自由膨胀率曲线。相比于 Es 试样第 1 次 F-T 循环时自由膨胀率为 50%,7 d、28 d 龄期单掺水泥的 Es-C 试样自由膨胀率降低至 9%,降低幅度为 82%;60 d、90 d 龄期时自由膨胀率为 7%,降低幅度达 86%。随着循环次数和龄期的增加,自由膨胀率均有下降趋势,最小值出现在 90 d 龄期时的第 12 次 F-T 循环后,数值为－2%,即试样出现收缩现象。冻融循环对土体性能的影响主要体现在对其结构的破坏上,裂隙的发育、颗粒的松散以及整体性的劣化都是强度和无荷载膨胀率变化的原因。在自由膨胀

率试验中,膨胀率与无结构的土体材料相关,是土体自由态膨胀性的表现,也是土中矿物组成成分的体现,因此在龄期逐渐增加过程中,水化产物的不断增多是自由膨胀率降低的原因,而随冻融循环次数的增大,自由膨胀率降低,说明冻融循环的过程中伴随着胶凝材料的水化反应。可见,冻融循环的过程既是冻融作用侵蚀破坏土体的过程,也是胶凝材料进一步水化以改善土体性能的过程。

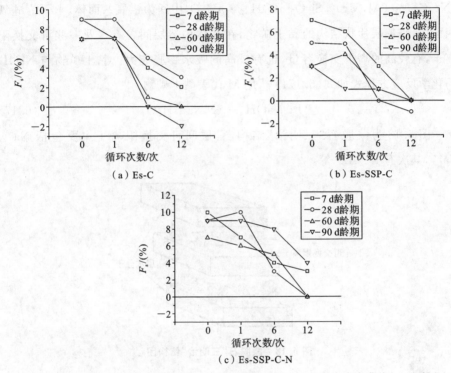

图 6.17　改良土试样在不同龄期与各冻融循环次数下的自由膨胀率曲线(−10 ℃)

图 6.17(b)为 Es-SSP-C 试样 7 d、28 d、60 d、90 d 龄期时,经 0 次、1 次、6 次、12 次 F-T 循环后的自由膨胀率曲线。掺加了钢渣粉和水泥的 Es-SSP-C 试样在 7 d、28 d、60 d、90 d 时的自由膨胀率分别为 7%、5%、3%、3%。随着龄期和循环次数的增加,试样自由膨胀率呈下降趋势,并且冻融循环对自由膨胀率的影响甚至大于龄期,7 d、60 d、90 d 龄期时经 12 次 F-T 循环后自由膨胀率已为 0。

图 6.17(c)为 Es-SSP-C-N 试样 7 d、28 d、60 d、90 d 龄期时,经 0 次、1 次、6 次、12 次 F-T 循环后的自由膨胀率曲线。Es-SSP-C-N 试样 7 d、28 d、60 d、90 d 龄期的自由膨胀率分别为 10%、9%、7%、9%。相比其他改良土试样,随着养护

龄期的增长,Es-SSP-C-N试样在各冻融循环次数下的自由膨胀率变大了,原因有以下几点:

(1) 掺加的NaOH为蒙脱石层间结构提供了Na^+。黏土矿物在NaOH碱性环境中会发生阳离子交换,成为易水化的钠型黏土,使膨胀土的水化膨胀加剧。蒙脱石晶体属于单斜晶系的含水层状结构硅酸盐矿物,蒙脱石分子式为$(Na,Ca)_{0.33}(Al,Mg)_2[Si_4O_{10}](OH)_2 \cdot nH_2O$,中间为铝氧八面体,上下为硅氧四面体,是三层片状结构的黏土矿物,在晶体构造层间含有水及一些可交换阳离子,有较高的离子交换容量,也有较高的吸水膨胀能力。黏土矿物与NaOH的化学反应方程式如式(6.17)[80],用M代表黏土矿物。

$$M+NaOH \longrightarrow MNa+H_2O \tag{6.17}$$

图6.18为蒙脱石"三明治"结构图,层间可交换阳离子主要包括Na^+、Ca^{2+},其次有K^+、Li^+等。

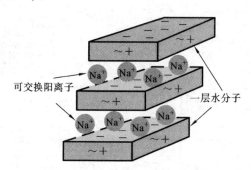

可交换阳离子

一层水分子

图6.18　蒙脱石"三明治"结构图

(2) NaOH碱性环境与硅酸盐矿物可发生一定程度的化学反应。各矿物与碱反应的活性从高到低依次为蒙脱石、高岭石、石膏、伊利石、白云石和沸石。碱与矿物反应的结果不仅导致离子交换,而且可能生成新的矿物。其化学反应方程式如式(6.18)[80]。

$$\begin{cases} 硅酸盐[硅铝酸盐]+OH^- \longrightarrow Si(OH)_4[Al(OH)_3] \\ Si(OH)_4+OH^- \longrightarrow Si(OH)_3O+H_2O \end{cases} \tag{6.18}$$

蒙脱石也称胶岭石、微晶高岭石,是由火山凝结岩等火成岩在碱性环境中风化而成的膨润土的主要组成部分[81],也有的是海底沉积的火山灰分解后的产物。其晶体化学式为$E_x(H_2O)_4\{(Al_{2-x},Mg_x)2[(Si,Al)_4O_{10}](OH)_2\}$,式中E

为层间可交换阳离子,主要为 Na^+、Ca^{2+},其次有 K^+、Li^+ 等;x 为 E 作为一价阳离子时单位化学式的层电荷数,一般在 $0.2 \sim 0.6$ 之间。根据层间主要阳离子的种类,蒙脱石可分为钠蒙脱石、钙蒙脱石等。在晶体化学式中,H_2O(结晶水或层间水等)一般都写在式子的最后面,但在蒙脱石中 H_2O 写在前面,表示 H_2O 与可交换阳离子一起充填在层间域里。E 与 H_2O 以微弱的氢键相连形成水化状态,若 E 为一价离子,离子势小,就会形成一层连续的水分子层;若 E 为二价阳离子,就会形成二层连续水分子层。这表明水分子进入层间与层格架(单元层)没有直接关系。水的含量与环境的湿度和温度有关,可多达四层[82-84]。

6.3.4　冻融循环作用下自由膨胀比试验及分析

对于相同体积和不同改良方案的膨胀土来说,其所含土样的质量是不一样的。用不同质量的土样在水中膨胀稳定后所得的自由膨胀率指标来评价不同改良方案膨胀土的膨胀性存在一定的局限性,故采用自由膨胀比试验以减小试验误差。

组成膨胀土的黏土矿物主要有蒙脱石、伊利石和高岭石。这三种黏土矿物遇水后,蒙脱石的膨胀性最大,伊利石次之,而高岭石基本没有膨胀性。Prakash 与 Sridharan[78] 的研究指出,高岭石遇水后产生的絮凝作用致使体积发生变化;而蒙脱石体积变化则是由黏土颗粒遇水后周围的双电层与扩散层之间的斥力引起的。膨胀土中主要存在的三种黏土矿物都由两种基本单位所构成,分别是硅氧四面体和氢氧化铝八面体,但这两种基本单位间连接的不同,造成了它们与水结合时体积变化的差异。在水溶液中,蒙脱石类矿物在水化吸附过程中晶格间阳离子间距增大,产生膨胀并引起体系结构的调整,使其体积可增大到原来的 20 倍,是亲水性矿物;而高岭石体积变化很小。但在煤油(或 CCl_4)有机溶剂中,蒙脱石的晶格扩展作用被抑制,而高岭石的膨胀性得到发挥[85,86]。自由膨胀比考虑了不同矿物在不同溶剂中产生差异体积变化这一因素,得到一无量纲的常数,此常数可近似为矿物中蒙脱石或高岭石含量的单调函数[86]。故在膨胀土中蒙脱石含量越高,自由膨胀比就越大;反之,高岭石含量越高,自由膨胀比就越小。因而自由膨胀比指标不但能够反映土的膨胀性,还能反映土中黏土矿物组成情况(见表 6.5),具有很好的实际应用价值。

表 6.10 为一10 ℃环境下 7 d 龄期时各组别试样的自由膨胀比。Es 试样在各冻融循环次数下自由膨胀比在 1.5～2.0 之间,参见表 6.5 可知土体呈中等膨胀性,主要黏土矿物成分为蒙脱石族。而 Es-C、Es-SSP-C、Es-SSP-C-N 试样自由膨胀比值均在 1.0～1.5 之间,呈低膨胀性,主要黏土矿物成分为高岭石和蒙脱石族,且自由膨胀比值越高,蒙脱石族含量越高。这说明掺加的 NaOH 为蒙脱石提供了大量 Na$^+$,使得 Es-SSP-C-N 试样的自由膨胀比要高于 Es-C、Es-SSP-C 试样。

表 6.10　各组别试样的自由膨胀比(一10 ℃,7 d)

循环次数/次	F_r			
	Es	Es-C	Es-SSP-C	Es-SSP-C-N
0	1.61	1.1	1.04	1.16
1	1.58	1.08	1.11	1.24
6	1.79	1.16	1.1	1.33
12	1.66	1.06	1.03	1.19

表 6.11 为一10 ℃环境下 28 d 龄期时各组别试样的自由膨胀比。与 7 d 龄期不同的是,Es-SSP-C 试样在第 6 次 F-T 循环时自由膨胀比为 0.93,膨胀土已无膨胀性,主要黏土成分为高岭石族,同样发生此种情况的还有 60 d、90 d 龄期时经 6 次、12 次 F-T 循环后。

表 6.11　各组别试样的自由膨胀比(一10 ℃,28 d)

循环次数/次	F_r			
	Es	Es-C	Es-SSP-C	Es-SSP-C-N
0	1.61	1.1	1.1	1.16
1	1.58	1.05	1	1.26
6	1.79	1.03	0.93	1.12
12	1.66	1	1	1.07

如表 6.10 至表 6.13 所示,Es-C 试样自由膨胀比的值均在 1.1 左右,说明龄期对单掺水泥的膨胀土的自由膨胀比无影响;Es-SSP-C 试样自由膨胀比出

现小于 1 的情况,说明掺加钢渣粉降低了蒙脱石含量,使得高岭石含量变大; Es-SSP-C-N 试样自由膨胀比较大,随着龄期的增长,自由膨胀比出现降低的趋势,蒙脱石含量变少,高岭石含量变大,原因如前所述。

表 6.12　各组别试样的自由膨胀比(－10 ℃,60 d)

循环次数/次	F_r			
	Es	Es-C	Es-SSP-C	Es-SSP-C-N
0	1.61	1.08	1.06	1.18
1	1.58	1.09	1.09	1.14
6	1.79	1.13	0.96	1.09
12	1.66	1.04	0.98	1.17

表 6.13　各组别试样的自由膨胀比(－10 ℃,90 d)

循环次数/次	F_r			
	Es	Es-C	Es-SSP-C	Es-SSP-C-N
0	1.61	1.04	1.11	1.1
1	1.58	1.08	1.01	1.07
6	1.79	1.16	0.97	1.09
12	1.66	1.06	0.89	1.06

6.3.5　冻融循环作用下一维无荷载膨胀率试验及分析

一维无荷载膨胀率是指在有侧限、无荷载条件下不同龄期、不同改良膨胀土试样高度的增量与初始高度的比值,它能够在一定程度上反映实际工程中膨胀土的现状。

1. 试验实施

冻融循环作用下一维无荷载膨胀率试验按下列步骤进行:

(1)试样制备是在直径为 6.18 cm、高度为 2 cm 的环刀内进行,按 6.2 节试样制备方法进行。

(2)在 WZ-2 型膨胀仪内放置套环、透水板和薄型滤纸,将带有试样的环刀装入护环内,试样上依次放上薄型滤纸和加压上盖,调整百分表位置,使其读数为 0。

注:试样是刚经过冰冻之后的试样,安装过程要连贯、快速,以减小试样融化导致的实验误差,滤纸和透水板的湿度应接近试样的湿度。(之所以采用冻融循环中冷冻结束后的试样,一方面是因为在试验中冷冻后的试样大量失水产生的收缩变形量大于同条件下吸水后膨胀的变形量,起到放大变形效果的作用,便于观察;另一方面是因为冷冻试样进行无荷载膨胀率试验相当于是对试样的快速融化,可以从侧面反映冻融循环中试样的变形规律,同时也不影响观察不同冻融循环次数对土体无荷载膨胀率的影响。)

(3) 自下而上向容器内注入纯水,并保持水面高出试样 5 mm。注水后分别在 5 min、10 min、20 min、30 min、40 min、50 min、60 min、90 min、120 min、150 min、180 min、240 min、300 min⋯测记位移计读数,直至间隔 2 h 两次读数差值不超过 0.01 mm 时,认为膨胀稳定。任一时间的膨胀率,应按式(6.19)计算:

$$\delta_t = \frac{z_t - z_0}{h_0} \times 100\% \tag{6.19}$$

式中 δ_t——时间为 t 时的无荷载膨胀率,%;

   z_t——时间为 t 时的位移计读数,mm;

   z_0——时间为 0 时的位移计读数,mm;

   h_0——初始试样高度,mm。

2. 改良土一维无荷载膨胀率试验结果分析

图 6.19 为不同龄期时 Es-C 试样在不同冻融循环次数下冷冻时一维无荷载膨胀率曲线。图 6.19(a)为 −10 ℃冻融循环下 7 d 龄期时 Es-C 试样无荷载膨胀率曲线。初始无荷载膨胀率最大值为 0.17%。无荷载膨胀率曲线出现三个阶段,以第 6 次 F-T 循环无荷载膨胀率曲线为例进行分析,其中 ab 为短暂膨胀阶段,bc 为快速收缩阶段,cd 为恒定收缩阶段。

在 ab 阶段,经 1 次、12 次 F-T 循环的试样持续 5 min,经 6 次 F-T 循环的试样持续 10 min,从膨胀率上比较,6 次 F-T 循环>1 次 F-T 循环>12 次 F-T 循环,最大值分别为 0.74%、0.34%、0.04%。在 bc 阶段,经 1 次、6 次、12 次 F-T 循环的试样分别持续 15 min、10 min、5 min。之后进入 cd 阶段,最终 Es-C 试样

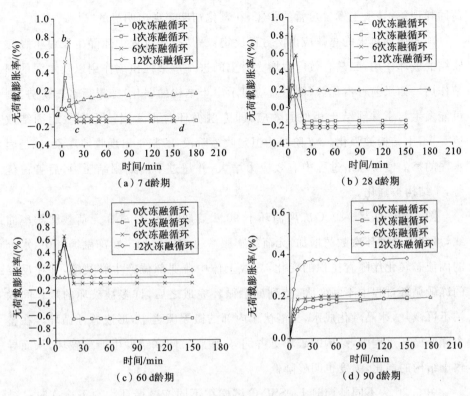

图 6.19　不同龄期时 Es-C 试样在不同冻融循环次数下冷冻时

一维无荷载膨胀率曲线(−10 ℃)

在经 1 次、6 次、12 次 F-T 循环后膨胀率分别为−0.144％、−0.139％、−0.091％。

　　图 6.19(b)、(c)分别为−10 ℃冻融循环下 28 d、60 d 龄期时 Es-C 试样无荷载膨胀率曲线。由两图观察到,在 1 次、6 次、12 次 F-T 循环下试样无荷载膨胀率曲线出现同 7 d 龄期一样的 ab、bc、cd 三个阶段。在撤掉冷源的初期,土的体积首先短暂膨胀,然后持续大量收缩,最后趋于稳定的状态。齐吉琳等[86]认为这种似乎反常的现象实际上与土的初始固结状态有关,即对于超固结土,在撤掉冷源的初期,土体体积先短暂膨胀,然后快速大量下沉。一是因为冰晶的生长导致土发生膨胀,使颗粒间的联结被破坏;二是冷冻过程中由于负孔隙水压力的产生以及水泥的掺入,导致有效应力增大,土被压缩。当有效应力小于土的前期固结压力时,有效应力的增大只会引起弹性变形,不会改变土的结构性能。当冷源移除,试样开始融化时,试样的有效应力突然大幅度降低,发生卸

211

荷回弹现象,导致土发生短暂的膨胀,在融化初期表现出明显的"融胀"现象。

冻融循环对土的总效应由两方面决定:一是冷冻过程中冰晶生长对土颗粒联结的破坏作用,二是有效应力增大对土的进一步塑性压缩作用以及水泥的固结作用。如果前者占优势,则总效应显示出土结构的弱化;如果后者占优势,则可能发生与正常固结土相似的效应,即冻融循环对正常固结土产生超固结效应[87-89],土结构被强化。cd 阶段为恒定收缩阶段,膨胀土出现收缩现象,就是因水泥的掺入使得冻结过程中有效应力增大,并超过了前期固结压力,后者占优势,土结构被强化。

图 6.19(d)为 $-10\ ℃$ 冻融循环下 90 d 龄期时 Es-C 试样无荷载膨胀率曲线,可知随着循环次数的增加,无荷载膨胀率也相应增加。在冻融循环中,水分的固液态转化伴随着体积的变化,导致土体中薄弱部位产生微裂隙,并在反复的冻融循环过程中不断变大,待到冻融循环完成之后,许多被破坏的颗粒间联结不可恢复,冰晶融化成水,又潜伏于内部的微裂隙之中,形成恶性循环。在整个冻融循环过程中,结构的破坏更占优势,使颗粒间联结发生严重破坏,从而导致土结构的弱化,强度也明显降低。

图 6.20 为不同龄期时 Es-SSP-C 试样在不同冻融循环次数下冷冻时一维无荷载膨胀率曲线。由图 6.20(a)、(b)、(c)、(d)可知,随着龄期的增长,试样初始无荷载膨胀率呈下降趋势,90 d 龄期时初始膨胀率为 0。图 6.20(a)中,1 次、6 次 F-T 循环后 Es-SSP-C 试样表现为超固结状态,即撤掉冷源初期试样短暂膨胀后快速收缩,到第 12 次 F-T 循环时试样因循环次数多,主导因素由有效应力对土的塑性压缩变成冰晶生长对土颗粒联结的破坏。作为胶凝材料固化改良土,膨胀土的黏土颗粒被各种水化产物所包裹,使其与水接触的机会受到很大的限制,冻融循环中冷冻失水和融化吸水的微小质量变化也难以对试样整体产生大的体积变形,因此此时试样的体积变形更多来源于两个方面,一是物体本身具有的热胀冷缩特性,二是水的固液态转化产生的影响。反复冻融循环的试验条件使土体结构发生变化,从而带来不同的无荷载膨胀率结果。首先在初始冻融循环时,即 1~6 次 F-T 循环时,土体的完整度较高,试样内部的裂隙发育也比较慢,此时试样对冻融循环的侵蚀承受能力强,在无荷载膨胀率试验中,刚接触到水时,温度的提升使试样的外表面开始膨胀,随着温度向试样内部迁

移,试样整体出现膨胀现象,但此时也伴随着试样内部水的融化造成的体积缩小,显然在密实结构中,冰的融化造成的体积变化大于试样本身的热胀冷缩特性,所以在图6.20中可以看到曲线先上升后下降;在多次冻融循环后,结构内的裂隙增多,结构内拥有了足够的发展空间使水结成冰,因此在接触到水并且冰开始融化后其对体积的影响将会变小,而热胀冷缩特性成为主导因素,致使图6.20中曲线以上升为主要基调。

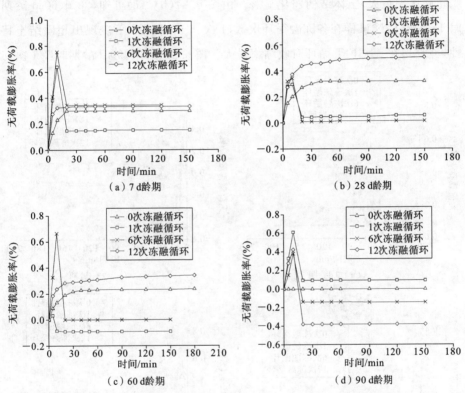

图6.20　不同龄期时 Es-SSP-C 试样在不同冻融循环次数下冷冻时一维无荷载膨胀率曲线(−10 ℃)

图6.20(b)、(c)与图6.20(a)情况相同,试样28 d、60 d龄期的无荷载膨胀率均比7 d龄期时要低。图6.20(d)中,90 d龄期时试样经1次、6次、12次F-T循环后均表现出超固结土特性,随着冻融循环次数的增加,冻融循环对正常固结土产生超固结效应,即12次F-T循环时膨胀率最低,体积收缩量最大。在龄期增大过程中,未进行冻融循环试样的无荷载膨胀率有减小趋势,可知龄期的增

大使土体更密实,对其膨胀性的控制有益。

图 6.21 所示为不同龄期时 Es-SSP-C-N 试样在不同冻融循环次数下冷冻时一维无荷载膨胀率曲线。由图 6.21 可知,各个龄期时的初始膨胀率都很低,7 d、28 d 龄期时膨胀率低于 0.1%,60 d、90 d 龄期时膨胀率为 0,可看出掺加 NaOH 后膨胀土的固结效果优于另外两种改良方案。由图 6.21(a)可知,7 d 龄期时各冻融循环次数下膨胀土均表现出正常固结土特性,且 6 次 F-T 循环时膨胀土膨胀率最大,土体结构弱化显著。由图 6.21(b)、(c)可知,28 d、60 d 龄期时 Es-SSP-C-N 试样在各冻融循环次数(1 次、6 次、12 次)下表现出超固结土特性,并且均在 6 次 F-T 循环时收缩率最大。图 6.21(d)中,90 d 龄期时经 1 次、6

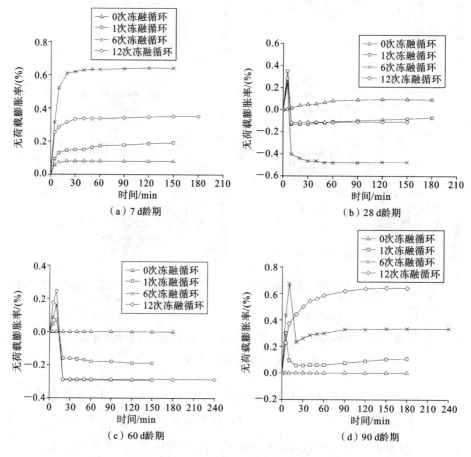

图 6.21　不同龄期时 Es-SSP-C-N 试样在不同冻融循环次数下冷冻时
一维无荷载膨胀率曲线(−10 ℃)

次 F-T 循环后试样表现出超固结土特性。

由图 6.19～图 6.21 可知,改良土在一维无荷载膨胀率试验中达到稳定值时,数值远小于纯膨胀土试样,大体都在 ±0.5% 以内,而纯膨胀土无荷载膨胀率为 2%,改良效果明显,而经历冻融循环之后,改良土仍具有较小的膨胀率,而纯膨胀土的无荷载膨胀率则在 8% 以上,从而可以判断,改良土在膨胀性的控制能力上有了极大的提高,包括正常状态下的试样和经历冻融循环侵蚀的试样。另外,在三类改良土中,对于未经历冻融循环的试样来说,Es-SSP-C-N 试样具有明显的优势,但在冻融循环作用下,Es-SSP-C 试样略强于另外两种试样,体现了钢渣粉对膨胀土承受冻融循环能力提升的有利作用。

3. 不同温度冻融循环下纯膨胀土与改良土一维无荷载膨胀率试验结果分析

图 6.22(a)为 -5 ℃冻融环境下 60 d 龄期时 Es 试样经 0 次、1 次、6 次、12 次 F-T 循环后的一维无荷载膨胀率曲线。由图可见,试样初始一维无荷载膨胀率历时 720 min,达到最大值 3.33%;1 次 F-T 循环后历时 600 min,最大值为

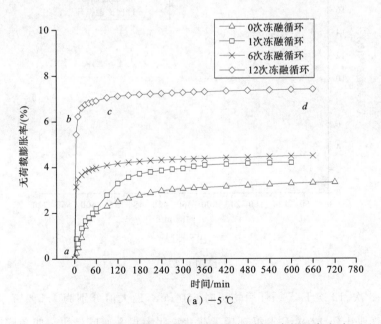

（a）-5 ℃

图 6.22　不同温度下 Es 试样在不同冻融循环次数下冷冻时一维无荷载膨胀率曲线(60 d)

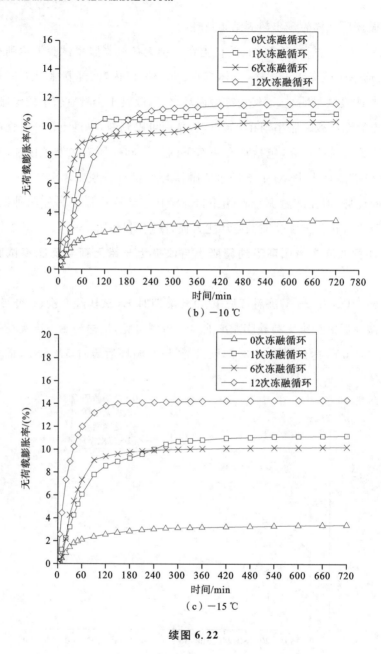

（b）－10℃

（c）－15℃

续图 6.22

4.08％;6 次、12 次 F-T 循环后均历时 660 min,最大值分别为 4.5％、7.4％,且观察到膨胀土经 12 次 F-T 循环后无荷载膨胀率提升速度最快。四条膨胀率曲线皆出现三个阶段,以 12 次 F-T 循环情况为例进行分析。

(1) 快速膨胀阶段,即图 6.22(a)中的 ab 阶段。此阶段膨胀率曲线的斜率值最大,倾角几乎为90°。此阶段水主要填充于试样开裂的大裂隙中。膨胀土遇水之后,吸水强烈,体积急剧膨胀,变形增大。虽然这一阶段持续时间较短,但膨胀土大部分的膨胀变形均在此阶段完成,可达最终膨胀率的84%以上。

(2) 减速膨胀阶段,即图 6.22(a)中的 bc 阶段。此阶段曲线呈外凸形,水进入试样中的小裂隙,膨胀增幅减小,土样中的孔隙渐渐被水充满,试样吸水速度明显降低,膨胀变形减缓。

(3) 稳定膨胀阶段,即图 6.22(a)中的 cd 阶段。随着时间的推移,水已进入整个试样,膨胀变形趋于稳定,膨胀率几乎不再发生变化。

由图 6.22(a)可知,-5 ℃时冻融循环次数越大,Es 试样快速膨胀阶段曲线斜率越大,且膨胀率也越大。这是因为随着冻融循环次数的增加,Es 试样内部因冻融循环导致的裂隙越来越大,膨胀土遇水之后吸水越剧烈,体积急剧膨胀,且膨胀变形也越大。

图 6.22(b)为-10 ℃冻融环境下 60 d 龄期时 Es 试样经 0 次、1 次、6 次、12 次 F-T 循环后的一维无荷载膨胀率曲线。与图 6.22(a)对比发现,试样经 1 次、6 次、12 次 F-T 循环后的无荷载膨胀率变大,最大值分别为 10.91%、10.03%、11.62%,约是-5 ℃时的 2.7 倍、2.2 倍、1.6 倍。这说明冻融循环温度降低对 Es 试样的破坏是显著的。对于快速膨胀阶段的膨胀斜率,有 6 次 F-T 循环>1 次 F-T 循环>12 次 F-T 循环,说明因冻融循环导致的大裂隙最多,在初始时剧烈吸水膨胀。在试样经过开裂后,12 次 F-T 循环后试样中的微小颗粒有充足时间进行重组,部分填补了大裂隙,使得土样含有众多细小裂隙。对于稳定膨胀阶段的膨胀率,有 12 次 F-T 循环>1 次 F-T 循环>6 次 F-T 循环,说明 6 次 F-T 循环后小裂隙最少,12 次 F-T 循环后小裂隙最多。

图 6.22(c)为-15 ℃冻融环境下 60 d 龄期时 Es 试样经 0 次、1 次、6 次、12 次 F-T 循环后的一维无荷载膨胀率曲线。与-5 ℃、-10 ℃时相比,此时膨胀率最大,1 次、6 次、12 次 F-T 循环后无荷载膨胀率最大值分别为 11.2%、10.22%、14.32%。对于快速膨胀阶段的膨胀斜率,有 12 次 F-T 循环>6 次 F-T 循环>1 次 F-T 循环。由此可见,12 次 F-T 循环时 Es 试样中的大裂隙是最多的,说明当温度达到-15 ℃时试样自身的养护能力低于低温的破坏能力,

即在−15 ℃时,微小颗粒发生重组的概率变低,使得大裂隙越来越大。对于稳定膨胀阶段的膨胀率,有 12 次 F-T 循环>1 次 F-T 循环>6 次 F-T 循环,12 次 F-T 循环时破坏是最严重的。

由此可见,不同温度的冻融循环过程中,膨胀土的无荷载膨胀率都会随循环次数的增大而增长,可见冻融循环对纯膨胀土具有积累破坏的作用,而在温度更低的冻融循环中,土体在冻融循环后的膨胀率也将更大,表明纯膨胀土试样受到冻融循环的影响性能降低,并且温度越低带来的影响也越大。

图 6.23 为 60 d 龄期时不同温度下 Es-C 试样在不同冻融循环次数下冷冻时一维无荷载膨胀率曲线。由图 6.23(a)、(b)、(c)可看出,随着温度的降低,试样膨胀率经历了从一直膨胀到先短暂膨胀后快速收缩再到收缩量逐渐增大的变化过程。这说明−5 ℃时 Es-C 试样为正常固结土,冻融循环对正常固结土产生超固结效应,随着循环次数的增加,膨胀率减小,土样结构强化。−10 ℃ 时 Es-C 试样先表现为超固结土特性,撤掉冷源后试样短暂膨胀而后快速收缩,融化完成后试样表现为正常固结土特性,冷冻作用对正常固结土产生超固结效应,土样结构被强化。但随着冻融次数的增加,膨胀率由收缩量变成膨胀量,主

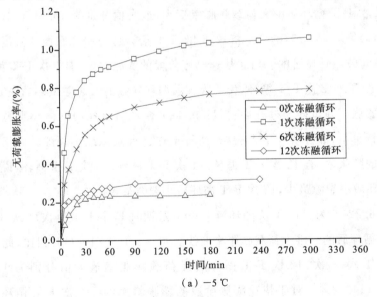

图 6.23　不同温度下 Es-C 试样在不同冻融循环次数下冷冻时

一维无荷载膨胀率曲线(60 d)

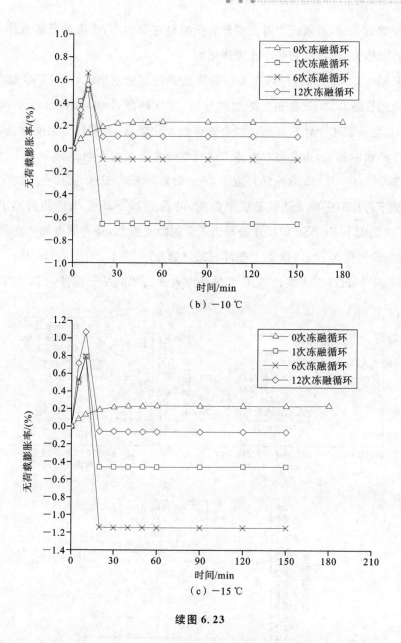

（b）－10 ℃

（c）－15 ℃

续图 6.23

导因素由有效应力对土的塑性压缩变成冰晶生长对土颗粒联结的破坏。这说明冷冻作用对土结构起到强化作用，但多次冻融循环却对土结构起到弱化效应。由图 6.23(c)可知，－15 ℃时试样无荷载膨胀率(无论是收缩还是膨胀)比－10 ℃时大，且 6 次 F-T 循环后无荷载膨胀率(收缩)最大，为－1.15％，说明循环次数较少时,有效应力对土的塑性压缩是主导因素,冻融循环次数较多时,随着冰晶生长,土体的膨胀率在慢慢增大。

从图 6.23 中可以看出,在无荷载膨胀率达到稳定值时,环境温度越低,试样的收缩性越高,尤其是初始冻融循环时,温度越低,Es-C 试样膨胀率(收缩)越大,这也反映了土体在冻结过程中的体积变化幅度,表明环境温度越低,对试样产生的影响越大,也必将对土体力学特性带来更大的不利影响。

图 6.24(a)为−5 ℃冻融环境下 60 d 龄期时 Es-SSP-C 试样在不同冻融循环次数下冷冻时一维无荷载膨胀率曲线,可看出 Es-SSP-C 试样初始膨胀率为 0。在此温度下 Es-SSP-C 试样表现出正常固结土特性,随着冻融循环次数的增加,膨胀率变低,6 次、12 次 F-T 循环时最终膨胀率相同。图 6.24(b)中,−10 ℃时 Es-SSP-C 试样在 1 次、6 次 F-T 循环中表现出超固结土特性,1 次 F-T 循环

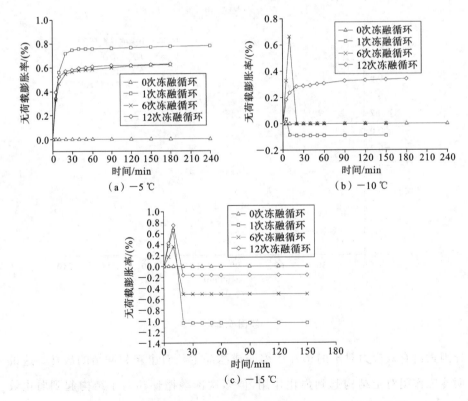

图 6.24　不同温度下 Es-SSP-C 试样在不同冻融循环次数下冷冻时一维无荷载膨胀率曲线(60 d)

后变形量小于 Es-C 试样;6 次 F-T 循环后试样经过短暂膨胀后膨胀率恒定在 0 左右;12 次 F-T 循环后试样表现出正常固结土特性。图 6.24(c)为−15 ℃冻融环境下 60 d 龄期时 Es-SSP-C-N 试样在不同冻融循环次数下无荷载膨胀率曲线,可见−15 ℃时试样的膨胀率(无论是收缩还是膨胀)均大于−5 ℃及−10 ℃时,各个循环次数下试样均表现出超固结土特性,先短暂膨胀,之后表现出超固结特性,可看到 1 次 F-T 循环后最终膨胀率为−1.04%,虽然温度越低影响越大,但从数值上看,Es-SSP-C 试样优于 Es-C 试样,这是因为钢渣粉具有耐低温、体积安定性好的特性。

图 6.25 为 60 d 龄期时各温度下 Es-SSP-C-N 试样在不同冻融循环次数下冷冻时一维无荷载膨胀率曲线。60 d 龄期时试样初始膨胀率为 0,对比 Es-C、Es-SSP-C 试样,Es-SSP-C-N 试样在整个冻融循环过程中的无荷载膨胀率绝对

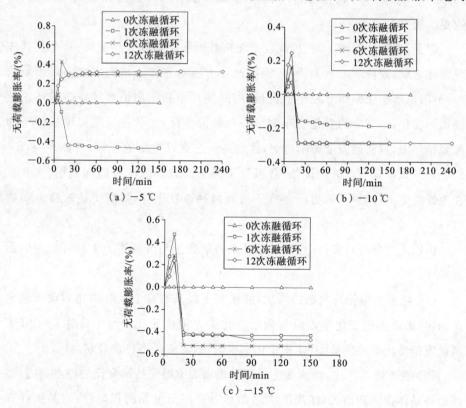

（a）−5 ℃   （b）−10 ℃

（c）−15 ℃

图 6.25 不同温度下 Es-SSP-C-N 试样在不同冻融循环次数下冷冻时一维无荷载膨胀率曲线(60 d)

值最小,说明掺加 NaOH 不仅可以提高试样强度,更有利于提高膨胀土的稳定性。分析认为 NaOH 使得钢渣粉、水泥更加细化,大颗粒减少,试样更加密实,更耐受外界环境变化。由图 6.25 可知,除 -5 ℃时 12 次 F-T 循环下试样表现为正常固结土特性之外,-10 ℃、-15 ℃时各循环次数下试样均表现为超固结土特性。

与 6.3.3、6.3.4 节中的 Es-SSP-C-N 试样自由膨胀率和自由膨胀比偏大相比,Es-SSP-C-N 试样的一维无荷载膨胀率偏小,这是因为自由膨胀率和自由膨胀比试验直接采用粉末土样在 NaCl 溶液和煤油中进行试验,不仅破坏了试样本身的固结作用,还提供了大量 Na^+,更易与黏土矿物接触,生成易水化的钠型黏土,使黏土的水化膨胀加剧。而一维无荷载膨胀率试验采用制作的 $\phi 6.18$ cm$\times 2$ cm 试样,土样结构性更强,且 NaOH 促进胶凝材料水化,结构更加密实。

综上,相比纯膨胀土,三种改良土无荷载膨胀率都较大幅度减小,尤其是冻融循环之后,改良效果更为明显,表明改良方案对膨胀土抵抗冻融循环影响的可行性;虽然膨胀率明显减小了,但在冻融循环中膨胀率仍然随冻融循环次数增加而变化,膨胀率的变化意味着结构性能的变化,尤其在三个温度条件下的冻融循环中,越低的温度影响越大,这也是一个难以改变的现象;整体来说,Es-SSP-C-N 试样具有最好的性能,各温度下的无荷载膨胀率数值都偏小,尤其是在更低温度下,其耐受能力明显强于另外两种改良土体,体现了该改良方案的可行性。

由以上的分析可知,冻融循环条件下纯膨胀土与改良膨胀土具有如下的物理特性:

(1)随着冻融循环次数的增加,纯膨胀土以及改良土试样均达到动态稳定态,并且得出体积变化率差值与质量变化率差值成正比,-10 ℃时 Es-SSP-C 试样质量变化率差值最小,体积变化率也最小,其膨胀态势也最弱。

(2)在冻融循环中,纯膨胀土体积呈现出冻缩融胀持续变化的特点,并且整体趋势是体积逐渐增大,体现了冻融循环对膨胀土损伤的积累性;当龄期逐渐增加时,改良土的体积膨胀率呈降低趋势,表明高龄期试样在冻融循环中具有更强的体积控制能力,其中 Es-SSP-C-N 试样在多次冻融循环中体积变化率相差不大,表明其维持结构稳定性的能力更强。

（3）对于自由膨胀率和自由膨胀比,有 Es-SSP-C 试样＜Es-C 试样＜Es-SSP-C-N 试样,Es-SSP-C 试样因掺加了钢渣粉这一耐低温、体积安定性好的材料,故其膨胀率最低;Es-SSP-C-N 试样中掺加的 NaOH,为蒙脱石层间结构提供了 Na^+,黏土矿物在碱性环境中发生阳离子交换,成为易水化的钠型黏土,使黏土的水化膨胀加剧,这也是其膨胀率和膨胀比大的原因。

（4）在无荷载膨胀率试验中,三种改良土试样在不同龄期、不同温度下,撤掉冷源初期均出现了先短暂膨胀后大量收缩的现象,冻融循环使试样表现出超固结土特性。而纯膨胀土就没有出现上述现象,Es 试样膨胀率随着温度的下降和冻融循环次数的增加而增加,−15 ℃时膨胀率最高能达到14.32%。

（5）Es-SSP-C-N 试样比其他两种改良土试样的一维无荷载膨胀率低,性能更好,各温度中无荷载膨胀率数值都偏小,温度较低时,耐受能力强于另外两种改良土体。

6.4　冻融循环下钢渣粉改良膨胀土力学特性

土的强度问题是进行建筑物地基稳定性分析和计算的关键,而影响土强度的主要因素包含土体的密度、含水率、矿物组成成分、孔隙水压力以及土颗粒的形状与级配等[90],对此国内外已进行了大量研究[91-93]。但在寒冷地区的工程建设中,不仅要考虑上述因素,还要考虑季节性的冻胀融沉对土强度的影响。冻融过程将会改变土颗粒间的联结、排列方式,从而改变土的物理力学性质[94-96]。

6.4.1　不同龄期、不同冻融循环次数下纯膨胀土和改良土无侧限抗压强度试验及分析

对于膨胀土,除了颗粒级配、密度、结构等因素外,影响其强度的主导因素是含水率。本试验针对不同含水率的纯膨胀土试样在冻融循环下进行无侧限抗压强度试验。利用室内 WAW-1000B 型电液伺服液压万能试验机进行无侧限抗压强度试验,结果见表 6.14。

表 6.14　不同含水率下纯膨胀土的无侧限抗压强度对比表　　（单位:kPa）

含水率/(%)	循环次数/次						
	0	1	3	6	8	10	12
17	1316.3	1291.8	1299.5	1192.5	1061.5	1262.8	1164.3
25	371.12	210	100	113	91	111	107

分析表 6.14 中 17% 和 25% 两种含水率下试样在冻融循环中的强度变化情况,发现纯膨胀土的无侧限抗压强度与含水率有很大关系。因在冻融循环过程中试样均由保鲜膜包裹,忽略水分散失情况,随着冻融循环的进行,含水率为25% 的试样中水分在冰渍和液态水之间转换,大大降低了试样强度,而含水率为 17% 的试样中水分较少,试验过程中发现冰冻时保鲜膜内部并无冰渍出现,试样强度在冻融循环过程中均能达到 1 MPa 以上。这说明控制膨胀土中的含水率是提高其强度的关键。

无侧限抗压强度试验用于研究纯膨胀土与掺加钢渣粉、水泥和氢氧化钠的固化土在不同养护龄期、冻融循环次数和温度下无侧限抗压强度的变化情况。图 6.26 为 −10 ℃ 冻融循环下 7 d 龄期时各组别试样的无侧限抗压强度。

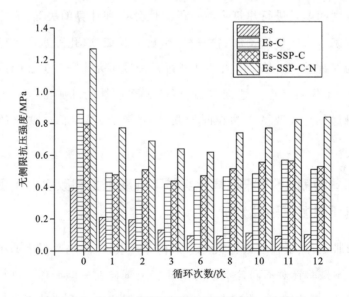

图 6.26　各组别试样的无侧限抗压强度(−10 ℃,7 d)

由图 6.26 可知,未进行冻融循环时 Es 试样强度最低,7 d 龄期强度为 395 kPa,Es-SSP-C-N 试样 7 d 龄期强度就达到 1269 kPa,Es-C 和 Es-SSP-C 试样强度差别不大,7 d 龄期强度分别为 886 kPa、797 kPa。随着冻融循环次数的增加,各组别试样的强度均有不同程度的损失,其中第 1 次 F-T 循环对试样强度的破坏程度是最大的,Es、Es-C、Es-SSP-C、Es-SSP-C-N 试样的强度损失率分别为 46.8%、44.9%、40.1%、39.2%。经过 12 次 F-T 循环后四种试样强度损失率分别为 73.0%、42.4%、33.9%、34.0%。由此可知,Es 试样的强度随着冻融循环次数的增加而大幅度下降。与 1 次 F-T 循环时相比,12 次 F-T 循环后 Es 试样强度损失率增加 26.2 个百分点,而 Es-C、Es-SSP-C 试样强度有所增加,其强度损失率分别减小 2.5 个百分点和 6.2 个百分点。Es-SSP-C-N 试样强度损失率在 1 次 F-T 循环的基础上有所减小,强度有所增加。由此来看,除纯膨胀土在冻融循环反复作用下强度持续大幅度降低外,改良土的强度降低幅度较小。这表明纯膨胀土只能被动接受冻融循环的侵蚀,致使强度出现不可恢复的损失,而改良土在承受冻融侵蚀的同时还有自我修复的作用,这种现象一方面可由 Es-C、Es-SSP-C 试样的强度降低速度减慢而得出,另一方面可由 Es-SSP-C-N 试样的强度回升而得出。因此,用水泥和钢渣粉改良膨胀土对土体承受冻融循环侵蚀的能力有显著的提升作用,尤其在早期,作用效果应为 Es-SSP-C-N>Es-SSP-C>Es-C。

纯膨胀土的无侧限抗压强度与养护龄期无关,只与含水率有关,各个龄期的 Es 试样强度均以最初测定的最优含水率为标准进行无侧限抗压强度试验。从图 6.27 中可以得出,Es 试样从第 3 次 F-T 循环开始就进入了动态稳定态。

由此可知,随着冻融循环次数的增多,膨胀土试样会从不稳定态向动态稳定态转变,即冻缩量和融胀量渐趋稳定,其强度也随之呈现出稳定态势。膨胀土不会像早期一样出现大幅度的收缩和膨胀,后期冻融循环对路基的破坏已大大减小。由图 6.27(d)可发现,90 d 龄期的 Es-C、Es-SSP-C 试样在 8 次、10 次、12 次 F-T 循环后,强度已呈稳定态势发展。这是因为 90 d 龄期时钢渣粉和水泥已基本水化完全,与膨胀土充分反应后从第 8 次 F-T 循环开始强度进入稳定态势发展。7 d 龄期时,钢渣粉和水泥水化程度较浅,开始进行冻融循环后强度大幅度降低;随着循环次数的增加,Es-C、Es-SSP-C 试样从第 10 次 F-T 循环开

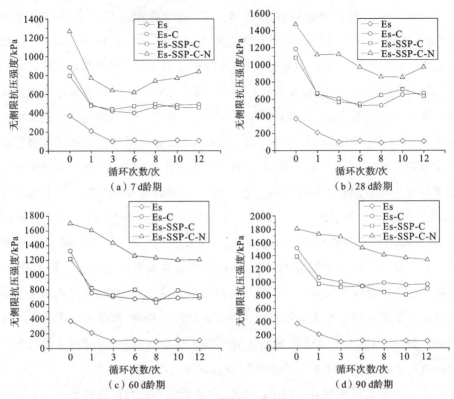

图 6.27　不同冻融循环次数时各组别试样的无侧限抗压强度(-10 ℃)

始强度才趋于稳定。以上现象说明,在早期,Es-C、Es-SSP-C 和 Es-SSP-C-N 试样经历冻融循环时强度受到冻融侵蚀和水化养护双重作用的影响,可见改良土具有自我修复损伤的能力,具有早期优势,在龄期增大的过程中,改良土具有更加稳定的结构,因此在冻融循环中也可以更快地稳定下来,但随着水化反应程度加深,其自我修复能力大大降低,强度未出现上升阶段。

对比图 6.27(a)、(b)、(c)、(d)可发现,各个龄期下,Es-C 和 Es-SSP-C 试样在整个冻融循环的过程中强度变化情况相似。7 d、28 d、60 d 和 90 d 龄期时,前者初始强度分别为 886 kPa、1185.5 kPa、1325.4 kPa、1512.8 kPa;后者初始强度分别为 797.33 kPa、1082.9 kPa、1216.5 kPa、1386.2 kPa。可见 Es-C 初始强度比 Es-SSP-C 试样的高。第 1 次 F-T 循环时 Es-C 试样的强度损失率却比 Es-SSP-C 试样的高,强度损失率见表 6.15,强度损失率计算公式见式(6.20)。

$$\delta_{q_u} = \frac{q_u - q_{u1}}{q_u} \times 100\% \qquad (6.20)$$

式中 δ_{q_u}——强度损失率，%；

      q_u——初始时试样无侧限抗压强度，kPa；

      q_{u1}——冻融循环后试样无侧限抗压强度，kPa。

表 6.15 Es-C、Es-SSP-C 试样经 1 次、12 次 F-T 循环后的强度损失率（单位：%）

龄期/d		7		28		60		90	
F-T 循环次数/次		1	12	1	12	1	12	1	12
组别	Es-C	44.9	44.7	44.3	43.6	43.1	40.5	29.5	36.1
	Es-SSP-C	40.1	42.7	38.3	41.4	32.5	40.9	29.8	35.1

从表 6.15 可以得出，1 次 F-T 循环后，90 d 龄期时两组试样的强度损失率相近，7 d、28 d 和 60 d 龄期时 Es-C 试样的强度损失率均大于 Es-SSP-C 试样。第 12 次 F-T 循环时，60 d 和 90 d 龄期两种试样的强度损失率相近，7 d 和 28 d 龄期 Es-C 试样的强度损失率大于 Es-SSP-C 试样，表明掺入的水泥虽能有效提高膨胀土的强度，但由于其发生水化反应消耗黏粒的吸附水而致使土体收缩和开裂，使得试样强度降低。在水泥的基础上掺入钢渣粉，在早期可以大大减小因冻融循环作用引起的强度损失。

分析 Es-SSP-C-N 试样的强度，各龄期下掺加 NaOH 的试样强度是最高的，7 d、28 d、60 d、90 d 龄期初始强度分别为 1269 kPa、1473.2 kPa、1702.7 kPa、1807.5 kPa。第 1 次 F-T 循环对试样强度的破坏是最大的，7 d、28 d、60 d 和 90 d 龄期试样在 1 次 F-T 循环后强度损失率分别为 39.16%、24.04%、5.47%、4.47%，由此可见随着养护时间的增加，试样强度损失率在减小；60 d 和 90 d 龄期的强度损失率相差不大，说明60 d 龄期时试样中的钢渣粉和水泥已大体水化完全。图 6.27(a)中，7 d 龄期 Es-SSP-C-N 试样强度随冻融循环次数的增加先大幅下降后小幅度回升，这是因为养护时间短，随着冻融循环次数的增加试样养护时间也在增长，即试样养护得到的强度增加效应大于冻融循环的破坏效应。由图 6.27(b)可知，28 d 龄期 Es-SSP-C-N 试样经 12 次 F-T 循环后养护效应仍大于破坏效应。图 6.27(c)、(d)中，60 d 和 90 d 龄期 Es-SSP-C-N 试样在冻融循环后期强度分别保持在 1200 kPa、1400 kPa 左右，说明 Es-SSP-C-N 试样达到稳定状态。从强度特性来说，无论是普通养护的试样，还是冻融循环之后的试样，Es-SSP-C-N 都具有最好的表现，而 Es-SSP-C 和 Es-C 试样的强度曲线相差不大，甚至相互交叉，表明钢渣粉在未激发状态时的劣势明显。

图 6.28(a)是 Es-C 试样各龄期时经 0 次、1 次、6 次、12 次 F-T 循环后的无侧限抗压强度曲线。试样初始强度和 1 次、6 次、12 次 F-T 循环后的强度均随龄期的增长呈上升趋势。值得注意的是，各龄期 Es-C 试样在第 6 次 F-T 循环时强度是最低的，但随着龄期的增长缩小了与第 12 次 F-T 循环时强度的差距。对 Es-C 试样来说，在同一龄期下，试样强度随着循环次数先呈下降趋势，之后呈稳定态势。第 6 次 F-T 循环是转折点，说明 Es-C 试样从第 6 次 F-T 循环开始强度达到动态稳定态。冻融循环初期，每次循环都使得试样在冷冻时内部形成的裂隙越来越大，而强度越来越小；但随着冻融循环次数的增加，时间的延

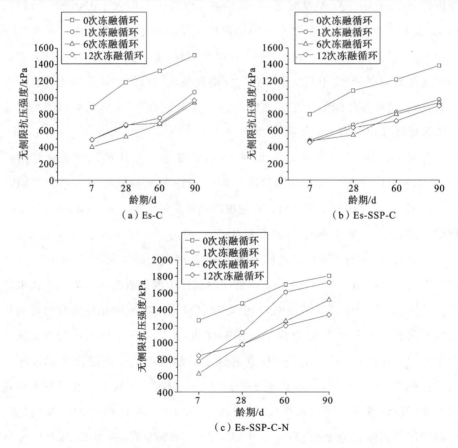

图 6.28 不同龄期时各组别试样在不同冻融循环次数下的无侧限抗压强度曲线(-10 ℃)

长,冻融循环后期裂隙发育完全,因水泥发生部分水化,水化产物填补试样裂隙,故强度有所回升。

图 6.28(b)是 Es-SSP-C 试样各龄期时经 0 次、1 次、6 次、12 次 F-T 循环后的无侧限抗压强度曲线。与 Es-C 试样不同的是,Es-SSP-C 试样 28 d 龄期时第 6 次 F-T 循环的强度低于第 12 次 F-T 循环时,7 d 龄期时试样第 1、6、12 次 F-T 循环时强度几近相同,60 d 和 90 d 龄期时试样第 1 次 F-T 循环时的强度>第 6 次 F-T 循环时的强度>第 12 次 F-T 循环时的强度。这种情况是因为前期水泥水化作用占主导地位,而钢渣粉在前期水化速度则较慢。

图 6.28(c)是 Es-SSP-C-N 试样各龄期时经 0 次、1 次、6 次、12 次 F-T 循环后的无侧限抗压强度曲线。冻融循环中,7 d 龄期时 Es-SSP-C-N 试样第 12 次 F-T 循环时的强度最高,第 6 次 F-T 循环时的强度最低,这是因为试样养护时间短,12 次 F-T 循环比 1 次和 6 次 F-T 循环分别多出 11 d、6 d 的养护时间,说明掺加 NaOH 使得试样自身的养护作用大于冻融循环对试样强度的破坏作用。28 d 龄期时,Es-SSP-C-N 试样第 6、12 次 F-T 循环时的强度几近相同,60 d 龄期时试样第 6 次 F-T 循环时的强度略大于第 12 次 F-T 循环时,90 d 龄期时第 6 次 F-T 循环时的强度超出第 12 次 F-T 循环时的近 200 kPa。因钢渣粉水化主要发生在后期,添加 NaOH 激发了钢渣粉活性,提高其水化速度。

6.4.2　不同温度冻融循环下纯膨胀土和改良土无侧限抗压强度试验及分析

因试样养护到 60 d 时已基本水化完全,故选取 60 d 龄期下 −5 ℃、−10 ℃、−15 ℃冻融循环时 Es、Es-C、Es-SSP-C、Es-SSP-C-N 试样进行无侧限抗压强度试验及分析。

从图 6.29(a)、(b)、(c)、(d)可知,各组别试样强度均随冻融循环温度的下降而下降。Es 试样几乎无低温承载能力,试验过程中发现在进行第 8 次 F-T 循环时便开始出现掉渣现象,第 10 次 F-T 循环时便松散开裂。四组试样受温度影响较大的为 Es-C 和 Es-SSP-C-N 试样,在 −15 ℃下,两组试样相较 −5 ℃、−10 ℃时的强度下降幅度大。这说明单掺水泥试样随温度的降低,其承载能力大幅度下降,在实际路基建设过程中,温度对路基承载力具有相同影响。Es-

SSP-C-N 试样同样出现此类情况,但因初始强度大,−15 ℃下试样在各循环次数下最低强度为 867 kPa,满足路基要求。由图 6.29(c)可知,Es-SSP-C 试样在各低温下强度小范围浮动,因钢渣粉具有耐低温开裂特性,在水泥基础上掺加钢渣粉使试样具有良好的耐久性。

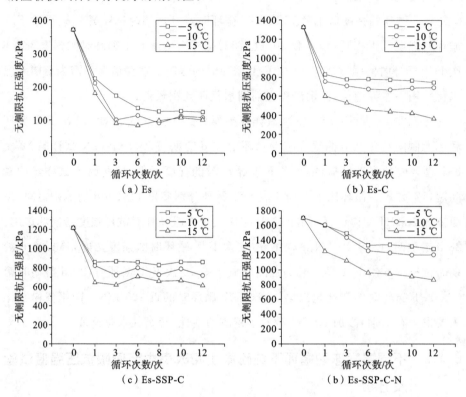

图 6.29 各组别试样不同温度冻融循环下的无侧限抗压强度曲线(60 d)

6.4.3 纯膨胀土与改良土应力-应变图

三轴压缩试验是测定土体抗剪强度的一种较为完善的方法。三轴压缩仪由压力室、轴向加荷系统、周围压力施加系统、孔隙水压力测量系统等组成。三轴压缩试验试样的制备方法同无侧限抗压强度试验。安装试样时,首先将薄橡皮膜套在试样上,固定在密封的压力室中;然后向压力室内加水,待水充满整个压力室时,采用加压系统对压力室进行加压,使试样在各个方向都受到均匀的周围压力,并使围压在整个试验过程中保持不变,这时试样内各向的三个主应力都相等;最后通过传力杆对试样施加竖向压力,使竖向主应力大于水平向主应力。当水平向主应力保持不变而竖向主应力逐渐增大时,试样最终受剪而破坏。

试样在无侧限抗压强度试验和不排水不固结三轴压缩试验中的破坏形态以及应力-应变曲线图都可以反映土体的整体性能。

图 6.30 是试样在各类试验中破坏后的形态。Es 试样在无侧限抗压强度试验中,以鼓胀破裂为主要破坏方式,试样受压后强度较弱的一端出现鼓胀变形,直至出现大量纵向裂纹而丧失承载能力。对比图 6.30(a)、(b)可以看出,冻融循环之后试样明显松散,整体性被大大破坏,压缩过程中试样中部出现鼓胀,并且出现纵贯试样的大裂缝,从而丧失承载能力。由图 6.30(d)可知,在三轴压缩试验中,因存在围压,荷载增加时试样横向变形受到限制,防止了土体松散化导致的破坏,故其纵向有较大的压缩变形,横向也有较大的鼓胀变形,表现出明显的应变硬化型特性,此时试样破坏没有明显的界线,以达到 18% 的应变值为试验终止点。在图 6.30(e)中,冻融后的试样在三轴压缩试验中出现一个剪切破裂面,并且相比冻融前,试样密实度变差,这也是冻融循环中水状态反复转换的结果。

(a) Es试样冻融前在无侧限抗压强度试验中的破坏形态　(b) Es试样冻融后在无侧限抗压强度试验中的破坏形态　(c) 改良土冻融后在无侧限抗压强度试验中的破坏形态

(d) Es试样冻融前在三轴压缩试验中的破坏形态　(e) Es试样冻融后在三轴压缩试验中的破坏形态　(f) 改良土冻融后在三轴压缩试验中的破坏形态

图 6.30　试样冻融循环前后破坏形态

改良土试样在冻融前后的破坏形态相似,此处以冻融后为例分析。从图 6.30(c)和(f)也可看出,冻融循环在试样表面留下痕迹,从表面的微小裂隙以及上部破裂处的松散程度可看出冻融循环对土体带来的强度劣化效果。在三轴压缩试验中,改良土发生剪切破坏并形成破裂面,这是其塑性丧失、脆性明显的表现。无侧限抗压强度试验与三轴压缩试验中改良土破坏形态不同,前者试样破坏时有较多的裂缝,而后者试样只有一个破裂面,表明土体在受到横向约束时更能保持整体性,这也是围压作用下其强度提升的原因。

图 6.31(a)、(b)、(c)、(d)分别为 60 d 龄期时 Es、Es-C、Es-SSP-C、Es-SSP-C-N 试样分别在−5 ℃、−10 ℃、−15 ℃下经 12 次 F-T 循环后的应力-应变图。可见,各温度下 Es 试样随着应变的增加,应力也在缓慢增加,且在较大应变下温度越低,应力越小,表明低温是膨胀土在冻融循环中的主要破坏因素之一。图 6.31(a)中,Es 试样在加载过程中出现两个阶段,第一阶段是以弹性变形

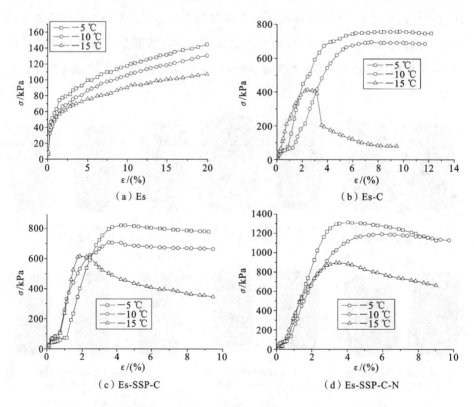

图 6.31　各组别试样不同温度下 12 次 F-T 循环后的应力-应变图(60 d)

232

为主的弹塑性变形阶段;第二阶段应力达到一定值后,试样的摩擦力和黏聚力达到平衡,应力-应变关系曲线近似为一条直线,应变达到 20% 时结束试验。图 6.31(b)中,Es-C 试样在 -5 ℃、-10 ℃冻融循环时应力-应变曲线变化相同,-15 ℃冻融循环时应力-应变曲线出现三个阶段,第一阶段是以弹性变形为主的弹塑性变形阶段;第二阶段达到剪切平衡后试样破坏,出现应力快速下降的现象;第三阶段试样的摩擦力和黏聚力达到平衡,应力-应变关系曲线近似为一条直线。

从图 6.31 中可以看到,应力-应变曲线表现出非线性,一般呈现出软化型和硬化型。除 Es 试样表现出应变硬化的特征外,其余试样均有应变软化的迹象。膨胀土试样作为可塑性极强的材料,在压缩过程中可变性较强,其压缩变形的过程也是压密的过程,因此在达到极限承载力之后,应变继续增大也需要更大的应力来支持,只是增长速度迅速减缓。从图 6.31(a)中可以看出,冻融循环温度越低,曲线上升速度越慢,表明冻融循环温度越低,土体越松散,应变硬化能力丧失越多。改良土中除了在较大应变下温度越低强度越低外,曲线的应变软化趋势也有一定的变化,尤其在 -5 ℃和 -10 ℃时,曲线形式接近理想的弹塑性,只有 -15 ℃时曲线才出现稍微明显的达到峰值后下降的趋势,从图 6.31(b)、(c)、(d)中可知,在更低温度的冻融循环中,掺入钢渣粉的试样更具有优势,但整体来看,冻融循环使土体松散化,同时也提升了试样的塑性特性,一定程度上弥补了改良土脆性破坏的缺陷。

本次试验主要采用 TSZ-3 型应变控制式三轴仪,以 1 mm/min 加载速率进行加载,围压根据试样承压情况选择 50 kPa、100 kPa、200 kPa、300 kPa 中的三种进行。采用计算机加载系统,如加载的轴向力读数达到峰值或开始趋于稳定时,轴向应变值再增加 3%~5% 后即可停止试验;如读数无稳定值,则试验应进行到轴向应变达 18% 后停止加载。

图 6.32(a)、(b)、(c)、(d)分别为 100 kPa 围压时 7 d、28 d、60 d、90 d 龄期各组别试样的初始应力-轴向应变图。从图 6.32 中可以看出,Es 试样在剪切过程中出现两个阶段,第一阶段类似弹性体的弹性阶段,试样发生以弹性变形为主的弹塑性变形;第二阶段应力达到一定值后,试样的内摩擦力和黏聚力达到平衡,应力与应变关系曲线近似为一条直线;Es-C 试样在四个龄期

均出现三个阶段,在上述 Es 试样第一阶段和第二阶段中间存在一个阶段,即达到剪切平衡后试样破坏,应力快速下降的阶段;Es-SSP-C 试样初始应力-轴向应变曲线在 7 d、60 d 龄期出现两个阶段,28 d、90 d 龄期出现三个阶段;Es-SSP-C-N 试样只在 7 d 龄期时初始应力-轴向应变曲线出现三个阶段,其他均为两阶段。

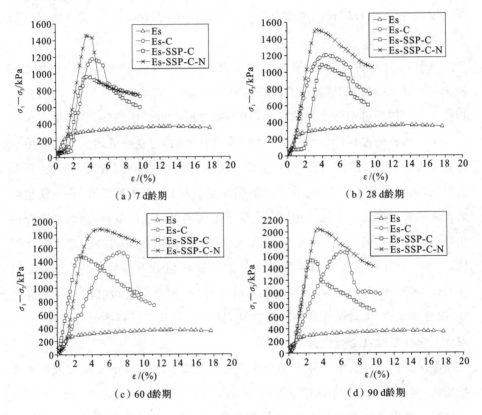

图 6.32 100 kPa 围压时不同龄期下试样的初始应力-轴向应变图

从图 6.32 中可以看到,应力-轴向应变曲线表现出非线性,一般呈现出软化型和硬化型。与 Es 试样相比,Es-C、Es-SSP-C、Es-SSP-C-N 试样的曲线有共同的趋势,即呈应变软化型,从纯膨胀土与改良土的应力峰值差值来看,改良方案极大地提高了膨胀土强度,尤其以在各龄期中应力峰值最大的 Es-SSP-C-N 试样为最优方案;另外,改良土的应变软化型曲线表现出其脆性破坏特征,表示土体强度的提升是以丧失大部分塑性变形能力为代价的。

从剪切强度峰值来看,各个龄期均有 Es-SSP-C-N＞Es-C＞Es-SSP-C＞Es,尤其到 90 d 龄期时,100 kPa 围压下剪切峰值强度分别为 2046 kPa、1658.5 kPa、1526.3 kPa、364.6 kPa,一方面,表明改良土相对于纯膨胀土有强度上的显著优势;另一方面,Es-C 剪切强度峰值大于 Es-SSP-C 试样,表明钢渣粉在未激发状态下难以发挥固化效果,但 Es-SSP-C-N 试样强度远高于前两者,表明钢渣粉在激发剂激发下对土体改良具有极大的促进作用。

6.4.4　抗剪强度及抗剪强度指标间的关系

土体抗剪强度指标有土的内摩擦角与黏聚力这两个。试验试样的有效黏聚力 c 和有效内摩擦角 φ 采用绘制有效应力强度包络线进行确定。土颗粒间存在着相互作用力,可能是吸引力,也可能是排斥力,其中黏土颗粒-水-电系间的相互作用是最普遍的。土的黏聚力是土颗粒间引力和斥力共同作用的结果。黏土中的引力主要包括以下几种:静电引力、范德华力、颗粒间的胶结力、颗粒间接触点的化合价键、表观黏聚力。这些力由颗粒间的距离和颗粒间胶结物质的胶结力共同决定。内摩擦角主要反映颗粒间的相互移动和咬合作用,土的内摩擦角反映土的摩擦特性,包括土颗粒之间产生相互滑动时需要克服由于颗粒表面粗糙不平而引起的滑动摩擦力,以及由于颗粒物的嵌入、连锁和脱离咬合状态而移动所产生的咬合摩擦力。内摩擦角愈大,强度愈高。内摩擦角在力学上可以理解为块体在斜面上的临界自稳角,在这个角度内,块体是稳定的;大于这个角度,块体就会产生滑动,由此可以分析边坡的稳定性。研究冻融循环对黏土黏聚力和内摩擦角的影响,目的是了解冻融循环对土体抗剪强度的影响。

1. 抗剪强度与黏聚力间的关系

图 6.33 (a)、(b)、(c)、(d) 分别为 7 d 龄期的 Es、Es-C、Es-SSP-C、Es-C-SSP-N 试样在各冻融循环次数下抗剪强度、黏聚力衰减率曲线,可以观察到各个试样强度和黏聚力的衰减率呈现出良好的拟合趋势。

图 6.33(a)为 7 d 龄期时 Es 试样冻融循环下抗剪强度与黏聚力衰减率曲线。其中,1 次 F-T 循环后 Es 试样抗剪强度衰减率为 43.4%,其余抗剪强度衰减率均在 65% 以上,最高可达到 75.5%,发生在 8 次 F-T 循环后。与之对应的

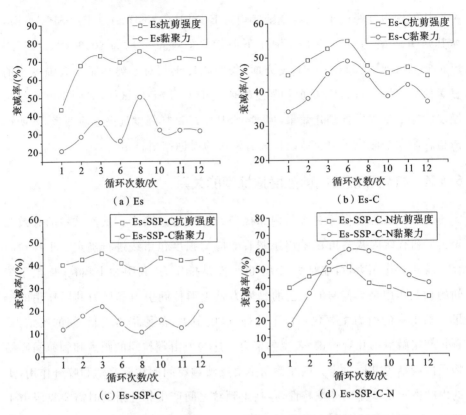

（a）Es

（b）Es-C

（c）Es-SSP-C

（d）Es-SSP-C-N

图 6.33　各组别试样在不同冻融循环次数下抗剪强度及黏聚力衰减率曲线（－10 ℃，7 d）

黏聚力衰减率最大值 42.4％也发生在 8 次 F-T 循环后，最小值 20.7％发生在 1 次 F-T 循环后。

　　图 6.33（b）为 7 d 龄期时 Es-C 试样冻融循环下抗剪强度与黏聚力衰减率曲线。与 Es 试样不同的是，Es-C 试样抗剪强度和黏聚力衰减率最大值发生在 6 次 F-T 循环后，分别为 54.9％、49％；抗剪强度和黏聚力衰减率最小值仍发生在 1 次 F-T 循环后，分别为 44.9％、34.2％。Es-C 试样抗剪强度衰减率虽较 Es 试样已减小，但数值还是很大，这是早期试样中胶凝材料对膨胀土固化效果较弱的结果。

　　图 6.33（c）为 7 d 龄期时 Es-SSP-C 试样冻融循环下抗剪强度与黏聚力衰减率曲线。Es-SSP-C 试样抗剪强度衰减率在 38％～45％之间浮动，整个冻融循环过程中抗剪强度衰减率变化不大，且数值比 Es-C 试样减小了 10 个百分点

左右。Es-SSP-C 试样黏聚力衰减率在 12％～22％之间浮动，相比 Es、Es-C 试样黏聚力衰减率小且减小幅度大。这说明 Es-SSP-C 试样在冻融循环过程中更稳定，黏土颗粒之间的引力破坏程度较低。

图 6.33(d)为 7 d 龄期时 Es-SSP-C-N 试样冻融循环下强度与黏聚力衰减率曲线。可见，Es-SSP-C-N 试样抗剪强度与黏聚力衰减率最大值均发生在 6 次 F-T 循环后，分别为 51.5％、61.4％；抗剪强度衰减率最小值与黏聚力衰减率最小值没有发生在同一冻融循环次数时，抗剪强度衰减率最小值发生在 12 次 F-T 循环后，黏聚力衰减率最小值发生在 1 次 F-T 循环后。12 次 F-T 循环后试样抗剪强度大于 1 次 F-T 循环后，这一现象的发生是因为掺加 NaOH 使得试样在冻融循环后期胶凝材料水化作用大于冻融循环对试样的破坏作用。

2. 黏聚力与内摩擦角间的关系

图 6.34(a)为 −10 ℃下 7 d 龄期时 Es 试样在不同冻融循环次数下的 c、φ 值曲线及 c 值趋势线，可看出黏聚力随着循环次数的增加呈非线性变化；内摩擦角 φ 值在 10°上下浮动，说明坡体斜度超过 10°就有滑坡的危险，此坡度安全系数太低。其黏聚力趋势线为三项方程式，多项式方程和 R 平方值见式(6.21)。

$$\begin{cases} y = -0.2778x^3 + 5.6683x^2 - 36.213x + 155.4 \\ R^2 = 0.8614 \end{cases} \tag{6.21}$$

图 6.34(b)为 −10 ℃下 7 d 龄期时 Es-C 试样在不同冻融循环次数下的 c、φ 值曲线及 c 值趋势线，可看出黏聚力随着循环次数的增加，呈非线性变化，具体表现为随冻融循环次数的增加，黏聚力先逐渐降低，并且降低速度逐渐减小，之后有所回升；内摩擦角相对变化幅度很小，在 30°上下浮动，边坡稳定度提升。其黏聚力趋势线为四项方程式，多项式方程和 R 平方值见式(6.22)。

$$\begin{cases} y = 0.149x^4 - 3.8535x^3 + 36.775x^2 - 149.34x + 337.54 \\ R^2 = 0.9593 \end{cases} \tag{6.22}$$

图 6.34(c)为 −10 ℃下 7 d 龄期时 Es-SSP-C 试样在不同冻融循环次数下的 c、φ 值曲线及 c 值趋势线，可看出内摩擦角在 25°上下浮动，相对于纯膨胀土其边坡稳定度提升；黏聚力的变化与 Es-C 试样相比在 6 次 F-T 循环后有明显的回升。其黏聚力趋势线为三项方程式，多项式方程和 R 平方值见式(6.23)。

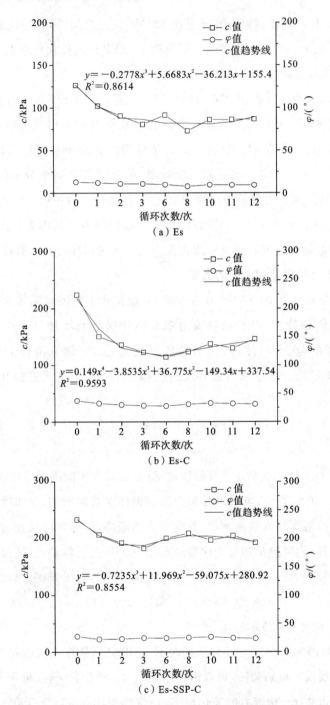

图 6.34　不同组别试样 c、φ 值曲线及 c 值趋势线($-10\ ^{\circ}\mathrm{C}$,7 d)

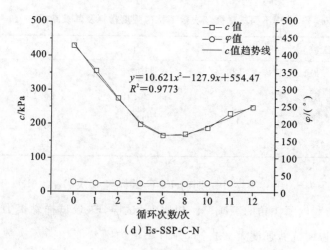

（d）Es-SSP-C-N

续图 6.34

$$\begin{cases} y = -0.7235x^3 + 11.969x^2 - 59.075x + 280.92 \\ R^2 = 0.8554 \end{cases} \tag{6.23}$$

图 6.34(d)为 $-10\ ^\circ\!C$ 下 7 d 龄期时 Es-SSP-C-N 试样在不同冻融循环次数下的 c、φ 值曲线及 c 值趋势线,可看出黏聚力随着冻融循环次数的增加同样呈非线性变化,并且此时黏聚力远高于另外两种改良土试样,同时也具有较大的降低幅度;内摩擦角在 25° 上下浮动,边坡稳定度提升。其黏聚力趋势线为二次抛物线,抛物线方程和 R 平方值见式(6.24)。

$$\begin{cases} y = 10.621x^2 - 127.9x + 554.47 \\ R^2 = 0.9773 \end{cases} \tag{6.24}$$

表 6.16 为 $-10\ ^\circ\!C$ 下 7 d 龄期时 Es 试样经 0 次、1 次、6 次、12 次 F-T 循环后黏聚力和内摩擦角的衰减率。由表 6.16 可知,随着冻融循环次数的增加,黏聚力和内摩擦角整体均在降低。第 1 次 F-T 循环对膨胀土的黏聚力影响较大,是因为土粒间的各种物理化学作用力受到很大影响,颗粒间胶结物质的胶结力变弱,衰减率达到 20.73%。随着循环次数的增加,黏聚力呈下降趋势,12 次冻融循环后黏聚力衰减率达到 31.52%,此时土颗粒已基本失去胶结能力。第 1 次 F-T 循环对内摩擦角的影响相比第 6、12 次 F-T 循环不是很大,是因为内摩擦角主要反映土的摩擦特性,即颗粒间的相互移动和咬合作用,冻融循环对其的破坏具有持续积累性,到第 12 次冻融循环时内摩擦角衰减率达到 28.75%。

表 6.16 Es 试样不同冻融循环次数下抗剪强度指标及其衰减率(−10 ℃,7 d)

冻融循环次数/次	0	1	6	12
黏聚力 c/kPa	126.4	100.2	93.3	86.56
黏聚力衰减率/(%)	—	20.73	26.19	31.52
内摩擦角 φ/(°)	12.8	11.9	9.69	9.12
内摩擦角衰减率/(%)	—	7.03	24.3	28.75

表 6.17 为 −10 ℃ 下 7 d 龄期时 Es-C 试样经 0 次、1 次、6 次、12 次 F-T 循环后黏聚力和内摩擦角的衰减率。相比 Es 试样,Es-C 试样黏聚力和内摩擦角显著提升,说明抗剪强度大大提高,并且黏聚力随着冻融循环次数的增加先降低后回升。6 次 F-T 循环后黏聚力衰减率达到 48.98%,此时土颗粒已基本失去胶结能力。12 次 F-T 循环后黏聚力回升。这与水泥掺入使颗粒间水化作用增加密不可分。Es-C 试样 6 次 F-T 循环后内摩擦角为 27.93°,内摩擦角越小,强度越低。相比 Es 试样内摩擦角在 10° 上下浮动,掺加水泥的 Es-C 试样内摩擦角大幅度提升,更利于边坡的稳定。

表 6.17 Es-C 试样不同冻融循环次数下抗剪强度指标及其衰减率(−10 ℃,7 d)

冻融循环次数/次	0	1	6	12
黏聚力 c/kPa	224.05	147.43	114.32	140.98
黏聚力衰减率/(%)	—	34.2	48.98	37.08
内摩擦角 φ/(°)	37.23	32.46	27.93	31.09
内摩擦角衰减率/(%)	—	12.81	24.98	16.49

表 6.18 为 −10 ℃ 下 7 d 龄期时 Es-SSP-C 试样经 0 次、1 次、6 次、12 次 F-T 循环后黏聚力和内摩擦角的衰减率,可以看出此时各个循环次数下黏聚力均高于 Es-C 试样,说明 Es-SSP-C 试样土颗粒间的引力略高,这些力由颗粒间的引力和颗粒间胶结物质的胶结力共同决定。随着循环次数的增加,Es-SSP-C 试样黏聚力衰减率也在增加,表明冻融循环的破坏作用大于黏土颗粒间的引力作用。Es-SSP-C 试样内摩擦角在 1 次 F-T 循环后的衰减率最大,为 18.31%,既体现了冻融循环对原始试样的突发破坏性,也表现出反复的冻融循环对试样破坏的持续积累性。

表 6.18　Es-SSP-C 试样不同冻融循环次数下抗剪强度指标及其衰减率($-10\ ℃$,7 d)

冻融循环次数/次	0	1	6	12
黏聚力 c/kPa	233.12	206.08	200.19	192.47
黏聚力衰减率/(%)	—	11.6	14.13	17.44
内摩擦角 φ/(°)	27.2	22.22	24.25	23.48
内摩擦角衰减率/(%)		18.31	10.85	13.68

表 6.19 为$-10\ ℃$下 7 d 龄期时 Es-SSP-C-N 试样经 0 次、1 次、6 次、12 次 F-T 循环后黏聚力和内摩擦角的衰减率。Es-SSP-C-N 试样初始黏聚力可达 429.41 kPa,是试样抗剪强度大幅度提升的原因,说明掺加 NaOH 大大提升了黏土颗粒间的引力;6 次 F-T 循环后黏聚力衰减率达到 61.38%,抗剪强度大幅度减小,表明冻融循环对强度突出但脆性更加明显的材料具有更大的破坏性,但这也与早期胶凝材料水化不充分密切相关。Es-SSP-C-N 试样内摩擦角在 25°上下浮动,边坡稳定性提高。值得注意的是,到第 12 次 F-T 循环时内摩擦角的衰减率只有 5.88%,说明随着冻融循环次数的增加,黏土颗粒间的摩擦力变大,这与掺加 NaOH 促进钢渣粉和水泥水化生成化合物以提高黏土颗粒间的摩擦力密切相关。

表 6.19　Es-SSP-C-N 试样不同冻融循环次数下抗剪强度指标及其衰减率($-10\ ℃$,7 d)

冻融循环次数/次	0	1	6	12
黏聚力 c/kPa	429.41	355.7	165.84	248.76
黏聚力衰减率/(%)	—	17.17	61.38	42.07
内摩擦角 φ/(°)	28.56	25.24	24.72	26.88
内摩擦角衰减率/(%)	—	11.62	13.45	5.88

由以上的分析可知,冻融循环条件下纯膨胀土与改良膨胀土的力学特性具有以下特点:

(1)纯膨胀土强度与养护龄期无关,只与含水率有关,含水率与强度成反比,并且各改良土初始强度关系为 Es-SSP-C-N＞Es-SSP-C＞Es-C,体现了 Es-SSP-C-N 方案在强度改良上的优越性;在冻融循环作用下,各类土体强度有不同程度的损失,并且在第 1 次 F-T 循环后产生最大的强度损失率,此时 Es-C 试样的强度损失率大于 Es-SSP-C 试样,体现了钢渣粉抗冻耐久的特性。

(2) 在不同温度的冻融循环中,各试样强度损失随温度降低而增大,-15 ℃时强度最低。Es-C 试样在 -15 ℃冻融循环下应力-应变曲线出现三个阶段,第一阶段为以弹性变形为主的弹塑性变形阶段;第二阶段达到剪切平衡后试样破坏,应力快速下降;第三阶段试样破坏面之间的摩擦力和黏聚力达到平衡,应力-应变关系曲线近似为一条直线。

(3) 随着龄期的增加,Es-SSP-C-N、Es-C 和 Es-SSP-C 试样的强度均呈持续上升态势,体现了胶凝材料水化作用对膨胀土改良的持续性,相同循环次数下试样强度也随龄期的增大而增大,表明龄期对试样强度的强化作用大于冻融循环的破坏作用。

(4) 在三轴压缩试验中,土体剪切破坏并形成破裂面,这是其塑性丧失、脆性明显的表现。无侧限抗压强度试验与三轴压缩试验中改良土试样破坏形态不同,表现为前者试样破坏时有更多的裂缝,而后者试样只有一个破裂面,表明土体在受到横向约束时更能保持整体性,这也是围压作用下其强度提升的原因。

(5) 抗剪强度指标 c、φ 值在改良土中均比纯膨胀土有大幅度提升,其中提升最大的是 Es-SSP-C-N 试样。随着冻融循环次数的增加,四组试样的抗剪强度和黏聚力衰减率呈现相似的拟合趋势,都是先降低然后有一定的回升,其中 Es-SSP-C-N 试样降低最多,回升也最明显。

(6) 三轴压缩试验中,Es 试样因强度低,故设定各围压要比改良土试样围压低;100 kPa 围压时,Es-C 试样相比其他两组改良土试样更易出现达到剪切平衡后试样破坏、应力快速下降的现象。四组试样抗剪强度和黏聚力的衰减率呈现相似的拟合趋势。Es 试样在冻融循环过程中 φ 值在 10°左右,Es-C、Es-SSP-C、Es-SSP-C-N 试样 φ 值分别在 30°、25°、25°左右,三种改良土试样的内摩擦角远大于纯膨胀土,边坡稳定度提升。

6.5　冻融循环下钢渣粉改良膨胀土微观结构变化分析

膨胀土在冻融循环的条件下会产生体积膨胀和收缩的反复变化,在冻融循环的试验中模拟自然条件下的气候变化,对土体进行低温冷冻和室温融化,观察冻融循环前后试样微观结构的变化,验证改良土试样具有抵抗冻融循环所带来的疲劳破坏的作用。

在冻融循环的试验中,试样经过了反复的冷冻和融化。在这样的循环试验中,试样在冷冻过程中受到的影响主要表现为土体内水分固液状态的变化,土体孔隙中存在的水分在低温环境下冻结成固态,体积增大,致使土体的孔隙变大,从而导致土体在孔隙部位出现膨胀现象,整个试样则表现出体积膨胀;但膨胀土在冷冻的过程中水分蒸发,土中的结合水分减少,膨胀土的失水收缩特性显现,导致体积缩小。因此,在冻融循环的过程中膨胀土的体积和质量的变化密切相关,6.3 节已得出质量变化率与体积变化率正相关。

扫描电镜(SEM)是介于透射电镜和光学显微镜之间的一种微观形貌观察仪器,可直接进行微观成像。本试验中,对各组别试样在 $-5\ ℃$、$-10\ ℃$、$-15\ ℃$ 下冷冻,并在室温的环境下进行融化;在 7 d、28 d、60 d、90 d 龄期时,对各类试样进行了 $-5\ ℃$、$-10\ ℃$ 和 $-15\ ℃$ 的冻融循环,观察不同龄期、不同改良方案和不同温度中试样在冻融循环前后的微观结构变化,由此研究冻融循环对土体的影响。

6.5.1　冻融循环前纯膨胀土和改良土微观结构图及分析

1. Es 试样微观结构图及分析

图 6.35 为 Es 试样在压缩试验中破坏后取样样品的微观结构图,可以看出膨胀土试样的颗粒排列和联结情况。图 6.35(a)为放大 1200 倍时得到的微观图像,可以看出土样除因压缩破坏导致部分裂隙产生外,未破坏部分仍保持良好的整体性。图 6.35(b)为破坏位置放大 5000 倍时得到的微观图像,可以看出,土体颗粒之间的联结较为紧密,图中充满着流动状的物质,并有少量的松散颗粒分布其上,颗粒之间的裂隙微小,相对密实性较好。图 6.35(c)是放大

15000倍得到的微观图像,可以看出膨胀土试样中的物质比较单一,充满着呈层状和片状的物质。研究发现膨胀土的组成部分中,蒙脱石大多呈现出弯曲或卷曲状;高岭石则呈叠片状居多,它的单片体较为平整,同时与蒙脱石或伊利石不同,其片体相对厚度较大,形状较为规整;伊利石的结构类似于云母,在微观图中也可以观察到有层薄片形状的物质,类似于破碎的云母结构,但却没有蒙脱石结构中弯曲的边,同时也不像高岭石那样形状规则且片体厚实。三种亲水性矿物中,蒙脱石的膨胀性最高,其次是伊利石,最后是基本没有膨胀性的高岭石。在图6.35(c)中,放大15000倍时可以看到膨胀土试样有大量的云母状结构,并且其中掺杂着一些薄片状且边缘卷曲的结构,可见此膨胀土在矿物组成上以伊利石和高岭石为主,蒙脱石所占比例较小,印证了此膨胀土为中等膨胀土。

(a)1200倍镜　　　　　(b)5000倍镜　　　　　(c)15000倍镜

图6.35　冻融循环前Es试样微观结构图

2. 改良土试样微观结构图及分析

图6.36为各类改良土在不同放大倍数时的微观结构图,可以看出,在经过水泥和钢渣粉等胶凝材料的固化处理后,改良土试样在物质组成和颗粒排布上均有了明显的不同。由图6.36(a)、(b)、(c)可以看出,膨胀土经过固化后,试样

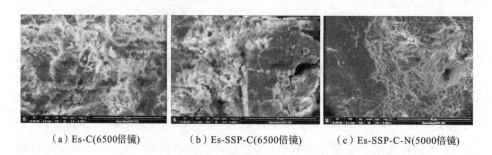

(a)Es-C(6500倍镜)　　(b)Es-SSP-C(6500倍镜)　(c)Es-SSP-C-N(5000倍镜)

图6.36　改良土试样冻融循环前微观结构图(7 d)

的密实度大幅度提升，三种改良土颗粒之间的间隙相比 Es 试样也明显减小。由于水泥和钢渣粉的加入，土体试样的构造中颗粒感相比 Es 试样更加显著。而纯膨胀土是具有高塑性的黏土矿物，在适当的含水率下具有很大的黏性，纯膨胀土中土颗粒形成较多、较大的聚合体，因此颗粒感稍弱，且土颗粒之间的分子作用力等较小，仅仅依靠土体本身的特性，纯膨胀土强度很难提高。同时也因为土颗粒之间的聚合作用，纯膨胀土在含水率较低时具有更密实的结构，强度也极高。相比而言，改良土体存在胶凝材料，黏性颗粒的含量相对减小，土颗粒之间形成较大的间距，所以会有更明显的颗粒感。不同于 Es 试样，改良土中颗粒之间的联结除了已有土颗粒之间的相互作用之外，还有胶凝材料水化生成的水化产物的胶凝特性，在试样中的表现是土体中的土颗粒以及未水化的胶凝材料等物质通过水化产物等具有胶凝特性的物质联结成整体，对膨胀土形成固化作用。

由图 6.36(a)、(b)、(c)可知，三种改良方案都对膨胀土有不同程度的改善，试样虽然以更碎小的颗粒展现，但彼此之间的联系却比纯膨胀土更紧密。对比而言，三种改良土体中 Es-SSP-C 试样的密实度略差于另外两种，这是由于钢渣粉的活性低，在早期的水化反应中，无论是反应速度还是反应程度都低于水泥，因此试样的密实度受到影响而表现出较为疏松。但也可以看到，颗粒较大的黏土颗粒被更多的细小颗粒包围，形成包裹作用的同时，也将彼此之间的联系加强，如 Es-C、Es-SSP-C-N 试样则以更加致密的结构呈现，彰显了该改良方案的优势。

高倍镜下得到的图像可以更加清晰地看出物质的组成成分以及不同物质颗粒之间的联结情况。如图 6.37 所示，在物质组成上改良土与 Es 试样有较大的不同，Es 试样在物质组成上较为单一，多是伊利石和高岭石之类的黏土矿物，外形上呈堆层状和片状分布；而改良土在物质组成上则更为复杂，主要包括膨胀土颗粒、未水化的胶凝材料、水化产物等，因此其微观结构图中有多种不同形状的物质。通过分析比较发现，改良土中有呈团絮状或不定性状态的 C-S-H，它具有很好的胶凝特性，起到联结各种矿物颗粒作用，是试样在密实度和整体性上表现良好的重要因素，还有未水化的钢渣粉和水泥颗粒散布其中，膨胀土中的黏土颗粒与这些物质连接在一起形成整体。水泥和钢渣粉的水化反应对膨胀土起到固化作用,在提高土体密实度的同时也从宏观上提高了土体的强度等工程特性。

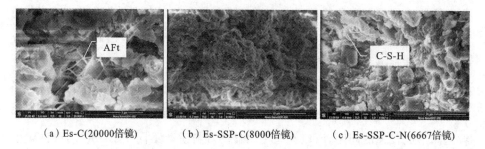

(a) Es-C(20000倍镜)　　(b) Es-SSP-C(8000倍镜)　　(c) Es-SSP-C-N(6667倍镜)

图 6.37　高倍镜下改良土试样冻融循环前微观结构图(7 d)

从图 6.37(a)中可以看到,在密布的水化产物中,大颗粒或大的团聚体之间的缝隙中有大量的针状或短棒状的物质,它们在联结着周边不同的物质颗粒,同时也为土体提供了一定的框架结构。如图 6.38(a)所示,经过 EDS 能谱分析,该物质组成成分主要是 Ca、Si、Al 元素和少量的 S 元素,由此确定此物质是胶凝材料水化产物钙矾石(AFt),它具有一定的膨胀性和强度,但是胶凝性较弱,在结构中可能产生良好的作用,也有可能带来不良的变形破坏。冻融循环影响下,Es-C 试样中的薄弱部位很容易受到冻融作用的影响而出现裂隙增大、团聚体破碎的现象,存在 AFt 的情况下,结构的框架性有了保障,其本身的强度可发挥作用,对土体强度的维持有利。

将三种改良土体进行对比,发现 Es-SSP-C 试样更加疏松一些,而 Es-C 和 Es-SSP-C-N 试样在高倍镜下显得更加密实,颗粒之间的联系更加紧密,尤其在 Es-SSP-C-N 试样中,可以清晰地看到不同组成物质之间的联结情况。在

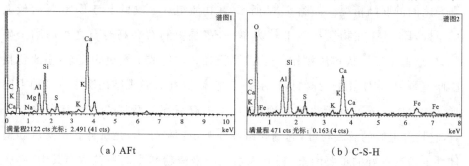

(a) AFt　　　　　　　　　　　(b) C-S-H

图 6.38　ESD 能谱图

图 6.37 中,还可以看到黏土颗粒被胶凝材料包覆,这是膨胀土被改良后性能提升的原因。在土体改良过程中,膨胀土颗粒被水化产物以及未水化的胶凝材料包裹,一方面胶凝材料的强度高于膨胀土体,可以提升材料整体强度,另一方面膨胀土颗粒被包裹在内,使黏土颗粒与水接触的机会大大减少,改善了膨胀土的膨胀特性。图 6.37(c)中,除有黏土颗粒和水泥、钢渣粉颗粒之外,发现分布最多的是呈絮凝状的物质,经过 EDS 能谱分析[见图 6.38(b)]发现,该物质的组成元素主要为 Ca、Si、O 元素和少量的 Fe 元素,可以确认是 C-S-H,这是水泥土材料中起关键性作用的物质,对土颗粒的联结以及强度的提升起直接作用。

6.5.2　冻融循环下改良土微观结构图及分析

试验中对不同类型的土体试样进行了 7 d、28 d、60 d 和 90 d 龄期的标准养护,并在各个龄期进行了冻融循环试验,以观察膨胀土改良后在不同的养护龄期承受冻融循环作用的情况。选取 90 d 龄期的改良土试样冻融循环前后的微观图像进行对比分析。

图 6.39 和图 6.40 分别是 90 d 龄期时三种改良土试样冻融循环前后的微观结构图像,从中可以观察到与宏观强度等特性密切相关的微观结构分布情况,还可以看到不同膨胀土体在经过胶凝材料固化后其物质组成以及联结情况。

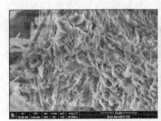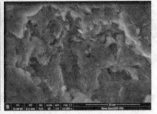

(a) Es-C(10000倍镜)　　　(b) Es-SSP-C(10000倍镜)　　　(c) Es-SSP-C-N(15000倍镜)

图 6.39　改良土试样冻融循环前微观结构图(90 d)

龄期对试样的影响更多体现在:随着时间的推移,胶凝材料的水化反应程度加深,将持续改善试样的性能,水化产物的增加在弥补膨胀土体本身强度缺陷的同时,也能对土体结构中存在的裂隙等薄弱部位进行改善,这是材料强度提升以及承受冻融循环反复作用能力提升的关键。对比图 6.39 和图 6.40 可

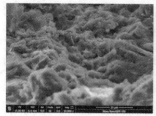 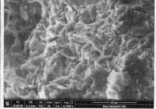 

（a）Es-C(10000倍镜) 　　（b）Es-SSP-C(12000倍镜) 　　（c）Es-SSP-C-N(10000倍镜)

图 6.40　改良土试样经 12 次 F-T 循环后微观结构图(90 d)

知,试样经过 90 d 养护,冻融循环前改良土试样整体性较好,胶凝材料水化完全,土颗粒被水化硅酸钙凝胶包裹,密实度较高。经 12 次 F-T 循环后,各改良土试样表面呈细碎、疏松状态,裂隙发育完全,可看出冻融循环对各改良土的破坏作用。其中,Es-SSP-C 试样还保持着冻融循环前的微观样貌,只出现很多小裂纹,这是因为钢渣粉具有耐低温开裂、体积安定性好的特性。

6.5.3　不同温度冻融循环时纯膨胀土与改良土微观结构分析

1. Es 试样微观结构图及分析

Es 试样养护 7 d 之后在不同温度下进行冻融循环试验,在三轴压缩试验后取样进行 SEM 电镜扫描试验。图 6.41(a)、(b)、(c)分别为 Es 试样在 -5 ℃、-10 ℃和 -15 ℃三种温度下经 12 次 F-T 循环后放大不同倍数的微观结构图,可以看出冻融循环之后纯膨胀土试样的结构组成没有变化,但其颗粒分配和联结情况发生了变化。首先对比图 6.35(a)和图 6.41 可以发现,冻融循环之后试样密实度受到影响,土体颗粒具有更明显的距离感,导致颗粒之间的联结减弱,结构更加松散,整体性更差。三种温度中,温度越低对试样的影响越大,试样结

 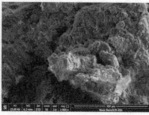 

（a）-5 ℃(2000倍镜) 　　（b）-10 ℃(2000倍镜) 　　（c）-15 ℃(1200倍镜)

图 6.41　不同温度下 Es 试样经 12 次 F-T 循环后的微观结构图(一)

构纹理构造越多,颗粒之间的裂隙结构越明显。由图 6.41 可以看出,冻融循环后,温度越低,试样颗粒之间的裂隙越突出,整体性的劣化明显,印证了纯膨胀土-15 ℃时变形最大以及强度最弱的结论。

冻融循环中,Es 试样经历了多次冷冻和融化的过程,土体受温度的影响产生了体积上的变化,同时试样的含水率也受到影响而导致体积变化。膨胀土在冻融循环中的体积变化体现为冻缩融胀,尤其是膨胀性越强的膨胀土表现得越明显。冻融循环过程中冷冻所带来的体积变化在融化时又会有所恢复,但仍有相当一部分的变形不能恢复,因此试样中原本存在的裂隙等结构将受到十分大的影响,试样强度大幅度降低。尤其是第 1 次 F-T 循环时,试样中的薄弱部位受到的影响最为明显,试样强度在第 1 次 F-T 循环后出现极大幅度的降低。在多次反复的冻融循环过程中,试样的结构也因反复变形而受到影响。在微观结构中,试样中的孔隙随着体积的反复变化会有一定程度的增大,因此土体颗粒之间会产生较大的间隙,使颗粒间的联结减弱,强度和整体性等性能不断降低。

在高倍镜下观察不同温度冻融循环后的 Es 试样,如图 6.42 所示,发现在物质组成上没有明显的变化,即物质组成成分不会在冻融循环中出现变化。图 6.42(a)、(b)、(c)展现出三种温度冻融循环后膨胀土试样的微观结构,可以看出土颗粒之间形成的裂隙加大,表明在冻融过程中土体中的裂隙受到影响,有缓慢增大的迹象,也使土体颗粒之间的联结力逐渐减弱,致使土体颗粒之间的间隙有所增大。因此,一方面,冻融循环影响了膨胀土体的变形,致使其体积和质量等发生变化并对其强度和膨胀性能产生影响,这是膨胀土体在实际工程中受到冻融环境作用后工程特性降低的重要原因;另一方面,多次反复的冻融循环使得土体中的裂隙结构出现很多不可恢复的变形,在变形增大的过程中试样的变形空间也变大,从而促使冻融作用对试样的破坏能力增强,形成恶性循环,因此反复的冻融循环会加剧膨胀土体强度损失。

另外,在图 6.42 的三个图中,土体中存在较多的碎小颗粒,该现象表明在冻融循环过程中,土体宏观上的体积变化是微观上土体中的水分固液转换以及土颗粒间间隙变化的结果。无论是水分的冻胀融缩还是黏土颗粒的冻缩融胀,都会使土颗粒在冻融循环过程中发生相互作用,使土体单元中薄弱部位破坏、脱落,分布于土体之中。

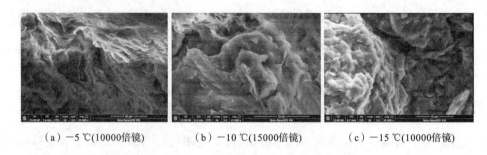

（a）-5 ℃(10000倍镜)　　　　　（b）-10 ℃(15000倍镜)　　　　　（c）-15 ℃(10000倍镜)

图 6.42　不同温度下 Es 试样经 12 次 F-T 循环后的微观结构图(二)

2. 改良土试样微观结构图及分析

选取 60 d 养护龄期,对各类改良土进行了-5 ℃、-10 ℃和-15 ℃三种温度的冻融循环试验,研究不同温度的冻融循环对试样的影响。

三类改良土体在经过冻融循环后均有不同程度的性能减退现象,另外在不同温度的冻融循环中,它们也有不同的表现。温度对试样的影响主要是分子间距的变化带来的体积等的变化,是导致试样强度和膨胀性改变的主要因素,尤其是水的质量和状态的变化最为关键。不同的低温环境都足以对水状态产生影响,但变化不会有太大的差别;不同的温度对试样中固体颗粒以及水的质量产生的影响带来试样性能的变化差别较大。

由图 6.43 可知,三种冻融温度下 Es-C 试样均生成大量钙矾石,印证了 6.3 节中 Es-C 试样体积膨胀率比 Es-SSP-C 试样的大这一现象。且-15 ℃时试样表面较-5 ℃和-10 ℃时更疏松,结构性更弱。温度越低,Es-C 试样体积变化率越大,强度损失率越大。

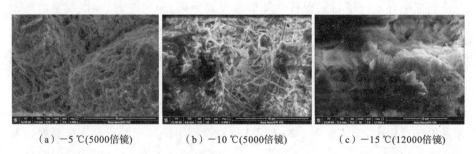

（a）-5 ℃(5000倍镜)　　　　　（b）-10 ℃(5000倍镜)　　　　　（c）-15 ℃(12000倍镜)

图 6.43　Es-C 试样不同温度下经 12 次 F-T 循环后的微观结构图

观察图 6.44 可知,掺加钢渣粉、水泥的膨胀土(Es-SSP-C 试样)并没有发现大量的钙矾石,除一些微细土颗粒散落在各处外,主要是 C-S-H 凝胶包裹着土颗粒,减少膨胀土颗粒与水接触的机会。Es-SSP-C 试样−5 ℃时出现微小裂隙,−10 ℃时胶凝材料水化较完全,整体性较好,−15 ℃时出现大孔隙,印证了6.3 节中 Es-SSP-C 试样在−10 ℃时体积变化率保持在 0 左右,比−5 ℃、−15 ℃时的更小这一现象。

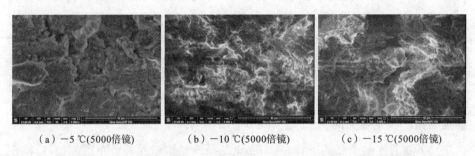

　(a)−5 ℃(5000倍镜)　　　　(b)−10 ℃(5000倍镜)　　　　(c)−15 ℃(5000倍镜)

图 6.44　Es-SSP-C 试样不同温度下经 12 次 F-T 循环后的微观结构图

分析图 6.45,Es-SSP-C-N 试样在−5 ℃时也发现了大量的钙矾石,三种冻融温度下都有大量微小孔隙。尤其是−15 ℃下,试样孔隙更大些,强度和变形量都更大。

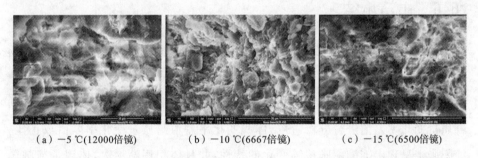

　(a)−5 ℃(12000倍镜)　　　　(b)−10 ℃(6667倍镜)　　　　(c)−15 ℃(6500倍镜)

图 6.45　Es-SSP-C-N 试样不同温度下经 12 次 F-T 循环后的微观结构图

观察 Es-C、Es-SSP-C、Es-SSP-C-N 三组试样的微观结构图发现,只有 Es-SSP-C 试样与冻融循环前相差不大,还保有原试样的微观面貌,裂隙发育和水化情况变化不明显,所以相比于其他两组试样,Es-SSP-C 试样体积变化小,但强度也略低。

由以上的分析可知,冻融循环条件下三类改良土微观结构具有以下特点:

(1)三种改良土在土颗粒的分布上都十分密实,颗粒之间的间隙比 Es 试样小,另外黏土颗粒在 C-S-H、C-A-H 等水化产物的包裹下形成更大的团聚体颗粒,并依靠胶结物质的胶结力联结,为试样的黏聚力与内摩擦角的增大和抗剪强度的提升提供动力。但三种改良土体中,Es-SSP-C 试样的密实度略差于另外两种。

(2)Es-C 试样在高倍镜下发现水化产物钙矾石(AFt),这种物质大量分布,为试样提供框架结构,但也具有一定的膨胀性。Es-SSP-C-N 试样在高倍镜下发现了更多的 C-S-H,其对土颗粒的联结以及强度的提升起到直接促进作用。研究发现温度越低,冻融循环对纯膨胀土和改良土试样影响越大,-15 ℃时裂隙和孔洞发育都很明显,与 6.3、6.4 小节结论相呼应,此时体积变化率和强度衰减率都是最大的。

(3)随着冻融循环的进行,纯膨胀土的微观结构中颗粒分布更加松散,间距增大,整体松散性增强;而改良土的微观结构变化微小,在物质形态上变化不大,意味着物质组成没有太大的变化,但在低温环境的冻融循环中也会产生许多微小的裂隙,这是试样性能下降的原因。

6.6　本章小结

利用钢渣粉、水泥对临沂膨胀土进行改性,并对其进行冻融循环试验,得到以下主要结论:

(1)观察冻融循环过程中体积变化情况以研究膨胀土的膨胀态势,并且结合质量变化率差值进行分析,得出体积变化率差值与质量变化率差值成正比。纯膨胀土呈现出冻缩融胀持续变化的特性,并且体积逐渐增大,体现了冻融循环对膨胀土损伤的积累性;随着龄期逐渐增加,改良土的体积膨胀率呈降低趋势,表明高龄期试样在冻融循环中具有更强的体积控制能力,其中 Es-SSP-C-N 试样在多次冻融循环中体积变化率相差不大,表明其维持稳定的能力更强。随着冻融循环次数的增多,膨胀土试样从不稳定态向动态稳定态转变,其冻缩量和融胀量渐趋稳定。

(2)纯膨胀土和改良土试样的自由膨胀率和自由膨胀比大小关系为 Es-SSP-C<Es-C<Es-SSP-C-N<Es。Es-SSP-C 试样因掺加了钢渣粉这一耐低

温、体积安定性好的材料,使得膨胀率最低;掺加的 NaOH 为蒙脱石层间结构提供了 Na^+,使得 Es-SSP-C-N 试样膨胀率和膨胀比偏大。在一维无荷载膨胀率试验中,三种改良土试样在不同龄期、不同温度下,撤掉冷源初期均出现了先短暂膨胀后大量收缩的现象,冻融循环使试样表现出超固结土特性,而纯膨胀土未出现上述现象。Es 试样膨胀率随着温度的下降、冻融循环次数的增加而增加,−15 ℃时膨胀率高达 14.32%。对比三种改良土的一维无荷载膨胀率,Es-SSP-C-N 试样相比于其他两组试样性能更好,各温度下的无荷载膨胀率数值都较小,温度越低,耐受能力越好。

(3)无侧限抗压强度试验表明纯膨胀土强度与养护龄期无关,只与含水率有关,含水率与强度成反比。各改良土初始强度关系为 Es-SSP-C-N＞Es-C＞Es-SSP-C,体现了 Es-SSP-C-N 方案在强度改良上的优越性;在冻融循环作用下,各类土体强度有不同程度的损失,并且在第 1 次 F-T 循环后产生最大的强度损失率,此时 Es-C 试样的强度损失率大于 Es-SSP-C 试样,体现出钢渣粉抗冻耐久的特性。在不同温度的冻融循环中,强度损失随温度降低而增大,−15 ℃ 时强度最低。随着龄期增加,Es-SSP-C-N、Es-C 和 Es-SSP-C 试样的强度均呈持续上升态势,表明胶凝材料水化作用对膨胀土的持续改良效果,相同循环次数下试样强度也随龄期的增大而增大,表明龄期对试样强度的强化作用大于冻融循环的破坏作用。

(4)三轴压缩试验中 Es 试样因强度低,故设定的各围压要比改良土试样围压低;100 kPa 围压时,Es-C 试样相比其他两组改良土试样更易出现达到剪切平衡后试样破坏、应力快速下降的现象。相比纯膨胀土试样,改良土试样抗剪强度指标 c、φ 值均有大幅度的提升,其中提升最大的是 Es-SSP-C-N 试样。随着循环次数的增加,四个组别试样的抗剪强度和黏聚力衰减率呈现相似的拟合趋势,都是先降低再有一定的回升,其中 Es-SSP-C-N 试样降低最多,回升也最明显。Es 试样在冻融循环过程中 φ 值在 10°左右,Es-C、Es-SSP-C、Es-SSP-C-N 试样 φ 值分别在 30°、25°、25°左右,三种改良土试样的内摩擦角远大于纯膨胀土,边坡稳定度提升。

(5)对四个组别试样在冻融循环前后进行电镜扫描,分别对低倍镜和高倍镜下观察到的微观结构进行对比分析,发现三种改良土在颗粒的分布上都十分密实,颗粒之间的间隙比 Es 试样小。随冻融循环的进行,膨胀土的微观结构中颗粒分布更加疏松,间距增大;而改良土的微观结构变化相对微小,在物质形态上变化不大,意味着物质组成没有太大的变化,但在低温的冻融循环中也会产生许多微小的裂隙,使得试样性能下降。三种改良土体中,Es-SSP-C 试样的密实度略差于另外两种。Es-C 试样在高倍镜下发现水化产物钙矾石(AFt),这种物质具有一定的膨胀性。Es-SSP-C-N 试样在高倍镜下发现了更多的 C-S-H,其对土颗粒的联结以及强度的提升起到直接促进作用。研究发现温度越低,冻融循环对纯膨胀土和改良土试样影响越大,-15 ℃时裂隙和孔洞发育都很明显,此时体积变化率和强度衰减率都是最大的。

参考文献

[1] 王纯,杨景玲,朱桂林,等.钢铁渣高价值利用技术发展和现状[J].中国废钢铁,2012(1):42-53.

[2] 邢天鹏,俞雅俊,孙振国,等.钢渣粉的生产与应用[J].新型建筑材料,2015,42(6):15-17.

[3] 吴蓬,梁志强,吕宪俊.钢渣粉的胶凝性能及活化研究进展[J].中国粉体技术,2015,21(4):80-84.

[4] KRISKOVA L,PONTIKES Y,CIZER Ö,et al. Effect of mechanical activation on the hydraulic properties of stainless slags[J]. Cement and concrete research,2012,42(6):778-788.

[5] SHI C J. Steel slag—its production,processing,characteristics,and cementitious properties[J]. Journal of Materials in Civil Engineering,2004,16(3):230-236.

[6] MLADENOVIĆ A,MIRTIĆ B,MEDEN A,et al. Calcium aluminate rich secondary stainless steel slag as a supplementary cementitious material[J]. Construction and Building Materials,2016,116(30):216-225.

[7] 吴科如,张雄.土木工程材料[M].2版.上海:同济大学出版社,2008.

[8] SHI C J,QIAN J S. High performance cementing materials from industrial slags—a review[J]. Resource,Conservation and Recycling,2000,29(3):195-207.

[9] TÜFEKCI M,DEMIRBAS A,GENC H. Evaluation of steel furnace slags as cement additives[J]. Cement and Concrete Research,1997,27(11):1713-1717.

[10] 唐明述,袁美栖,韩苏芬,等. 钢渣中 MgO、FeO、MnO 的结晶状态与钢渣的体积安定性[J]. 硅酸盐学报,1979,7(1):35-46.

[11] 陈益民,张洪滔,郭随华,等. 磨细钢渣粉作水泥高活性混合材料的研究[J]. 水泥,2001(5):1-4.

[12] 李云峰,王玲,林晖. 掺钢渣粉混凝土工作性和力学性能研究[J]. 混凝土,2008(9):38-40.

[13] 高志远. 钢渣粉改良基层土工程特性的试验研究[D]. 兰州:兰州大学,2014.

[14] 张炳华,戴仁杰. 钢渣桩加固软土地基的应用[J]. 结构工程师,1998(1):40-42.

[15] 乐金朝,乐旭东. 钢渣稳定土的试验性能分析[J]. 中外公路,2011,31(4):228-232.

[16] 程绪想,杨全兵. 钢渣的综合利用[J]. 粉煤灰综合利用,2010(5):45-49.

[17] 叶观宝,高彦斌. 地基处理[M]. 3 版. 北京:中国建筑工业出版社,2009.

[18] 陈雷,张福海,李治朋. 纤维加筋石灰改良膨胀土工程性质试验研究[J]. 四川大学学报(工程科学版),2014(S2):65-69.

[19] 赵康,苗海珊. 膨胀土改良方法浅议[J]. 河南水利与南水北调,2015(6):65-66.

[20] 张颂南. 石灰改良膨胀土室内试验研究[D]. 南京:河海大学,2005.

[21] 汪明武,秦帅,李健,等. 合肥石灰改良膨胀土的非饱和强度试验研究[J]. 岩石力学与工程学报,2014(A02):4233-4238.

[22] 赵红华,龚壁卫,赵春吉,等. 石灰加固膨胀土机理研究综述和展望[J]. 长江科学院院报,2015,32(4):65-70.

[23] 惠会清,胡同康,王新东. 石灰、粉煤灰改良膨胀土性质机理[J]. 长安大学学报(自然科学版),2006,26(2):34-37.

[24] 刘清秉,项伟,崔德山,等. 离子土固化剂改良膨胀土的机理研究[J]. 岩土工程学报,2011,33(4):648-654.

[25] BARIŠIĆ I, DIMTER S, RUKAVINA T. Strength properties of steel slag stabilized mixes[J]. Composites:Part B Engineering, 2014,58:

386-391.

[26] 陈峰,赖锦华.粉煤灰水泥土变形特性实验研究[J].工程地质学报,2016,24(1):96-101.

[27] 郭印.淤泥质土的固化及力学特性研究[D].杭州:浙江大学,2007.

[28] 李玉祥,王振兴,冯敏,等.不同激发剂对钢渣活性影响的研究[J].硅酸盐通报,2012,31(2):280-284.

[29] 易龙生,康路良,齐丽娜,等.不同激发剂对免烧钢渣陶粒抗压强度的影响[J].金属矿山,2015(1):166-179.

[30] 李建军,梁仁旺.水泥土抗压强度和变形模量试验研究[J].岩土力学,2009,30(2):473-477.

[31] 韩鹏举,刘新,白晓红.硫酸钠对水泥土的强度及微观孔隙影响研究[J].岩土力学,2014,35(9):2555-2561.

[32] 刘新,张文博,齐园园,等.硫酸钠对水泥土强度影响的机理分析[J].中国科技论文,2014,3:346-350.

[33] 马惠珠,邓敏.碱对钙矾石结晶及溶解性能的影响[J].南京工业大学学报(自然科学版),2007,29(5):37-40.

[34] 刘松玉,钟理.干湿循环对膨胀土工程性质影响的初步研究[C]//魏道垛,顾尧章,洪萼辉.区域性土的岩土工程问题学术讨论会论文集.北京:原子能出版社,1996.

[35] 查甫生,崔可锐,刘松玉,等.膨胀土的循环胀缩特性试验研究[J].合肥工业大学学报(自然科学版),2009,32(3):399-402.

[36] 唐朝生,施斌.干湿循环过程中膨胀土的胀缩变形特征[J].岩土工程学报,2011,33(9):1376-1384.

[37] 黄文彪,林京松.干湿循环效应对膨胀土胀缩及裂隙性的影响研究[J].公路交通科技(应用技术版),2017,13(11):11-12.

[38] 杨和平,肖夺.干湿循环效应对膨胀土抗剪强度的影响[J].长沙理工大学学报(自然科学版),2005,2(2):1-5,12.

[39] 王永磊.干湿循环对原状膨胀土强度变化的影响[J].甘肃科学学报,2017,29(4):106-110.

[40] 肖杰，杨和平，林京松，等. 模拟干湿循环及含低围压条件的膨胀土三轴试验[J]. 中国公路学报，2019，32(1)：21-28.

[41] 吴珺华，袁俊平. 干湿循环下膨胀土现场大型剪切试验研究[J]. 岩土工程学报，2013，35(S1)：103-107.

[42] TANG C S, CUI Y J, SHI B, et al. Desiccation and cracking behaviour of clay layer from slurry state under wetting-drying cycles [J]. Geoderma, 2011, 166 (1)：111-118.

[43] 胡东旭，李贤，周超云，等. 膨胀土干湿循环胀缩裂隙的定量分析[J]. 岩土力学，2018，39(S1)：318-324.

[44] 龚壁卫，周小文，周武华. 干-湿循环过程中吸力与强度关系研究[J]. 岩土工程学报，2006，28(2)：207-209.

[45] 李亚帅. 干湿循环作用下膨胀土裂隙开展室内试验研究[J]. 河北工程大学学报(自然科学版)，2018，35(1)：32-37.

[46] 陈善雄，余颂，孔令伟，等. 膨胀土判别与分类方法探讨[J]. 岩土力学，2005，26(12)：1895-1900.

[47] KHEMISSA M, MEKKI L, MAHAMEDI A. Laboratory investigation on the behaviour of an overconsolidated expansive clay in intact and compacted states[J]. Transportation Geotechnics, 2018, 14：157-168.

[48] NOWAMOOZ H, JAHANGIR E, MASROURI F, et al. Effective stress in swelling soils during wetting drying cycles[J]. Engineering Geology, 2016, 210：33-44.

[49] XIAO J, YANG H P, ZHANG J H, et al. Surficial failure of expansive soil cutting slope and its flexible support treatment technology[J]. Advances in Civil Engineering, 2018, 2018：1-13.

[50] 章李坚. 膨胀土膨胀性与收缩性的对比试验研究[D]. 成都：西南交通大学，2014.

[51] 朱向荣，王立峰，丁同福. 纳米硅水泥土工程特性的试验研究[J]. 岩土工程技术，2003(4)：187-192.

[52] BISHOP A W. Shear strength parameters for undisturbed and remolded

soil specimens[J]. Roscoe Memorial Symposium，1971.

[53] 云利江. 水泥土强度特性及脆性指标分析[J]. 能源与环保，2017，39
(12)：202-205.

[54] 张凯，周辉，冯夏庭，等. 大理岩弹塑性耦合特性试验研究[J]. 岩土力
学，2010，31(8)：2425-2434.

[55] MA L J，XU H F，TONG Q，et al. Post-yield plastic frictional parame-
ters of a rock salt using the concept of mobilized strength[J]. Engineer-
ing Geology，2014，177(14)：25- 31.

[56] 彭俊. 脆性岩石强度与变形特性研究[D]. 武汉：武汉大学，2015.

[57] 高可可，侯超群，孙志彬，等. 浸水作用下膨胀土微观结构演化过程研
究[J]. 合肥工业大学学报(自然科学版)，2018，41(11)：1537-1543.

[58] 冯春花，李东旭，苗琛，等. 助磨剂对钢渣细度和活性的影响[J]. 硅酸盐
学报，2010，38(7)：1160- 1166.

[59] FENG C H，LI D X，MIAO C，et al. Effects of grinding aids on activa-
tion and fineness of steel slag[J]. Journal of the Chinese Ceramic Socie-
ty，2010，38(7)：1160-1166.

[60] 陈宝，潘燕敏，路晓军，等. 弱膨胀土在浸水膨胀过程中的微观结构变化
特征[J]. 长江科学院院报，2019(4)：140-144,150.

[61] 中华人民共和国住房和城乡建设部,中华人民共和国国家质量监督检验检
疫总局. 膨胀土地区建筑技术规范:GB 50112—2013[S]. 北京：中国建
筑工业出版社，2013.

[62] 管宗甫,余远明,王云浩,等. 钢渣粉煤灰复掺对水泥性能的影响[J].硅酸
盐通报,2011,30(6):1362-1366.

[63] ROIG-FLORES M，PIRRITANO F，SERNA P. Effect of crystalline ad-
mixtures on the self-healing capability of early-age concrete studied by
means of permeability and crack closing test [J]. Construction and
Building Materials，2016，114：447-457.

[64] YU R，SPIESZ P，BROUWERS H J H. Development of an eco-friendly
ultra-high performance concrete (UHPC) with efficient cement and

mineral admixtures uses[J]. Cement and Concrete Composites，2015，55：383-394.

[65] 李强. 矿物掺合料对混凝土抗盐冻性的影响[J]. 硅酸盐通报，2015，34（3）：882-887.

[66] 王立久，董晶亮，谷鑫. 不同矿物掺合料对混凝土早期强度和工作性能影响的研究[J]. 混凝土，2013（4）：1-3.

[67] 杨建伟. 钢渣和含钢渣的复合矿物掺合料对混凝土性能的影响[D]. 北京：清华大学，2013.

[68] 赵庆新，孙伟，缪昌文. 粉煤灰掺量和水胶比对高性能混凝土徐变性能的影响及其机理[J]. 土木工程学报，2009，42(12)：76-82.

[69] 王人和. 高性能混凝土矿物掺合料及其性能研究[D]. 武汉：武汉理工大学，2012.

[70] 吴青柏，朱元林，刘永智. 工程活动下多年冻土热稳定性模型评价模型[J]. 冰川冻土，2002，24(2)：129-133.

[71] HOLTZ W G，GIBBS H J. Engineering properties of expansive clays[J]. ASCE，1956，121(1)：641-677.

[72] JONES D E，HOLTZ W G. Expansive soils-the hidden disaster[J]. American Society of Civil Engineers，1973，43(8)：49-51.

[73] 刘特洪. 工程建设中的膨胀土问题[M]. 北京：中国建筑工业出版社，1997.

[74] 中华人民共和国住房和城乡建设部，国家市场监督管理总局. 土工试验方法标准：GB/T 50123—2019[S]. 北京：中国计划出版社，2019.

[75] SRIDHARAN A，PRAKASH K. Classification procedures for expansive soils[J]. Geotechnical Engineering，2000，143(4)：235-240.

[76] 中华人民共和国交通运输部. 公路土工试验规程：JTG 3430—2020[S]. 北京：人民交通出版社股份有限公司，2020.

[77] 查甫生，杜延军，刘松玉，等. 自由膨胀比指标评价改良膨胀土的膨胀性[J]. 岩土工程学报，2008，30(10)：1502-1509.

[78] PRAKASH K，SRIDHARAN A. Free swell ratio and clay mineralogy of fine-grained soils[J]. Geotechnical Testing Journal，2004，27（2）：

220-225.

[79] 梁波,张贵生,刘德仁. 冻融循环条件下土的融沉性质试验研究[J]. 岩土工程学报,2006,28(10):1213-1217.

[80] 杨展,李希圣,黄伟雄. 地理学大辞典[M]. 合肥:安徽人民出版社,1992.

[81] 何宏平,郭龙皋,谢先德,等. 蒙脱石等粘土矿物对重金属离子吸附选择性的实验研究[J]. 矿物学报,1999,19(2):231-235.

[82] 陈天虎,汪家权. 蒙脱石粘土改性吸附剂处理印染废水实验研究[J]. 中国环境科学,1996,16(1):60-63.

[83] 何宏平,郭龙皋,朱建喜,等. 蒙脱石、高岭石、伊利石对重金属离子吸附容量的实验研究[J]. 岩石矿物学杂志,2001,20(4):573-578.

[84] SRIDHARAN A, PARKASH K. Mechanisms controlling the undrained shear strength behavior of clays[J]. Canadian Geotechnical Journal, 1999, 36(6): 1030-1038.

[85] 余颂,陈善雄,许锡昌,等. 膨胀土的自由膨胀比试验研究[J]. 岩石力学与工程学报,2006, 25(z1): 3330-3335.

[86] 齐吉琳,马巍. 冻融作用对超固结土强度的影响[J]. 岩土工程学报,2006,28(12):2082-2086.

[87] CHAMBERLAIN E J, GOW A J. Effect of freezing and thawing on the permeability and structure of soils[J]. Engineering Geology, 1979, 13(1-4):73-92.

[88] MORGENSTERN N R. Geotechnical engineering and frontier resource development[J]. Géotechnique, 1981, 31(3): 305-365.

[89] 黄文熙. 土的工程性质[M]. 北京:水利电力出版社,1983.

[90] 陈仲颐,周景星,王洪瑾. 土力学[M]. 北京:清华大学出版社,1994.

[91] THEVANAYAGAM S, SHENTHAN T, MOHAN S,et al. Undrained fragility of clean sands, silty sands, and sandy silts[J]. Journal of Geotechnical and Geoenvironmental Engineering, 2002, 128 (10): 849-859.

[92] COOP M R. The mechanics of uncemented carbonate sands[J].

Géotechnique,1990,40(4):607-626.

[93] KONRAD J M. Physical processes during freeze-thaw cycles in clayey silts[J]. Cold Regions Science and Technology, 1989,16(3):291-303.

[94] 齐吉琳,张建明,朱元林. 冻融作用对土结构性影响的土力学意义[J]. 岩石力学与工程学报,2003,22(z2):2690-2694.

[95] 李广信.高等土力学[M].北京:清华大学出版社,2004.

[96] 河海大学《水利大辞典》编辑修订委员会.水利大辞典[M].上海:上海辞书出版社,2015.

后记

　　历经 6 年,本课题终于暂告一段落。在这 6 年的研究工作中,团队成员对钢渣粉改良膨胀土的实用效果在一直不断地摸索与实践中。通过这一系列的试验,我们对钢渣粉的活性、钢渣粉活性激发方法、钢渣粉改良膨胀土的物理力学性质等均进行了详细的分析与研究,并从微观角度深入探讨了钢渣粉改良膨胀土在不同的环境条件下的变化规律,揭示了钢渣粉改良膨胀土的内在机理。但该项目课题的研究还有一个遗憾,就是这一研究成果未能在实际工程中得到应用。好在相关的研究成果可为钢渣粉改良膨胀土在实际工程中的应用打下坚实的理论基础。

　　我国的膨胀土分布范围较广,工程建设中不可避免会遇到膨胀土;而我国又是世界上最大的产钢大国,在生产钢铁的同时还产生大量的副产品——钢渣;将钢渣碾磨成粉用于改良膨胀土,不但可有效改良膨胀土,也是实现废弃工业渣料再利用的有效途径。目前与发达国家相比,我国钢渣粉利用率还是比较低,如何充分利用钢渣,把这个废弃的资源再次充分利用,是工程界一直在孜孜不倦探索的问题。本课题的研究虽然在改良膨胀土方面取得了一定的成果,但由于试验条件有限,部分试验内容还不够完善,对问题的探讨还不够深入。在接下来的工作中,将继续努力,完善相应的研究成果以及解决改良后相应的检测问题,从而实现把研究成果成功应用到实际工程中。

　　再次对在本课题研究过程中给予我们帮助的同事、同学、朋友表示衷心感谢!